煤炭高等教育“十四五”规划教材

工业设施规划

中国矿业大学工业与系统工程系　组织编写

李乃梁　主编

中国矿业大学出版社

· 徐州 ·

内 容 提 要

本书为煤炭高等教育“十四五”规划教材。全书围绕工业企业设施规划的一般问题进行了系统性介绍，共分 8 章，分别是：绪论，前期工作，设施选址，流动、空间与作业关系，设施布置设计，物料搬运系统设计，拉式物流系统设计和仓库设计。

本书基于专业人才的市场需求，将精益生产、全面流动管理与传统设施规划的内容进行了适度融合，内容与体系有助于开阔学生视野，提升学生的专业素养、实践与创新能力。

本书可作为高等院校工业工程、物流工程等专业本科生、硕士研究生“设施规划”“设施规划与设计”“物流工程”等课程的教材或教学参考书，也可作为从事企业设施规划、工厂规划与设计等相关技术人员的工作指导书和培训教材。

图书在版编目(CIP)数据

工业设施规划 / 李乃梁主编. — 徐州 ：中国矿业大学出版社，2025. 1. — ISBN 978 - 7 - 5646 - 6466 - 4

Ⅰ. TB492

中国国家版本馆 CIP 数据核字第 2024H06K20 号

书　　名　工业设施规划
主　　编　李乃梁
责任编辑　章　毅　徐　玮
出版发行　中国矿业大学出版社有限责任公司
（江苏省徐州市解放南路　邮编 221008）
营销热线　(0516)83885370　83884103
出版服务　(0516)83995789　83884920
网　　址　http://www.cumtp.com　**E-mail**:cumtpvip@cumtp.com
印　　刷　苏州市古得堡数码印刷有限公司
开　　本　787 mm×1092 mm　1/16　**印张** 15　**字数** 384 千字
版次印次　2025 年 1 月第 1 版　2025 年 1 月第 1 次印刷
定　　价　67.50 元

前　言

随着我国经济的快速发展，工业企业作为国民经济的重要组成部分，其运营管理问题日益突出。许多工业企业，尤其是中小企业，生产方式落后，缺乏流程精细化管理，成本高，效率低，质量问题突出，高素质、专业化的人才供给不足。这些问题严重制约着企业的创新能力，影响着企业的可持续发展。如何有效地提高工业企业的运营管理水平和竞争力，已成为我国工业企业面临的紧迫问题。优秀的工业设施规划与设计可以帮助企业合理布局各种生产设施，减少运营过程中的各种浪费，提高生产效率；可以帮助企业充分利用空间和资源，降低运营成本；可以帮助企业构建整洁、有序的工作环境，提升企业的形象、品牌价值、市场竞争力以及员工的满意度和归属感。

作为传统工业设施规划核心内容的系统布置设计(Systematic Layout Planning，SLP)和搬运系统分析(System Handling Analysis，SHA)方法体系是大量生产时代的成果，其规划与设计过程更多体现的是大量生产系统从总体阶段到各层级详细阶段的、纵向层面的设计与安排。该方法体系以 PQRST 要素为设计基础，以结构化的程序步骤为指导，基于物流分析，从动态视角寻求满足工艺过程的、合理的静态空间结构，在采用大量生产方式的工业企业规划与设计中展示出了卓有成效的实践价值。当用于解决企业多品种、小批量生产的现实需求时，则暴露出其解决问题线条粗糙、柔性与细度不足的弊端。然而，随着产品生命周期越来越短和客户需求越来越多变，多品种、小批量生产已经成为工业企业的发展趋势，生产系统各流程间流动的协调性、稳定性及适应变化环境的柔性成为企业关注的重点。因此，近年来，精益生产、全面流动管理等新的理论方法已经逐步融入工业企业设施规划与设计的实践中。这些理论方法强调基于流程与流动，识别生产运作的浪费，通过落实各环节作业的规范化与标准化设计，使流程更加顺畅，从而消除流程的异常波动，提升系统的整体运作效果。同时，方法中提供的许多工具有助于细化企业设施规划过程，增强规划后系统的柔性。本教材的突出特点是适应实际需求，在原有工业设施规划知识体系的基础上，增加了相关内容，并进行了知识融合方面的探索。期望本教材有助于在工业系统的规划设计之初就体现精益理念。

本书在编写过程中借鉴了众多优秀的图书和教材的材料，结合教学需要与本教材的逻辑进行了整理与汇编。由于篇幅有限，未能全部列举，在此谨向有关作者致以由衷感谢！

另外，唐道述企业管理咨询(上海)有限公司王奎董事、山东工商学院刘利军副教授、河南理工大学马金山副教授、中国矿业大学张娜讲师等为本教材的完成提供了大力支持，在此表示衷心感谢！

编　者

2024 年 2 月

目　录

1　绪论 …… 1

1.1　设施概述 …… 1

1.2　设施规划概述 …… 3

1.3　物流基础 …… 5

1.4　工业设施规划过程 …… 11

1.5　工业设施规划发展历程与趋势 …… 15

2　前期工作 …… 18

2.1　前期工作任务与性质 …… 18

2.2　前期工作落实 …… 19

2.3　设施规划信息需求及来源 …… 21

2.4　产品设计与设施规划 …… 22

2.5　工艺过程设计与设施规划 …… 24

2.6　计划进度设计与设施规划 …… 28

3　设施选址 …… 34

3.1　设施选址概述 …… 34

3.2　选址影响因素与战略 …… 35

3.3　选址流程 …… 38

3.4　设施选址评价方法 …… 40

4　流动、空间与作业关系 …… 55

4.1　作业单位划分 …… 55

4.2　作业单位关系 …… 66

4.3　流动模式 …… 67

4.4　流动规划 …… 70

4.5　流动度量 …… 71

4.6　空间需求变化趋势与确定 …… 81

5　设施布置设计 …… 86

5.1　设施布置设计概述 …… 86

5.2　总平面布置与系统布置设计模式 …… 87

5.3 车间设施布置设计 …… 111
5.4 精益布置设计 …… 118

6 物料搬运系统设计 …… 126
6.1 物料搬运系统概述 …… 126
6.2 系统搬运分析方法 …… 135
6.3 搬运系统分析与设计 …… 137
6.4 系统布置与搬运系统分析 …… 155

7 拉式物流系统设计 …… 157
7.1 全面流动管理概述 …… 157
7.2 生产流设计 …… 160
7.3 内部物流设计 …… 169

8 仓库设计 …… 191
8.1 仓库设计基础 …… 191
8.2 收发站台规划 …… 194
8.3 存储区规划 …… 197
8.4 分拣作业与区域规划 …… 214
8.5 自动化立体仓库及其设计 …… 219

参考文献 …… 234

1 绪 论

1.1 设施概述

1.1.1 设施定义

设施一词在中西方文化中的解释略有不同。汉典网站中的解释是:为某种需要而建立的机构、系统、组织、建筑等,其意味着“设施”是基于需求而建立的。《三国演义》中“懿唤诸将曰:‘孔明如此设施,其中有计’”,这里“设施”指的是一种布置与安排。《淮南子·兵略训》中“昼则多旌,夜则多火,暝冥多鼓,此善为设施者也。”这里“设施”指出其应与条件相适应,采用合理的有形布置与安排,才能达成目的。2002 年美国生产与库存控制学会将设施定义为:“设施是物理工厂、配送中心、服务中心和其他的设备”。美国 2021 年出版的《梅纳德工业工程手册》第 5 版对设施给出的定义是:“设施是运作(作业)能力的物理表达,设施布置是一个设施内处理和支持方面的规划、设计和物理排列。其目的在于生成支持公司与运作战略的设计”。这两组定义均指出了“设施”的物理有形性,同时后者进一步指出设施对公司和运作战略的支持作用。“系统规划之父”理查德·缪瑟认为“设施是企业运行所需的、有形的固定资产”,其中固定资产强调了设施作为资产的折旧回收特征。

目前,工业企业的生产方式发生了很大变化,尤其对于制造业,逐步由传统的大量生产向大规模定制、多品种小批量等生产方式演变。企业之间的竞争与运营过程密切相关,故以聚焦流程、消除浪费为核心思想的精益生产(Lean Production, LP),以聚焦系统约束并最大化瓶颈利用为管理原则的约束理论(Theory of Constraints, TOC)以及以主动识别过程问题并减小变异为改善理念的六西格玛管理(Six Sigma Management)等新的管理理论受到了企业的广泛关注。在此影响下,人们越来越多地意识到微观领域小的物理布置与安排和传统的宏观设施一样均对系统运作的效率起到或多或少的促进或制约作用,故对于工业生产系统和服务系统中的设施层次考虑得越来越细。如工作台上物料盒、夹具、工具等的摆放,工位物料存储区及其积载容器的安排等。这些有时难以计入固定资产范围的物理表达也应属于工业企业进行布置与设计的内容。因此,从固定资产折旧回收的角度界定设施已经不太适宜,具有一定的局限性。

综上所述,这里给出设施的定义为:基于组织决策构建的生产系统或服务系统运行所需的、有形的物理表达。其中组织决策包含组织采取的、与内外部环境相适应的战略、策略、生产与服务方式等内容,反映了管理者的长期与短期认知。工业设施属于一种常见设施类型,亦为本书的主要研究对象,其基本框架如图 1-1 所示。

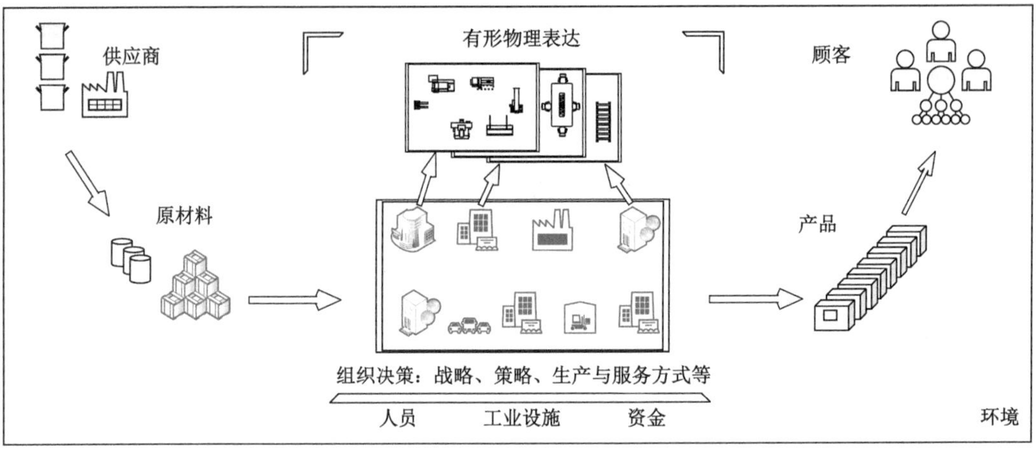

图 1-1 工业设施基本框架

1.1.2 设施特征

生产系统或服务系统中的设施，通常具有以下主要特征。

(1) 目的性

设施是基于生产产品或提供服务的需要而进行设计与安排的，其应符合既定的运作规则需求。好的设施应使其服务的活动(作业)基于对应的运作规则得到最好的运作效率，有效提高其有效产出，从而达成设施构建之初的目标。如基于拉式生产组织方式设计的生产线，基于学生就餐流程和特点布置的餐厅，基于加速顾客流动考虑而设计的快餐店座椅，等等。

(2) 系统性

设施与系统的概念具有相似性，同样具有系统的关联性、层次性和整体性等特征。如物料、工/夹具、生产设备等的布置安排构成了工位，若干个工位相互关联构成更高一级的作业单位——生产线，生产线与线边储料区等物理表达有机关联构成了生产车间，车间与仓库、办公楼等辅助服务设施有机关联构成了工厂，工厂作为一个整体实现其构建的目标。同时，设施是在一起工作的许多具体物理表达的组合，以一个相互作用的联合体运行着，从而使这些具体物理表达完成的不仅仅是静态的或个体的功能，更重要的是整体的及动态的功能。

(3) 有形性

设施往往基于其功能、工艺、性质或习惯等进行命名，其名称具有抽象性，但其本身均具象为有形的物理实体，占据一定的空间。如机加工车间、结构件车间、食堂、某产品装配线、某工位、某物料存放点、某工作台等。

1.1.3 设施分类

从不同的角度可以对设施进行分类，常有以下几种分类方法。

(1) 按照实物形态划分

在工业企业中，可分为实体建筑、机器设备、物料堆存区及其积载器具等。其中，实体建筑是企业所拥有的最外层设施，如办公大楼、厂房、仓库、配送中心等。实体建筑的位置对于提高物流效率与产品质量、降低成本具有重要影响。机器设备是生产运营所需的生产设备、搬运设备、辅助设备等。企业个体经营属性不同，机器设备的需求也有所不同，而机器设备的数量、安置、排列、作业弹性和空间配置等安排，将对生产或服务系统的整体运作产生关键的影响。物料（原材料、半成品、产成品等）堆存区及其积载器具，反映了企业物料的进出控制方式、存储方式、移动方式等，这些均与设施布局有着密切联系。

(2) 按照资产所有权划分

按照资产所有权划分可分为公共设施和自有设施。其中，公共设施是指由政府或第三方物流服务机构所有的为社会物流提供服务的设施，如物流园区、配送中心、物流中心等；自有设施是指生产或服务企业自身拥有的设施，如厂房、生产设备、运输设备、搬运设备、自有仓库等。

(3) 按照运动状态划分

按照运动状态划分可分为静态设施和动态设施。其中，静态设施是指受设施体积、占地面积、质量及其他条件限制不能移动的设施，如厂房、仓库、配送中心、大型生产设备、道路、存储区；动态设施指可移动设施，如小型生产设备、搬运设备、辅助设备等。

(4) 按照企业类型划分

按照企业类型划分可分为工业设施和服务业设施。工业设施如配送中心、厂房、仓库、机器设备、装配线等；服务业设施则比较广泛，因服务业类型不同，其设施的类型和特征也不同，如学校的设施有图书馆、教学楼、实验楼、餐厅、宿舍、书桌、座位等，银行的设施有服务系统、排队系统等，医院的设施有大楼、医务室、病床、仪器等。

1.2 设施规划概述

1.2.1 设施规划定义

设施规划是设施规划与设计的简称，属于工业工程专业领域的一个重要职能及专门学科。指的是为新建、扩建或改建生产系统或服务系统，基于组织决策并综合考虑相关因素，对系统内的设施进行分析、规划和设计，从而使资源得到合理配置，系统建成后能够有效运营达到各种预期目标的活动。

从其定义可以看出：① 设施规划的研究对象是整个生产系统或服务系统而不是其中一个环节；② 该活动涉及生产系统或服务系统的前期决策、设施宏观层面的整体考虑以及微观层面的细致与缜密安排；③ 其目的是使设施得到优化布置，人流、物流与信息流合理顺畅与协调统一，系统能够经济、安全、高效地运营，从而最大化地达成预期目标。

1.2.2 设施规划工作范围

设施规划工作范围（图 1-2）广泛，与多种学科专业相关，一般涉及土建、机械、电气、通信等各工程专业。整体上说，设施设计通常包含布置设计、物料搬运系统设计、信息系统设计、建筑设计和公用工程设计等五部分。其中工业工程师负责的部分为厂（场）址选择、布置设计、物料搬运系统设计以及部分信息系统设计，而对于建筑设计和公用工程设计应该在满足工业工程师设计内容需求的前提下，由相应的专业工程师开展具体工作。

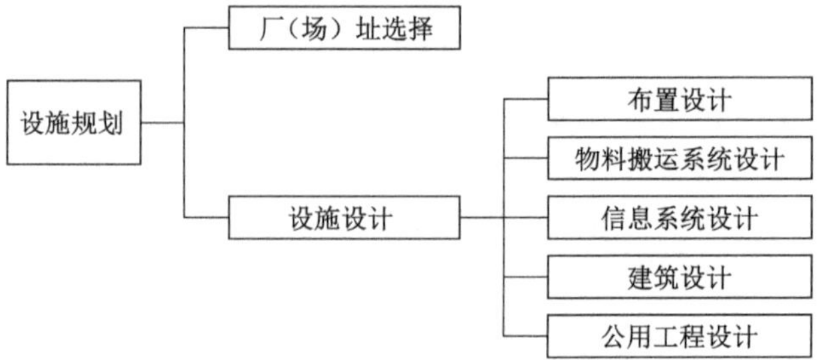

图 1-2　设施规划工作范围

(1) 厂(场)址选择。主要是从宏观上来研究和解决企业、工厂、仓库、车站、学校、医院以及经营或连锁网点(如零售、超市、饭店)等各类生产系统和服务系统在新建或搬迁时的选位与定址问题。它通过对可供选择的地区和具体位置的有关影响因素进行分析与评价,达成选址的最优化。

(2) 布置设计,亦称布局设计。生产系统是由建筑物、机器设备、搬运通道等组成的。系统内各组成部分的静态空间位置关系决定了系统的运营效率,对系统各组成部分进行定位布置是设施规划的中心内容。工厂布置设计就是通过对系统内物流、人流、信息流等的动态流动需求进行分析,对建筑物、机器、设备、搬运通道和存储区等场地做出有机组合与合理配置,达到系统内部静态空间布置的最优化。相对于厂(场)址选择来说,由于产品以及服务更新周期越来越短、新工艺及新技术不断出现等实际情况,设施规划人员面临设施布置设计的业务频率更高。有数据表明,一个制造业工厂每 2～3 年就有可能更改布置一次,而作业单位、生产线、物流路径、仓库等的局部布置与调整频率更高。故布置设计是设施规划中最主要的内容之一。

(3) 物料搬运系统设计。其任务是基于生产系统的持续运作,结合单位时间运量需求,对物料搬运设备、搬运路线、集装容器及储存场地等做出合理安排。从价值流角度来看,物料搬运本身并不产生增值,但在生产系统的运作中发挥着不可或缺的空间和时间效用。有数据表明,产品在全部生产过程中平均只有 5%～10%的时间用于直接加工制造,其余 90%～95%的时间处于搬运、储存状态;同时,产品制造费用中有 20%～50%用于物料搬运。另外,在当前价值链运营环境下,基于流动和供应链交付思维,"大交付、大物流、小生产"以及"物流中心化"的智能工厂规划理念已经得到了越来越多制造企业的认同和实践。因此,现代管理理论和实践都非常重视物料搬运系统,其合理规划与设计可以有效减少物料搬运时间,降低搬运成本,提升搬运效率以及大幅度地缩短生产周期。

(4) 信息系统设计。系统的信息流和物流互为基础与前提,业务效率上也相互制约与促进。在当前工业企业数智化转型的趋势下,信息系统设计已成为设施设计中越来越重要的组成部分,同时信息流的精益改善也逐渐成为新的研究与实践热点。对于工矿企业来说,良好的生产信息系统设计有助于企业在网络环境下对整个生产运作过程进行实时的状态跟踪、异常报警、趋势预测以及自适应调整与控制,这无疑将大大提高企业运营的效率与效益,增强企业的敏捷应变能力。

(5) 建筑设计。建筑工程师需要与设施规划人员密切配合,深入理解企业经营战略、生产工艺及生产运营理念对相应建筑物和构筑物的功能和空间需求,在满足安全、经济、适用、美观的前提下,进行建筑和结构设计。未经系统性物流分析与规划的工厂建筑设计,容易给后续布置与搬运系统设计带来困难,从而增加系统建成后的运营成本。

(6) 公用工程设计。生产系统中的附属系统包括热力、煤气、电力、照明、给排水、供暖、通风及空调等系统。对这类公用设施进行系统、协调的设计,可为整个系统的高效运作提供可靠的保障。

1.2.3 设施规划目标

生产或服务系统设施是一个有机整体,由相互关联的子系统组成,因此必须以设施系统自身的目标作为整个规划设计活动的中心。设施规划的总目标是使人力、财力和人流、物流、信息流得到最合理、最经济、最有效的配置和安排,即确保规划的企业能以最小的投入获取最大的效益。不论是新设施的规划还是旧设施的再规划,典型的目标有:

(1) 简化生产过程,缩短生产周期,均衡化生产流程。

(2) 有效地利用设备、空间、能源和人力资源。

(3) 搬运的最佳化。

(4) 对布置变更的应对能力强。

(5) 力求投资最低,生产经济性好。

(6) 保护环境,为职工提供方便、舒适、安全和符合职业卫生的条件。

上述目标相互之间往往存在冲突,必须用恰当的指标,从有助于系统有效产出的角度,对每一个规划方案进行综合评价和择优,从而达成总体目标的最优化。

1.3 物流基础

在工业设施规划中,不管是厂(场)址选择,还是布置设计及搬运系统设计都是以物流分析为基础的。为了匹配越来越多的个性化需求,作为未来发展趋势的智能工厂,需具备大规模定制能力,固定的产线和大规模生产模式将被颠覆,取而代之的是生产与物流高度融合的柔性化产线或车间,将生产设施嵌入智能物流系统中,成为流线化物流系统不可或缺的环节或组成部分,从而表现为智能工厂物流中心化的发展趋势。此外,正如丰田生产方式创始人大野耐一所说:“公司一直在做的所有事情就是在创建物料流和信息流,公司通过消除从客户订单到回收资金这条流动时间线中不产生附加价值的浪费来创建物料流和信息流,这就是经营管理的精髓”。因此作为设施规划人员有必要掌握基础的物流知识,以便在设施构建之始,就创建出最佳的物料流。

1.3.1 物流概念

“物流”一词最早的英文表述是 Physical Distribution,起源于 20 世纪初的美国,常被看作企业市场营销的附属功能,原意为“实物分配”或“货物配送”,强调物料向市场的快速投送。第二次世界大战中后期,美国军队围绕战争供应提出了“后勤”(Logistics)理论,认为应将战争物资的生产、采购、运输、配给等活动作为一个整体进行统筹安排,强调物资补给费用、速度和服务的综合能力。美国军事后勤活动为物资配送集成提供了经验,推动了学术界和企业界对物流活动的认知。Logistics 一词于 20 世纪 60 年代开始逐渐取代了 Physical Distribution。

随着物流研究的不断深入，物流的定义和概念一样也在不断地发展与变化。典型的定义有：

美国物流管理协会 1985 年把物流定义为“物流是为满足消费者需求而进行的对货物、服务及相关信息从起始地到消费地的有效率、有效益的流动与存储的计划、实施与控制过程。”1991 年修正为：“为了适应顾客要求，从起始点到消费点之间，计划、实施和控制货物和服务的高效、有效的流动和存储的过程以及相关信息”。其对象不仅包含了传统的“货物”，还扩大到了“服务”。到 1998 年，美国物流管理协会又把物流研究的视角定位在供应链上，把物流看作是供应链管理的一部分。2002 年又进一步把物流定义为：“物流是供应链运作的一部分，是以满足客户要求为目的，对货物、服务和相关信息在产出地和消费地之间实现高效且经济的正向和反向的流动和存储所进行的计划、执行和控制过程”。

欧洲物流协会 1994 年发表的《物流术语》中把物流定义为：“物流是在一个系统内对人员或商品的运输、安排及与此相关的支持活动进行计划、执行和控制，以达到特定目的之系列活动”。

我国国家标准《物流术语》(GB/T 18354—2021)对物流的定义：根据实际需要，将运输、储存、装卸、搬运、包装、流通加工、配送、信息处理等基本功能实施有机结合，使物品从供应地向接收地进行实体流动的过程。

1.3.2 物流效用

物流本身不增加物料的价值，但其促进了物料价值的实现。在物流过程中投入的物化劳动和活劳动转换为物流效用。故物流效用可定义为：物料从供应地向接收地的流动结果使接受地的组织、团体或个体得到主观上享受或有用性的满足程度。其实质反映的是基于物料的一种服务功用，表现形式通常包括：拥有效用、空间效用、时间效用和形质效用。

(1) 拥有效用，亦称占用效用或所有权效用。其往往是通过市场交换活动来创造的，即市场交换使商品从所有者手中过渡到需求者手中。

(2) 空间效用，亦称场所效用。指通过物流使物料在需要的地方获得。可能是从集中生产场所流入分散的需求场所，也有可能从分散的生产场所汇入集中的需求场所，或者是单纯地从供应地流入需求地。

(3) 时间效用。指通过物流使物料在需要的时间获得。时间效用通常表现为克服供给与需求的时间差或者出于某种目的有意延长时间差等情况。

(4) 形质效用，亦称形态效用。指通过物流使物料从一种形态变为另一种让用户使用更方便或更有价值的形态，其常常发生于物流的流通加工环节。

1.3.3 物流系统及其构成要素

物流活动常常基于有组织的物流系统而开展。一般认为物流系统是指为了发挥物流效用，由若干功能要素、支撑要素和物质基础要素有机结合形成的经济系统。其中：功能要素指的是运输、储存、装卸、搬运、包装、流通加工、配送、信息处理等基本功能；支撑要素包括物流系统内部的组织架构、人员管理、规章及制度，国家的物流法律，物流的技术发展以及物流人才培育体系等；物质基础要素包括物流设施（如物流站场、物流中心、仓库、物流线路、港口等）、物流装备（如仓库货架、进出库设备、加工设备、运输设备、装卸机械等）、物流工具（如包装工具、维护保养工具、办公设备等）及信息与网络设施（如通信设备及线路、传真设备、计算机及网络设备等）等。物流系统在考虑经济性时，往往不只关注自身，而追求的是在满足既定客户服务水平下的系统整体经济性。

为了更深入地理解物流的功能要素，即物流基本功能，现分别简述如下。

（1）运输

运输是利用载运设备、辅助设施及人力等运力资源，使货物在较大空间上产生位置移动的活动。主要解决物料供应地和需求地之间的空间间隔问题，表现为物流的空间效用，承担着企业与企业、企业与社会之间的衔接任务。

基于载运设备和辅助设施的不同，运输一般可分为铁路运输、公路运输、水路运输、管道运输和航空运输等类型。对于不同类型的选择，往往考虑的指标包括：可达性、速度、运量、距离、物料（类型、体积、重量）、固定成本和变动成本等。

（2）储存

储存即贮藏、保护和管理物品，是为了克服生产和消费在时间上的矛盾而形成的，表现为物流的时间效用。

工厂储存是为保证生产的连续性，针对各生产环节间的不平衡性、不同步性而设置的一定数量的物料储备，在时间上起调整和缓冲作用，确保企业生产均衡有序。工业企业中常见的储存形式包括：原材料储存、在制品储存和成品储存。

库存是与储存既有密切关系又有区别的一个概念，它是储存的静态形式，有可能是非主动、非目的性的结果。精益生产强调库存是万恶之源，在工业系统改善中几乎所有的行动皆会直接或间接地与消除库存有关。约束理论认为，库存不是有效产出，而是当前系统运作所占用的钱。因此，进行工业设施规划时，应增强企业内部各生产环节以及与其外部供应链的协调性和可控性，从而有效降低非目的性库存。

（3）装卸和搬运

装卸指的是在载运设备间或载运设备与存放场地间，以人力或机械方式对物料进行载上（载入）或卸下（卸出）的作业过程。搬运指的是在同一场所内，以人力或机械方式对物料进行空间移动的作业过程。因为搬运活动的始末端均涉及装卸活动，故有时把两者合二为一，即装卸搬运，简称为搬运。通常认为，装卸改变的是物料的存放状态，搬运改变的是物料的空间位置，但其均表现为物流的空间效用。

装卸和搬运是物流各环节连接成一体的接口，是运输、储存、包装等物流作业得以顺利实现的根本保证。在企业的整个物流过程中，装卸搬运活动是最频繁的作业活动，其往往与生产工艺流程密切相关，故对这两类活动规划设计的质量将影响物流的效率、质量及成本。

（4）包装

为保护产品、方便储运、促进销售，按一定技术方法而采用的容器、材料及辅助物等的总称或相应活动，称为包装。

包装活动包括产品的出厂包装，生产过程中原材料、半成品、制成品的包装以及在物流过程中换装、分装、再包装等活动。包装大体可分为工业包装与商业包装。工业包装是为了方便物料的运输、搬运或储存，提高装卸效率和装载率而进行的物流作业。商业包装是为了方便顾客购买，利于商品销售，属于销售学研究的内容。包装与物流的其他功能有着密切的联系，工业包装（容器）的单元化和标准化及搬运的规范化已经成为现代化生产的重要标志，也是工业系统及智能工厂规划的重要基础需求。

(5) 流通加工

流通加工活动是指物料从供应地到接受地的过程中，根据需要进行包装、分割、计量、分拣、刷标志、拴标签、组装、组配等辅助性或补充性简单加工作业活动的总称。

流通加工的目的是促进产品销售、保证产品质量或提高物流效率。它体现了物流的形质效用。

(6) 配送

配送是根据客户要求，在物流节点（仓库、商店、货运站、物流中心等）对物料进行分类、拣选、集货、包装、组配等作业，并按时送达指定地点的物流活动。

配送是物料移动的一种形式，它与运输、搬运等既有区别又有联系。通常认为，配送是短距离、小批量、多批次并按客户需要搭配品种与数量的物流作业。

(7) 信息处理

物流信息是连接运输、储存、装卸、搬运、包装、流通加工及配送各功能环节的纽带，没有各环节信息的通畅和及时供给，就没有物流活动的时间效率和管理效率，也就失去了物流的整体效率。

信息处理，也有的称为“信息服务”，指的是收集、筛选、加工、分析物流各个环节各类信息的功能活动。将这些信息及时准确地提供给相关决策者，并以此为依据决定后续的作业安排，以提升物流决策的质量及物流系统的运作效率。

1.3.4 物流分类

(1) 常见物流分类

社会经济领域中物流活动无处不在，不同经济领域的物流活动都有自己的特征，虽然物流的基本要素相同，但由于关注角度的不同，从而形成了不同类型的物流。根据物流范围、系统性质、作用领域、历史进程及从业主体等有不同的物流分类，常见的物流分类见表1-1。

表1-1 常见物流分类

依据	分类	分类说明
物流范围	宏观	指社会再生产总体的物流活动，是物流全体，是从总体上看物流；主要特点是综观性和全局性。其主要研究内容是：物流总体构成，物流与社会的关系及其在社会中的地位，物流与经济发展的关系等
	微观	指消费者、生产企业所从事的实际且具体的物流活动，是整个物流活动中的一个局部、一个环节、一个小地域或一个产品的具体物流活动；主要特点是具体性和局部性。其研究领域十分广泛，企业经常涉及的物流活动一般都属于微观物流
	国际	指国家之间、洲际之间开展的物流活动，是国际贸易的一个必然组成部分，在经济全球化、市场国际化的进程中发挥着重要作用
	国内	指一个国家内发生的物流活动，包括一些区域性组织内部的物流。如按行政区域可划分为西南地区、西北地区等；按地理位置可划分为长三角地区、珠三角地区等

表 1-1(续)

依据	分类	分类说明
系统性质	社会	指超越一家一户以一个社会为范畴面向社会为目的的物流，属于宏观范畴。其物流流通网络是国民经济的命脉，而流通网络是否合理、渠道是否畅通是关键
	行业	指同一行业，为了行业的整体利益或共同目标而形成的行业内部物流网络。行业物流系统化，能使参与的各物流企业都获得相应的经济利益，又能为全社会节约人力和物力资源。如快递行业菜鸟驿站所构建的末端公共服务网络
	企业	指以企业生产经营为核心的物流活动，是具体的、微观的物流活动。生产型企业物流始于生产所需的原材料、零部件和生产设备等要素的采购活动，经过加工、制造活动，生产出新的产品，结束于产品销售的整个社会供应的全过程。其包括供应物流、生产物流、销售物流以及回收与废弃物流
作用领域	生产	贯穿生产的整个过程。从原材料的采购开始，便要求有相应的供应物流活动，即采购生产所需的材料；在各工艺流程之间，需要原材料、半成品的流转，即所谓的生产物流；部分余料、可重复利用物料的回收，就是回收物流；废弃物的处理则需要废弃物物流
	流通	主要是指销售物流。在当今市场条件下，销售物流活动带有极强的服务性，以满足买卖的需求，最终实现销售。销售往往以送达客户并经过售后服务才算终止，因此企业销售物流的特点便是通过包装、送货、配送等一系列物流实现销售
历史进程	传统	主要精力集中在仓储和库存的管理和派送上，有时也把主要精力放在仓储和运输方面，以弥补在时间和空间上的差异
	综合	不仅提供运输服务，而且还包括许多协调工作，是对整个供应链的管理，如对陆运、仓储部门等一些分销商的管理，还包括订单处理、采购等内容。由于很多精力放在供应链管理上，责任更大，管理也更复杂，这是与传统物流的区别
	现代	为了满足消费者需要对从起点到终点的原材料、中间过程库存、最终产品和相关信息有效流动及储存进行计划、实现和控制管理的过程。它强调了从起点到终点的过程，提出了物流的标准和要求，是各国物流的发展方向。国际上大型物流公司认为现代物流有两个重要功能：能够管理不同货物的流通质量；开发信息和通信系统，通过网络建立商务联系，直接从客户处获得订单
从业主体	第一方	指需求方(生产企业或流通企业)为满足自己企业在物流方面的需求，由自己完成或运作的物流业务
	第二方	指供应方(生产厂家或原材料供应商)提供运输、仓储等单一或某种物流服务的物流业务
	第三方	第三方物流(Third Party Logistics，TPL)指由物料的供应方与需求方以外的物流企业提供的物流服务。即由第三方专业物流企业以签订合同的方式为其委托人提供所有的或一部分的物流服务，亦称合同制物流
	第四方	第四方物流(Fourth Party Logistics，FPL)是一个供应链的集成商，是供需双方及第三方的领导力量。它不是物流的利益方，而是通过拥有信息技术、整合能力以及其他资源提供一套完整的供应链解决方案，以此获取一定的利润。它是帮助企业降低成本和有效整合资源，并且依靠优秀的第三方物流供应商、技术供应商、管理咨询以及其他增值服务商，为客户提供独特的和广泛的供应链解决方案

(2) 工业企业物流分类

① 工业企业物流的一般分类

工业企业是工业设施规划研究的主体，其物流通常又可分为五类，分别是供应物流、生产物流、销售物流、废弃物流、回收物流。其中生产物流、废弃和回收物流等从企业角度出发又统称为内部物流，供应物流和销售物流称为外部物流。这些物流分类之间的关系如图 1-3 所示。

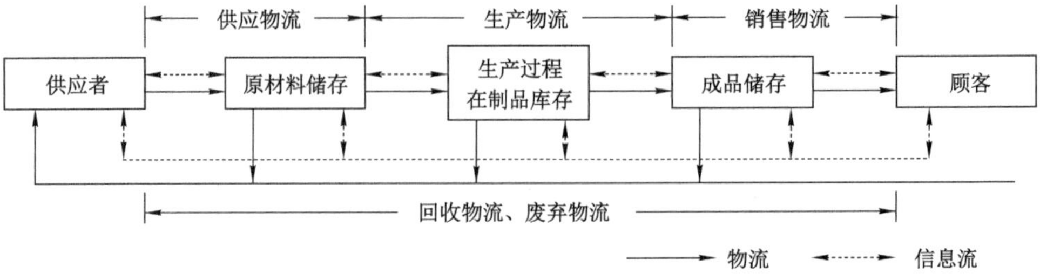

图 1-3　工业企业物流一般分类

② 全面流动管理模型的分类

由全球改善协会（日本改善大师今井正明于 1985 年在瑞士成立）欧几里德 A. 科英布拉为首的改善团队于 2000 年左右提出的全面流动管理（Total Flow Management，TFM）模型（图 1-4）分为五个支柱，其中第一支柱为基本可靠性，其是企业创建精益高效供应链的基础条件；第二至第四支柱是对企业物流的分类，分别是生产流、内部物流和外部物流；第五支柱目标是基于企业基本可靠性的历史与文化，充分发掘和融合生产流、内部物流和外部物流，形成企业特有的整体供应链最佳解决方案。其中生产流、内部物流和外部物流是企业物流改善的三大支柱，模型分别给出三大支柱的改善要点。

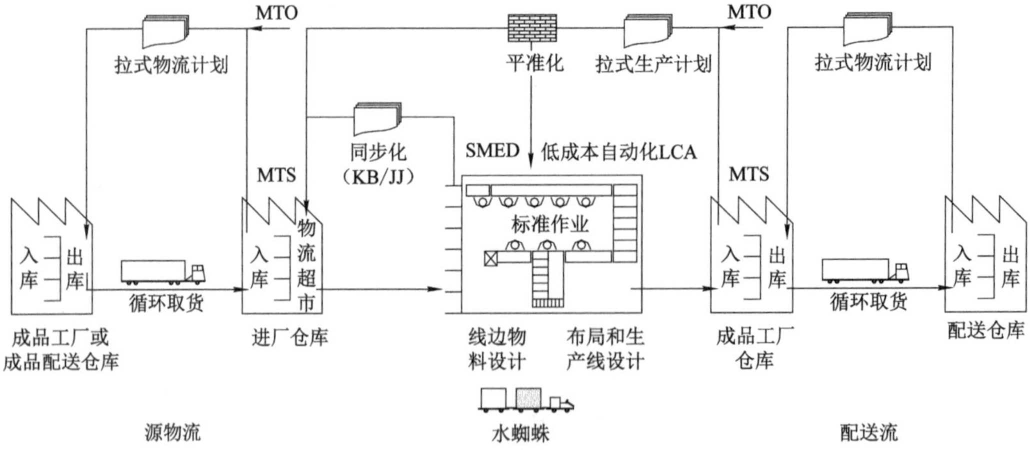

V. 供应链设计		
基于企业基本可靠性的历史与文化，发掘企业最佳解决方案		
Ⅱ. 生产流	Ⅲ. 内部物流	Ⅳ. 外部物流
1. 生产线/布局设计　4. 快速换模 2. 线边物料设计　5. 低成本自动化 3. 标准作业	1. 物流超市　4. 平准化 2. 水蜘蛛　5. 拉式生产计划 3. 同步化（KB/JJ）	1. 存储和仓库设计　4. 出库和交付物流 2. 循环取货　5. 总体拉式计划 3. 入库和供应物流
Ⅰ. 基本可靠性		
1. 人　2. 机	3. 料	4. 法

图 1-4　全面流动管理（TFM）模型

1.4 工业设施规划过程

大规模工业生产系统通常比较复杂，其规划过程往往涉及多层次、多领域的决策和迭代问题，规划成果即实施方案对系统的运营效率和效益将产生深远影响，故为了指导设施规划过程，便于规划人员有条理地开展规划工作，许多专家学者提出了不同的结构化设施规划过程框架模型，下面介绍其中的 3 个典型代表。

1.4.1 工业设施规划一般过程

工业设施规划项目遵循传统工程设计过程，从总体上呈现一个与时间有关的三阶段结构，分别是预规划、结构规划及规划后阶段。具体阶段过程框架如图 1-5 所示，解释说明见表 1-2。

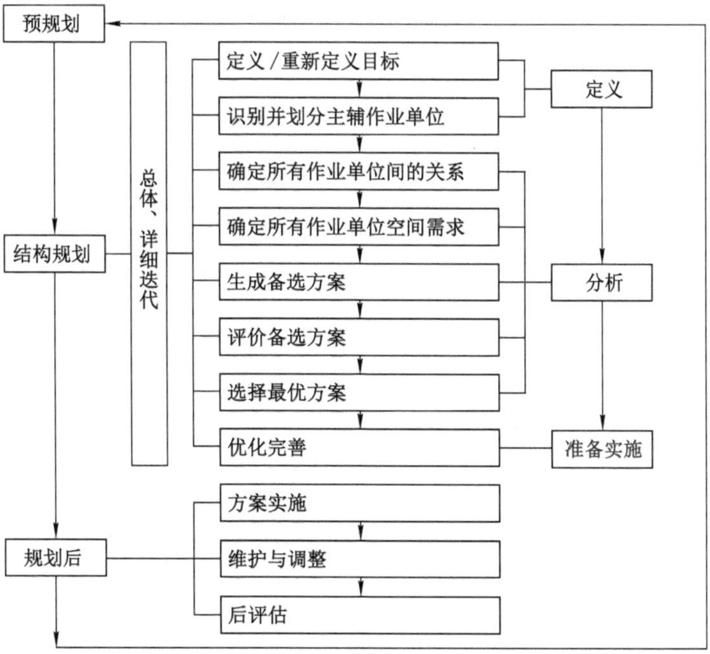

图 1-5　一般工业设施规划过程框架

表 1-2　一般工业设施规划过程说明

过程	说明
预规划	亦称准备阶段或前期工作，规划人员需要在深入理解企业战略规划尤其是设施子战略的基础上，承担或参与撰写项目建议书、可行性研究报告、场址选择等工程咨询和辅助决策(产品及其定位、工艺水平、自动化水平、面向的市场及产量等)工作

表 1-2(续)

过程		说明
结构规划（总体、详细迭代）	定义(或重新定义)设施目标	无论是规划新设施还是改扩建现有设施,必须要明确设施生产产品或提供服务要达到的目标
	识别并划分主辅作业单位	主辅作业单位是基于预规划设施的运作需求来识别并明确的,均为有形的物理单位。如某车间、原料仓、行政楼等。辅助作业单位用于服务主要作业单位的活动,以使主要作业单位活动免受干扰和延迟。作业单位也具有层级性,如工作站较车间层级要低,其隶属于车间。通常随着规划工作由总体到详细的过程,所涉及的作业单位层级也越来越低
	确定所有作业单位间的相互关系	在设施范围内明确作业单位是否存在相互作用,以及如何相互作用,或是如何支持其他作业单位,这些活动是如何进行的
	确定所有作业单位空间需求	在计算每一作业单位的空间需求时,要考虑所有设备、物料和人员的需求
	生成备选方案	基于作业单位的相互关系及空间需求,生成多种不同的设计方案,包括备选的设施选址和设施设计两个方面,其中设施设计的备选方案包括布置设计、物料搬运系统设计、公用系统设计、信息系统设计及建筑设计的方案。根据具体情况的不同,设施选址决策和设施设计决策可以分开考虑
	评价备选方案	建立统一的评价标准,对各备选方案打分排序。对每一种方案确定所涉及的因素,并评价这些因素是否影响以及如何影响
	选择最优方案	从各备选方案中按评价结果确定一个最能满足目标并能接受的方案
	优化完善	一旦选定某一方案,就要在设施实际建造或区域布置之前进行细节完善工作,以便后续实施
规划后	方案实施	对实施过程进行监控、试车准备、试车、运行和调试以及竣工验收
	维护和调整	随着使用中设施新要求的提出,设施规划方案需根据新变化进行相应调整
	后评估	验证设施及其生产的产品或提供的服务是否达到目标要求,便于指导后续设施规划工作

1.4.2 WFP 设施规划过程

成功设施规划(Winning Facility Planning,WFP)过程由詹姆斯·A. 唐普金提出,如图 1-6 所示,具体说明见表 1-3。

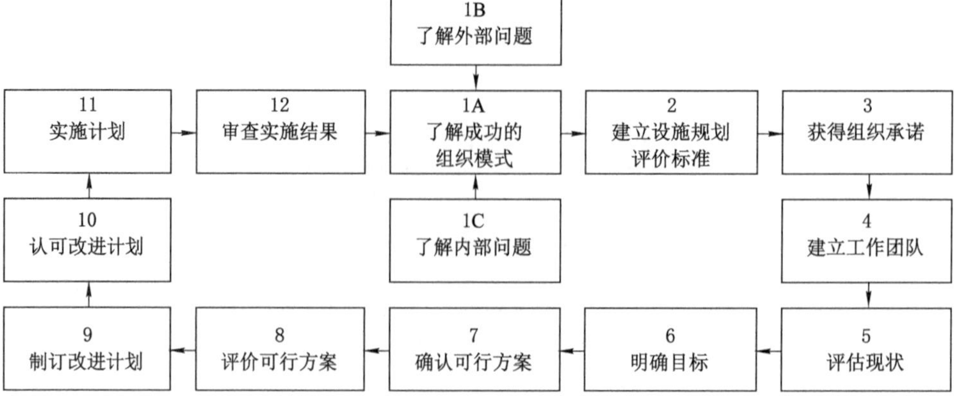

图 1-6 WFP 设施规划过程

表 1-3　WFP 设施规划过程说明

步骤	功能	说明
1A	了解成功的组织模式	了解成功的组织模式是设施规划成功的前提条件，要对企业所有层次人员进行教育培训，使其了解成功的组织模式
1B	了解外部问题	通过参加专业团体、贸易展览、会议研讨、阅读书刊等了解外部世界
1C	了解内部问题	了解企业的经营计划、目标、资源、约束
2	建立设施规划评价标准	由管理层确定设施规划的评价标准
3	获得组织承诺	管理层应做一个明确的承诺，愿意实行必要的改进以便能与设施规划标准一致
4	建立工作团队	组建的工作团队必须有广泛的代表性并能对每项设计要求作出决策
5	评估现状	对设施现状进行定性和定量评估，评估结果作为衡量改进措施的基础
6	明确目标	为每一项设计确定清晰的、可衡量的、与时间有关联的目标
7	确认可行方案	此步是一项创造性过程，要确定系统、过程、设计或方法能达到特定目标的要求，需寻求所有可行方案
8	评价可行方案	对所有可行方案作出经济评价和定性评价，经济评价应符合公司的指导原则
9	制订改进计划	在评价可行方案的基础上，选择最佳设计方案，建立详细的实施计划和资金安排计划
10	认可改进计划	向管理层提供不同方案的评价和论证材料，向管理层推荐改进计划，让其认可改进计划
11	实施计划	监督工程施工、安装、试车、调试等过程，培训员工以保证正确使用新系统
12	审查实施结果	记录真实系统运行情况，并与预定的目标和期望的业绩相比较，找出差距并提供相应的反馈信息

1.4.3　FacPlan 设施规划过程

科特蒙·李提出了 FacPlan 设施规划过程，其把整个过程分为 5 个层次的作业，分别是厂(场)址选择、前空间规划、宏观空间规划、微观空间规划和亚微观空间规划。各层次具体情况如图 1-7 至图 1-12 所示。

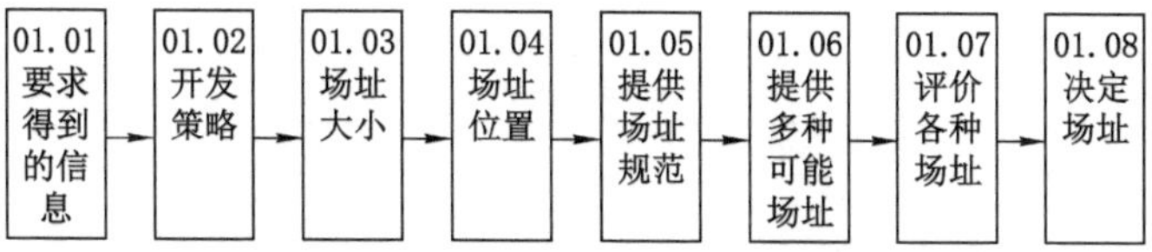

图 1-7　FacPlan 第一层次——厂(场)址选择

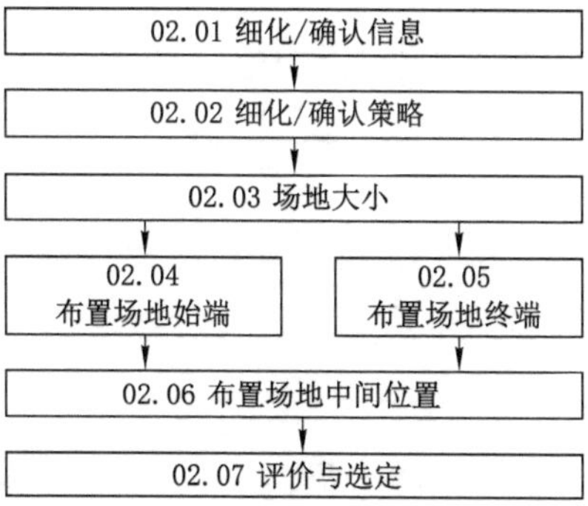

图 1-8　FacPlan 第二层次——前空间规划

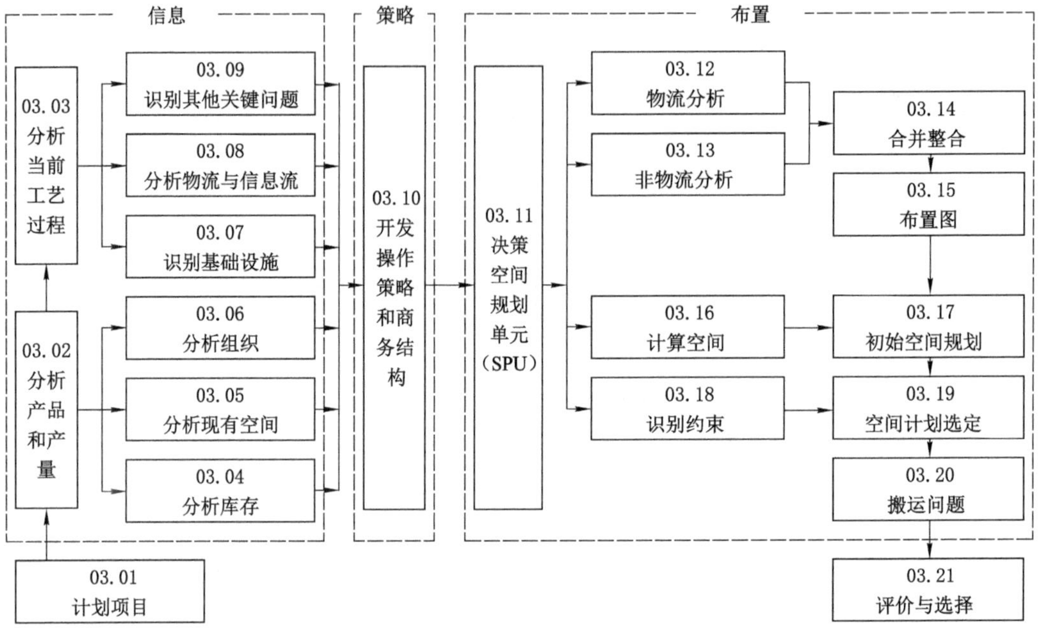

图 1-9 FacPlan 第三层次——宏观空间规划

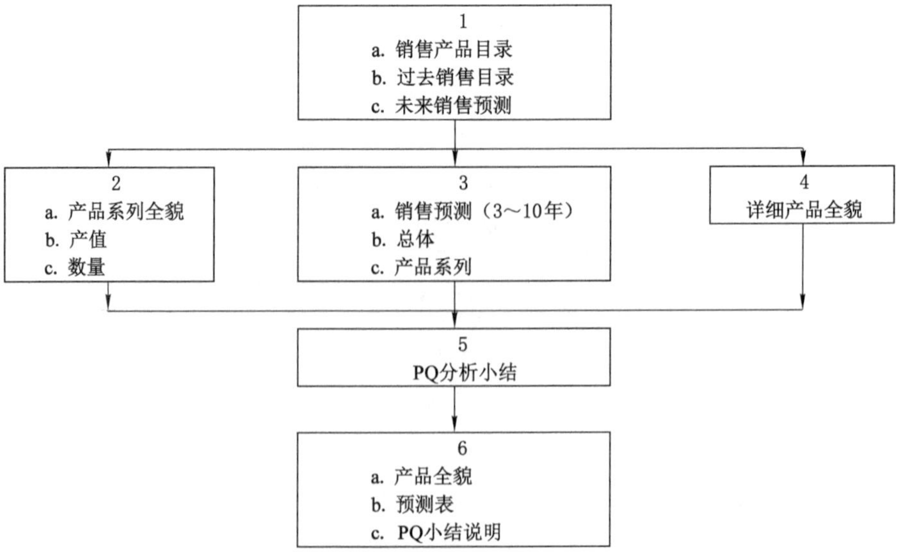

图 1-10 FacPlan 第三层次——产品产量(PQ)分析

图 1-11 FacPlan 第四层次——微观空间规划

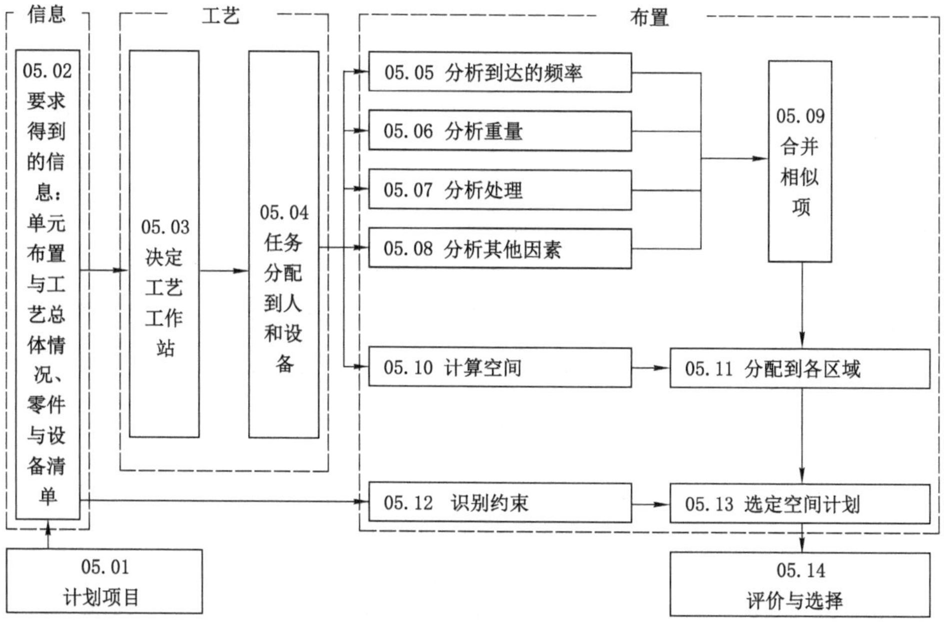

图 1-12 FacPlan 第五层次——亚微观空间规划

1.5 工业设施规划发展历程与趋势

工业设施规划贯穿于工业的发展历程，源于早期的工厂布置，第二次世界大战后因研究与应用领域由工业向服务业拓展，更名为“设施规划”。纵观设施规划的发展，可以发现其遵循这样的规律：技术进步在满足社会需求的同时推动着社会需求的进一步释放，并衍生生产方式变革的需求；技术效能的发挥需要与之匹配的管理理论创新，而管理理论在技术支撑和社会需求推动下通过生产方式过程变革进一步满足当下需求，释放的未来需求反过来又进一步促进技术创新。对于工业企业来说，技术进步和管理创新落实到满足社会需求是通过设施规划得到的工业系统来实现的，更确切地说是通过系统作业过程中的人、机、信息等要素有机结合共同起作用的。基于这种思路，可以把工业设施规划的发展历程及趋势归结为以下四个阶段(图 1-13)。

阶段	经验规划	系统规划	精益规划	智能规划
设施规划特点	手工作坊向现代工厂转变；工作研究开始出现；更多表现为基于经验的工厂布置	工厂布置和物料搬运采用定性和定量分析相结合的方法，工作研究大量应用	工厂布置和物料搬运中信息化措施加速了定量分析方法的应用	智能工厂布置与物料搬运，作业现场逐步少人化和无人化
作业过程变革	以人的效能为主，突出表现为工作研究的内容系统规划	以机的效能为主，人料如何适应机	以信息化为支撑，机料人的协调，人料如何适应机	以数智化为支撑，机料的协调，料如何适应机
管理创新	劳动专业化分工、工业与制造业的经济、任务和奖金制度	科学管理原理、数学规划方法（运筹学、概率论、控制论、系统论）、SLP和SHA	精益生产、6σ管理、约束理论、单元制造、敏捷制造、供应链管理	生产过程进一步规范化、标准化，基于广义数据的分析、预测与决策能力
生产方式变革	规模化生产	大批量规模化生产	中小批量定制化	大规模定制
技术进步	以蒸汽为动力的初级机械化	以电力为动力的电气自动化	信息技术、网络技术、仿真技术	人工智能、5G物联网、云计算、数字孪生
时期	18世纪60年代至19世纪中叶——工业1.0	19世纪后半期至20世纪中叶——工业2.0	20世纪后半期到现在——工业3.0	未来：数字化物联系统——工业4.0

图 1-13　设施规划发展历程与发展趋势

(1) 经验规划阶段

18 世纪 60 年代产业革命后，以蒸汽为动力的初期机械化开始出现，使规模化生产成为可能，工厂逐步取代了小工业作坊，但在作业现场人力手工作业仍然是主体。如何充分发挥人力效能和调动人的积极性成了当时管理领域研究的热点，典型成就有亚当·斯密的“劳动专业化分工”、查尔斯·巴贝奇的“工业与制造业的经济”（论述了专业分工、工作方法、机器与工具的使用、成本管理等）、亨利·甘特的“任务与奖金制度”等。因此，此阶段的工业设施规划主要反映了便于人力加工、装配、物料搬运及信息传递等的作业特点。

(2) 系统规划阶段

受益于以电力为动力的电气自动化的发展，生产和物料搬运设备逐渐成为作业过程的主力，大量重复、人工效率低且易规范化和标准化的手工作业逐渐被机械化和自动化设备所取代。制定科学规范的作业流程和及时有效地给加工设备提供物料，从而使机器设备最大程度地发挥效能变得越来越重要，一些难以机械化和自动化的作业仍由手工结合辅具完成。数学规划方法的发展及以弗雷德里克·泰勒为代表的科学管理运动为该阶段工业设施规划方案的定量择优提供了助力。系统论使人们开始重视工厂运作中各环节的整体协调能力。理查德·缪瑟提出了至今仍在广泛使用的系统化设施布置方法(SLP)和搬运系统分析方法(SHA)。工厂设计除了注重人、机、物的结合外，还要考虑与资源、能源、环境、信息、资本等要素的结合，而工厂设计的原则和方法也扩大到了非工业设施，如各类服务设施。

(3) 精益规划阶段

大批量规模化生产导致产品供应量的极大丰富,同时也使满足买方市场条件下的个性化和定制化成为一种现实需求。产品复杂度增加、更新换代加剧以及市场全球化的趋势,使企业之间在质量(Quality)、成本(Cost)及交期(Delivery Time)的竞争日益激烈。企业逐步认识到应基于供应链视角减少各环节的浪费,实施过程管理以提高质量,充分挖掘系统的有效产出能力,以快速响应瞬息万变的市场需求,才能赢得竞争优势。计算机及信息和网络技术为企业管理在数据获取的深度、细度、广度和及时性上提供了可能,在提质、降本和增效方面发挥着越来越大的作用。企业生产越来越重视信息支撑下的内外部供应链整体运作的有效性,让信息流更清晰准确地反映业务流和物料流,在业务流高标准化的基础上,实现三流的高度统一。通过构建信息物理系统,实施精益布置,在保障有效产出下实施内外部供应链精益物流逐步成为工业系统设施规划的新特点,突出表现为生产现场物料所占的空间变小,整体空间利用率提升,物流路线总长度大大缩短。同时,计算机在设施规划工作中出现了两类应用,一类是应用于布置方案的优化求解,如著名的CRAFT(Computerized Relative Allocation of Facilities Technique)和CORELAP(Computerized Relationship Layout Planning);一类是设施规划方案的效果分析与评价,即仿真技术,常见软件有Witness、FlexSim、eM-Plant、AnyLogic等。系统仿真技术在设施规划方案落地实施前能够低成本、高效率地对系统的整体情况进行验证与推演,逐渐成为设施规划的有力工具。还有,该时期工作研究逐步从工厂设计中分离出来,成为"基础工业工程"相对独立的知识体系。

(4) 智能规划阶段

市场需求的多样化、产品更新迭代周期的缩短,使及时快速响应市场的能力成为企业竞争的关键。在标准技术、现代设计方法、信息技术和先进制造技术的支持下,企业根据客户的个性化需求,以大批量生产的低成本、高质量和高效率提供定制产品和服务的现实需求日益迫切。大规模定制将成为越来越多企业的生产方式,但随之而来是系统的复杂程度也越来越高,单凭依靠人力进行生产组织已经难以满足质量、成本和交期的要求。基于过程作业高度规范化与标准化的打磨,更多的基于网络集成的智能化和自动化设施进入企业生产现场。工业设施作业系统内呈现出空间的高度集约化和少人化,甚至无人化。由于智能工厂初期资金投入较大,落地实施前采用数学规划方法进行方案择优以及使用仿真技术进行方案分析与验证的必要性进一步提升。

2 前期工作

2.1 前期工作任务与性质

2.1.1 前期工作任务

前期工作是设施规划的预规划阶段，也是准备阶段。其任务是对预规划设施的若干方面问题进行研究论证，并做出组合决策，从而勾画出预规划系统的大致轮廓和方向。

研究和决策的主要问题包括(以制造业为例)：① 项目是否必要，是否具备条件；② 是建设新设施、易地迁建，还是在原址对现有设施进行改建、扩建；③ 生产什么产品或提供什么服务；④ 是建设大批量生产类型的工厂，还是成批生产或单件定制生产的工厂；⑤ 是建设多种工艺的全能企业，还是建设专业生产厂；⑥ 准备采用什么样的工艺水平和机械化自动化水平；⑦ 产品是面向某个地区，还是面向全国市场，甚至国际市场；⑧ 要达到什么样的生产规模；⑨ 在什么地点建设；⑩ 如何获得资金。

2.1.2 前期工作性质

前期工作研究与决策的问题和企业的经营战略密切相关。企业经营战略是企业基于外部环境和内部条件等诸多因素的综合分析确立的企业较长期的发展决策。时间跨度可能是五年、十年甚至更长时间。其由总战略和分战略组成，而分战略通常又包括产品战略、市场战略、投资战略、技术发展战略、竞争战略、制造战略等。预规划设计的系统应支持企业经营战略的落地实现，同时也受总战略和各分战略的影响。如产品战略影响工艺和材料的要求，又进一步影响设备、布置和物料搬运；投资战略影响设施的数量和规模，也影响设施选址及物料储运与设计等工作。因此，设施的规划与设计应从战略视角开展工作，以达成企业的经营战略目标，即配合企业经营战略的阶段发展需求，确定设施的战略。

设施规划前期工作目标的制定和决策，并不是设施规划人员的责任，而是决策者，即企业管理层的责任。但是，规划设计人员应该参与并提出意见和建议，或者接受委托承担某些论证工作，如承担可行性研究等。决策者离开规划设计人员的参与和配合，会影响决策的科学性和合理性；反之，规划设计人员缺席前期工作，则会对决策的意图缺乏深入理解，甚至产生误解和分歧，影响后续规划工作的顺利开展，即前期工作的结果是规划设计工作的基础和先决条件。因此，参与或承担前期工作是规划设计人员的重要咨询任务。

2.2 前期工作落实

企业最高管理层从企业总体经营战略的角度看待设施规划工作，任何一项新的设施都必须服从企业的经营战略。因此，设施规划项目实施前，要做前期工作，对设施的必要性和不同方面组合决策的可行性、合理性进行论证。这些论证工作的落实往往通过“项目建议书”和“可行性研究报告”的方式来体现。以下结合设施规划前期工作就项目建议书和可行性研究的主要内容进行简要介绍。

2.2.1 项目建议书

项目建议书又称立项报告，是项目建设筹建单位或项目法人，根据国民经济发展、国家和地方中长期规划、产业政策、生产力布局、国内外市场、所在地的内外部条件，提出的某一具体项目的建议文件，是对拟建项目提出的框架性总体设想。项目建议书的使用往往是在项目早期，由于项目条件还不够成熟，仅有规划意见书，对项目的具体建设方案还不明晰，市政、环保、交通等专业咨询意见尚未办理。项目建议书主要论证项目建设的必要性，其建设方案和投资估算比较粗，投资误差约为±30%。

项目建议书是国家和企业选择建设项目的依据，项目批准后即为立项。立项后的项目可以列入前期工作计划，开展可行性研究。涉及利用外资的项目，立项后可以对外开展工作。

项目建议书中通常包含以下内容① 项目必要性和依据；② 产品方案、拟建规模和建设地点的初步设想；③ 资源情况、建设条件、协作关系、工艺与设备的初步分析；④ 投资估算和资金筹措设想；⑤ 进度安排；⑥ 经济效益和社会效益的初步估计。

2.2.2 可行性研究

可行性研究是对一个建设项目在投资决策前进行技术经济论证的过程，是对项目建设方案做出客观评价，以防控风险、避免决策失误、提高经济效益的一种科学方法。

20 世纪 60 年代以来，联合国工业发展组织及世界银行等国际组织为推进可行性研究的普及与提高，组织出版了《工业可行性研究手册》及有关著作。许多国家的大中型企业和金融机构已把可行性研究作为项目申请拨款或贷款的必备条件。我国从 1982 年开始将可行性研究列为所有建设、扩建和改建大中型工程建设项目决策和审批的一个重要程序，代替了过去以计划任务书或设计任务书作为决策依据的做法。

按照联合国工业发展组织的要求，可行性研究从项目意向变为具体设想，到编制出可作为决策依据的可行性研究报告，需要经历机会研究、初步可行性研究和详细可行性研究三个阶段。

(1) 机会研究

机会研究是项目可行性研究的第一个阶段。其任务是对项目投资方向提出设想，以自然资源和市场调查预测为基础，选择、寻求最有利的投资机会。

机会研究比较粗略，主要依靠笼统的估计而不是详细的分析，其准确度可在±30%之内。机会研究的内容主要有地区和部门情况、产业政策和资源条件、劳动力状况、社会条件、市场情况等。如果机会研究证明投资项目可行，则需进行进一步研究。

(2) 初步可行性研究

初步可行性研究即在机会研究的基础上，进一步进行项目建设的必要性、可能性和潜在效益的论证分析。这一阶段的估算准确度可达±20%。初步可行性研究与详细可行性研究的内容基本相同，只是详细程度不同。在进行初步可行性研究后，还要进行详细的可行性研究。

在我国，机会研究和初步可行性研究在提出项目建议书时进行。对大中型项目的研究要求比较详细和正规；对一般小型项目可简单地确定投资机会。

(3) 详细可行性研究

详细可行性研究是项目最终决策的依据。经批准的详细可行性研究报告是工厂设计的依据，对设计阶段的工作有十分重要的影响，是前期工作中最为关键的环节。因此，详细可行性研究必须做到深入、全面、准确，保证科学性、客观性和公正性，投资估算的准确度可达到±10%。

各个项目因性质、生产规模、复杂程度、投资数额不同，研究的重点也有所不同。一般来说，工业项目可行性研究报告的基本结构见表2-1。

表2-1 可行性研究报告基本结构示例

序号	主要内容
1	总论：说明项目提出的背景、建设必要性、投资概况和经济意义、研究工作的依据和范围
2	市场分析：包括行业发展情况、市场竞争情况、项目产品市场分析、企业竞争优势分析及市场推广策略
3	产品方案和建设规模：包括产品方案、产品特点、应用领域、产品营销策略及建设规模
4	建厂条件和厂址方案：包括预选地的自然地理、区位条件、区位优势、社会与经济环境、原材料可获得性及人力资源条件等因素的介绍及综合对比分析与决策
5	设计方案：包括设计的指导思想与原则、生产工艺、生产流程、初选设备和设施、厂区建设概略方案、公用及辅助工程等内容的决策确定过程
6	环境保护与节能：包括项目施工期环保措施、运营期环保措施、环境保护投资估算、环境影响综合评价、用能标准和节能规范、能耗分析、节能措施等
7	企业组织、劳动定员与职业安全：包括企业组织架构、不同岗位的劳动定员、安全制度、劳动保护与工业卫生以及消防安全等
8	实施进度安排：包括实施进度安排与实施进度表
9	投资估算和资金筹措：包括编制依据、其他费用与预备费用说明、项目投资估算、资金筹措与使用计划等
10	社会及经济效果评价：包括财务评价、营业收入及税金测算、成本费用测算、利润测算、财务分析、项目盈亏平衡及敏感性分析、财务评价结论、项目社会效益评价
11	项目风险分析及防范对策：包括风险因素识别、风险防范对策
12	结论与建议

可行性研究报告编制完成以后，由决策部门组织或委托有资质的工程咨询公司或有关专家进行评估。评估报告为项目的最终审批决策提供科学依据。

2.3 设施规划信息需求及来源

设施规划人员通过参与或承担前期工作,不仅深入理解了企业管理层对预规划系统的战略意图和决策意见,同时也获得了开展设施规划工作的初步数据。但是,为了更好地开展后续规划设计工作,设施规划团队仍需要做大量的调查研究,取得数据和各种实际情况的第一手资料,并加以深入理解,这样才能使后续规划设计工作顺利开展,并取得良好的效果。

这些信息和数据按照理查德·缪瑟的观点,可以把其主要内容归结为设施规划的五个基本要素,分别是产品(或材料或服务)、数量(产量)、生产路线(或工艺过程)、辅助服务部门、时间(时间安排)。同时这些信息和数据来源于主持建设单位或企业内部或其下属部门。对于已有成熟企业可能涉及的部门有产品设计部门、工艺设计部门以及计划与市场部门;对于全新或非成熟企业,其信息来源于发挥相应职能的专业人员群体,即产品设计人员、工艺设计人员和计划进度设计人员。后续对此进行详述。

2.3.1 设施规划基本要素

为了便于记忆,设施规划基本要素用以下 5 个英文字母来表示:P(Product)、Q(Quantity)、R(Routing)、S(Supporting Service)、T(Timing)。有时形象地用解决工业设施规划问题的钥匙来比喻这 5 个基本要素,如图 2-1 所示。

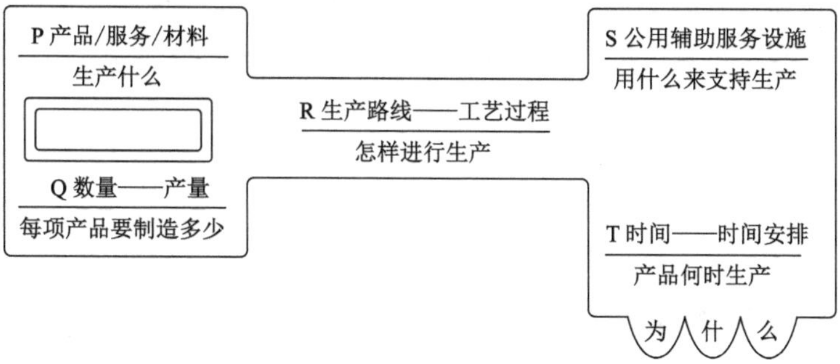

图 2-1 设施规划基本要素及其关系

(1) P(产品或材料或服务)

P 要素指预规划工业设施中的原材料、零部件、产成品或提供的服务。这些信息往往由产品设计提供,包括种类、型号、零件号、材料等。P 要素影响着工业设施的组成及其相互关系、物料搬运方式、存储设施、设备类型等。

(2) Q(数量或产量)

Q 要素指供应、生产或使用的物料量或者服务的工作量。其资料由生产纲领设计和产品设计提供,可用件数、重量、体积或销售价格等表示。Q 要素影响着设施规模、设备数量和运输或搬运工作量等。

(3) R(生产路线或工艺过程)

R 要素是工艺过程设计的成果。可用设备表、工艺路线卡、工艺过程图等表示。其影响着作业单位之间的关系、物料搬运路线、物料存储位置等。

(4) S(公用辅助服务设施)

S要素指用来支持生产的间接性设施,包括但不限于工具、维修、动力、收货、发运、卫生站、更衣室、食堂和厕所等。其资料可由有关专业设计人员提供。该要素的设置可以支持生产的运作,在某种意义上有助于加强系统的生产能力。有时,公用辅助服务设施的总面积大于生产部门所占的面积,应予以足够重视。

(5) T(时间或时间进度)

T要素指在什么时候、用多长时间生产出产品,包括各工序的操作时间、更换批量的次数。基于生产纲领,结合工艺过程设计中得到的作业内容及作业时间信息,可以计算设备需求以及相关的面积和人员需求等。T要素影响着设施与设备数量以及各作业单位之间的关系等。

当然,成功地开展设施规划工作,还必须在掌握5项基本要素的基础上,收集和分析其他有关因素,包括地区规划、外部协作条件、交通运输条件、地质水文条件、自然条件,以及关于职业安全和卫生、消防、环境保护、建筑、道路等方面的技术规范、规程和标准等。

2.3.2 设施规划与PP&S之间的关系

从设施规划信息的来源可知,设施规划工作与产品设计(Product Design)、工艺过程设计(Process Design)及计划进度设计(Schedule Design)密切相关,相互依存。概略地说,产品设计要考虑产品的工艺性,工艺过程设计要考虑产品结构及产量规模,计划进度设计要考虑工艺装备的能力,设施规划综合考虑PP&S来构建质量好、效率高与成本低的生产系统。也可以说,产品设计人员决定了产品的结构、尺寸、材料与包装等,工艺规划人员决定了产品如何生产,市场计划人员决定了生产数量和进度安排,设施规划人员在上述三类人员及时准确的数据输入的基础上开展工作。

2.4 产品设计与设施规划

2.4.1 产品设计任务、作用与成果载体

(1) 产品设计任务

产品设计是从制订出新产品设计任务书到设计出产品样品为止的一系列技术性工作。其工作内容是制订产品设计任务书及实施设计任务书中的项目要求,包括产品的性能、结构、规格、形式、材质、内在和外观质量、寿命、可靠性、使用条件、应达到的技术经济指标等。

(2) 产品设计作用

由于产品设计阶段要全面确定整个产品策略、外观、结构、功能,从而影响着整个生产系统的布局,因而,产品设计具有“牵一发而动全局”的重要意义。如果一个产品的设计缺乏工艺性,那么生产时将耗费大量费用来调整和更换设备、物料和劳动力。相反,好的产品设计,不仅体现功能和使用上的优越性,而且在产品结构上也符合工艺原则和经济效益原则,即其便于批量制造,生产成本低。许多在市场竞争中占优势的企业都十分注意产品设计的细节,以便设计出造价低而又具有独特功能的产品。

(3) 产品设计成果载体

产品设计成果的载体通常是由各种工作图样和设计文件汇集在一起的设计报告。其

中，文件目录一般包括：图样目录、零部件明细表、通(借)用件、外购件、标准件汇总表、技术条件、使用说明书、合格证、装箱单等；图样目录一般包括：总装配图、原理图和系统图、部件装配图、零件图、包装物图及包装图、安装图(对于成套设备)等。

2.4.2 产品设计信息对设施规划的影响

预规划的工业设施——工厂是实现从原材料到成产品的转换系统，产品构成中的任何部分或形态及其原材料需要在工业系统内进行流动或存储，而这些活动都需要相应的设施设备及空间。因此，设施规划人员必须对产品有一个从部分到整体的认知，从而有助于在布置设计中对通道、工作站、存储等空间需求的确定；在搬运系统设计中对搬运设备、器具、包装等具体要求的确定。

为了顺利开展规划设计，设施规划人员应对产品设计的成果信息进行深入了解，至少要收集和理解的信息载体包括：零部件明细表、零件图、产品装配图等。如产品设计部门能够提供产品原型，将更有助于设施规划人员对产品的认知。图 2-2 为一家企业生产的产品——电磁阀的装配图。零件图上要有完整的视图、尺寸、材料、公差和表面粗糙度等各项制造技术要求。零部件明细表(或称物料清单，Bill of Materials，BOM)中应包括零件名称、零件代号、单位数量、单件重量、自制/外购抉择等，表 2-2 为电磁阀零件明细表(节选)。

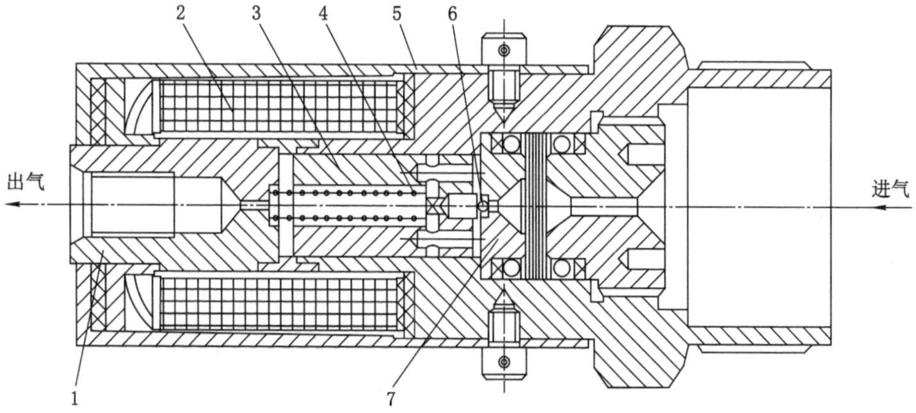

1—组合骨架；2—线圈；3—衔铁；4—弹簧；5—壳体；6—钢球；7—活门座。

图 2-2 电磁阀装配图

表 2-2 电磁阀零件明细表(节选)

产品名称：电磁阀　　　　产品代号：DK100

序号	零件名称	零件代号	外购	自制	单位数量	单件质量/kg
1	组合骨架	DK101		√	1	1.6
2	线圈	DK102	√		1	0.05
3	衔铁组合	DK104		√	1	1
4	弹簧	DK100-5	√		1	0.03
5	壳体	DK100-6		√	1	0.74
6	钢球	GB308-77	√		1	0.04

表 2-2(续)

序号	零件名称	零件代号	外购	自制	单位数量	单件质量/kg
7	活门座	DK100-4		√	1	0.03
8	垫圈	DK100-7	√		1	0.05
9	盖	DK100-8		√	1	0.08
10	螺钉	DK100-11		√	2	0.02
11	堵头	DK100-1		√	1	0.08
12	弹簧垫圈	DK100-10	√		4	0.03

2.5 工艺过程设计与设施规划

2.5.1 工艺过程设计任务、作用与成果载体

(1) 工艺过程设计的任务

工艺过程设计的任务是决定零件是自制还是外购,自制件如何生产,采用什么工艺和设备,完成要多长时间。规定工艺过程的工艺文件称为工艺规程。最终工艺过程设计很大程度依赖于产品设计和计划进度设计所提供资料的详细程度。

工艺过程设计的依据包括:① 产品的全套装配图和零件图;② 产品的验收质量标准;③ 产品的生产纲领和生产类型;④ 零件毛坯图和毛坯供应情况;⑤ 企业生产条件;⑥ 相关手册、标准等资料;⑦ 国内外先进工艺及生产技术发展与应用情况。

工艺过程设计的步骤包括:① 阅读装配图和零件图,进行工艺审查。了解产品的用途、性能和工作条件,熟悉零件在产品中的地位和作用,明确零件的主要技术要求。审查图纸的完整性、主要技术要求的合理性及零件结构工艺性。② 熟悉和确定毛坯。根据零件在产品中的作用、零件结构特征与外形尺寸、零件材料工艺特性及生产批量确定毛坯种类。③ 选择定位基准,拟定加工路线。④ 确定满足各工序要求的工艺装备,包括机床、夹具、刀具、量具、辅助等。要求在保证加工质量的前提下,应与生产批量和生产节拍相适应。⑤ 确定各工序加工余量,计算工序尺寸和公差。⑥ 确定切削用量。⑦ 确定时间定额。⑧ 编制数控加工程序(如涉及数控加工)。⑨ 评价工艺路线。对所制定的多种工艺方案进行技术经济分析,或采用优化方法,确定最佳工艺方案。⑩ 确定工艺规程。

(2) 工艺过程设计的作用

工艺过程设计得到的工艺规程是:① 工厂进行生产准备工作的主要依据。产品在投入生产前要做大量的生产准备工作,包括原材料和毛坯的供应、机床的配备和调整、专用工艺装备的设计制造、核算生产成本以及配备人员等。② 企业组织生产的指导性文件。工厂管理人员根据工艺规程规定的要求,编制生产作业计划,组织工人进行生产,并按照工艺规程要求验收产品。③ 新建工厂或车间的技术文件。新建和扩建工厂或车间须根据工艺规程确定机床和其他辅助设备的种类、型号规格和数量、厂房面积、设备布置、工人工种与数量等。

(3) 工艺过程设计的成果载体

工艺过程设计的成果载体是工艺规程,其主要表现形式为:工艺过程卡(表 2-3)和工序

卡。工艺过程卡，亦称工艺路线卡，其描述了一个产品或零件各加工工序的先后关系、所用设备及工装、调整与加工时间等。工序卡则进一步描述了一道工序中各工步的相关信息。

表 2-3 工艺过程卡示例

工艺过程卡

公司：ARC 公司　　零件名称：柱塞座　　制单：J-A

产品：空气调节阀　　零件代号：3254　　日期：

工序号	工艺说明	机器类型	工具	调整时间/h	作业时间/h	材料说明
0104	车外形、钻孔、切料长	自动车床	ϕ0.5 in 弹簧夹对、圆形成形车刀	5.00	0.005 7	铝 ϕ1.6 in × 12 ft
0204	加工槽螺纹	转塔车床	0.045 in 锯片、转塔切槽附件、3/8-32 螺纹梳刀	2.25	0.006 7	
0304	钻 8 孔	自动钻床	ϕ0.5 in 麻花钻	1.25	0.003 8	
0404	去行刺清理	压力钻机	带导向去毛刺工具	0.50	0.003 1	
SA1		液压机	无	0.25	0.010 0	

与此同时，企业在进行工艺过程设计时，结合产品设计、市场情况、自身能力及经济效益考量，将明确各零件的自制和外购决策。其一般的决策过程如图 2-3 所示。

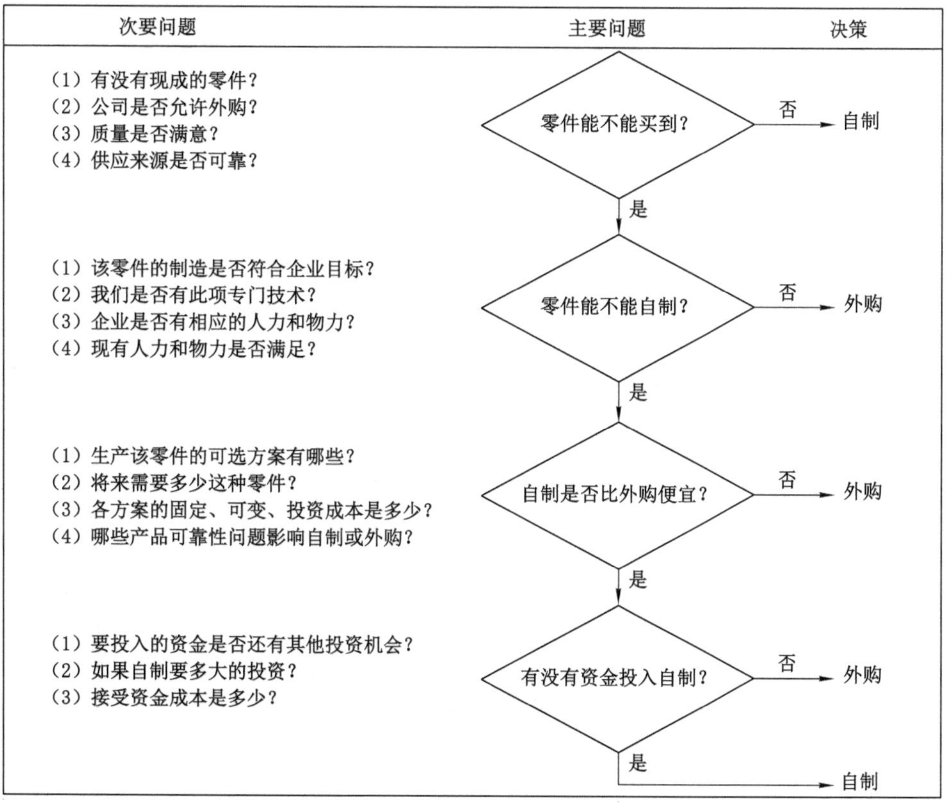

图 2-3 自制或外购决策过程

2.5.2 工艺过程设计信息对设施规划的影响

工艺规程中的工艺过程卡反映了产品或零件的先后加工过程，同时也反映了伴随着不同加工设备的使用物料将发生空间上的转移。前者属于生产流，也是增值流；后者属于物流，服务于增值流的实现。为了更好地理解预规划工厂的整体流动，设施规划人员需收集及整理出以下信息：

(1) 需要了解自制与外购的决策结果及产品零件构成。这有助于设施规划人员从整体上明晰外购件的供应与存储需求，以及自制件加工设施设备的布置需求。该信息的载体通常为零件明细表或物料清单(见表 2-4 及图 2-4)。

表 2-4 空气调节阀物料清单

公司：TW 公司　　　　制单：J. A

产品：空气调节阀　　　　日期：

层次	零件号	零件名称	零件图号	数量	自制或外购	备注
0	0021	空气调节阀	0999	1	自制	
1	1050	管堵	4006	1	外购	
1	6023	主阀	—	1	自制	
2	4250	锁紧螺母	4007	1	外购	
2	6022	阀体总成	—	1	自制	
3	2200	阀体	1030	1	自制	
3	6021	柱塞总成	—	1	自制	
4	3250	座环	1005	1	自制	
4	3251	O 形圈	—	1	外购	
4	3252	柱塞	1007	1	自制	
4	3253	弹簧	—	1	外购	
4	3254	柱塞套	1009	1	自制	
4	3255	O 形圈	—	1	外购	
4	4150	柱塞护圈	1011	1	自制	

(2) 需要了解零件生产工艺信息。其载体就是工艺规程中的工艺过程卡(表 2-3)。基于工艺过程卡，设施规划人员可以明确设备的类型需求以及不同设备之间的关系。

(3) 基于从产品设计收集到的部件与产品装配程序图(图 2-5)，结合工艺路线卡绘制产品整体的工艺程序图(图 2-6)。该工艺程序图有助于设施规划人员从整体上理解预规划系统的生产流和物流，从而指导后续作业单位的划分及作业单位关系的确定。

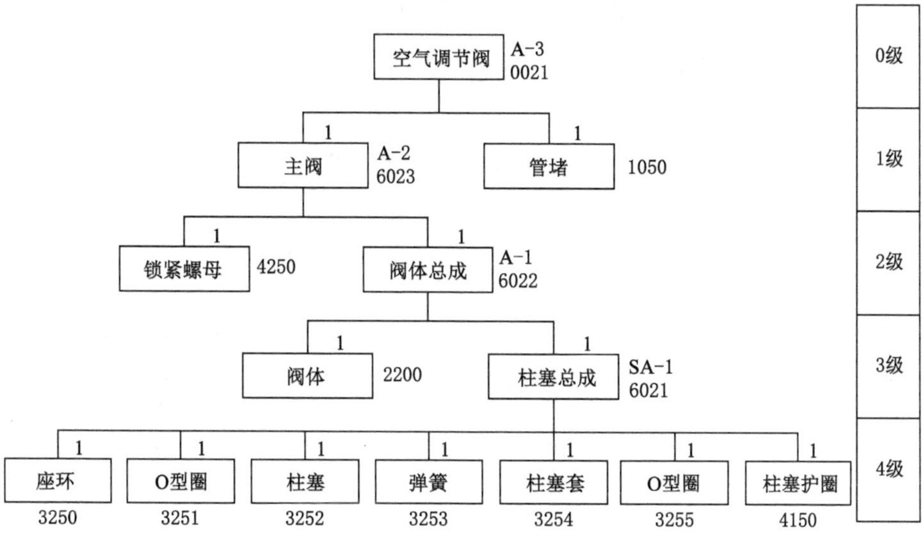

图 2-4　空气调节阀产品结构树

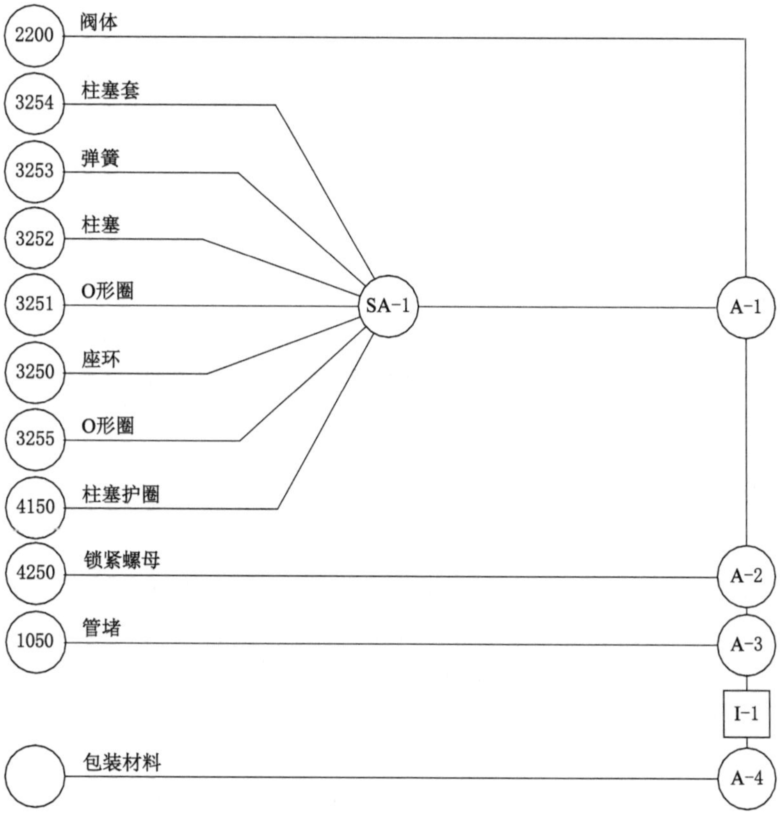

图 2-5　空气调节阀装配程序图

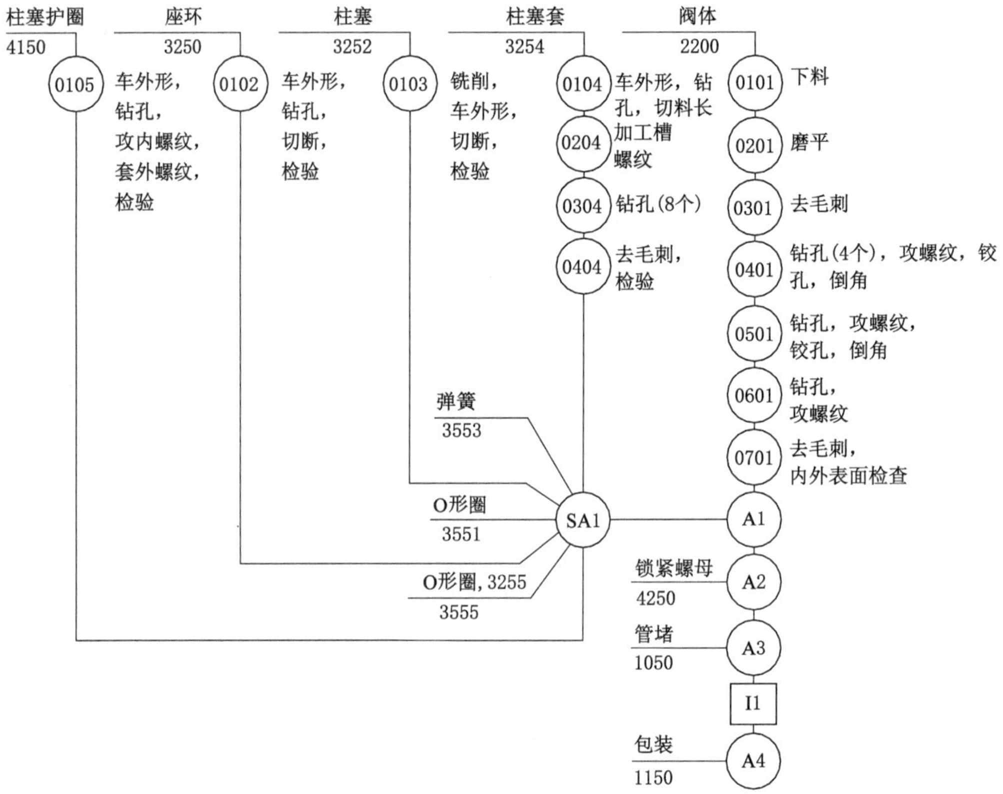

图 2-6　空气调节阀工艺程序图

2.6　计划进度设计与设施规划

计划进度设计包括确定预规划生产系统的产量规模(生产纲领)以及以何种作业组织形式(倒班制、白班制)和作业时间安排(如每班 8 h 等)来达成目标。

2.6.1　生产纲领及其类别

(1) 生产纲领

生产纲领是指在规定时期内(一般以年为单位)所生产产品的品种、规格及数量。它是根据市场预测和企业战略规划提出的,它决定了企业的专业方向、生产类型、规模等级、工厂组成及工艺技术要求,是设施规划设计的基本依据和重要目标。

(2) 生产纲领类别

生产纲领按范围分为全厂性纲领和车间性纲领;按类型分为精确纲领、折合纲领和假定纲领三大类。精确纲领是指精确规定产品品种和数量,而且这些产品有完整资料的生产纲领,它适用于大批量生产。折合纲领是指只包含一部分产品,其他产品都折合成代表产品的生产纲领,它适用于多品种、中批量产品的生产。假定纲领是指在没有产品的精确规格及资料的情况下假定给出产品品种的生产纲领,它适用于单件小批生产,一般选择最能体现建设目标的产品。

2.6.2 计划进度设计信息对设施规划的影响

计划进度设计确定了产品生产纲领、作业组织形式和作业时间安排，再结合工艺规程，设施规划人员就可以初步估算预规划系统中设备、人员及物料的每班需求，也可以进一步估算相应的空间及移动需求。

2.6.3 生产纲领设计

(1) 生产纲领设计的前期工作任务

生产纲领设计应该在确定产品类型、市场调查和需求预测的基础上，分析经济规模的界限，确定合理的生产规模，并考虑其可行性。由于生产成本因产量不同而变化，故经济规模问题诠释了生产规模与生产成本的演变关系。在一定条件下，可以从这种演变关系找出经济规模界限或经济规模区域，如图 2-7 所示。

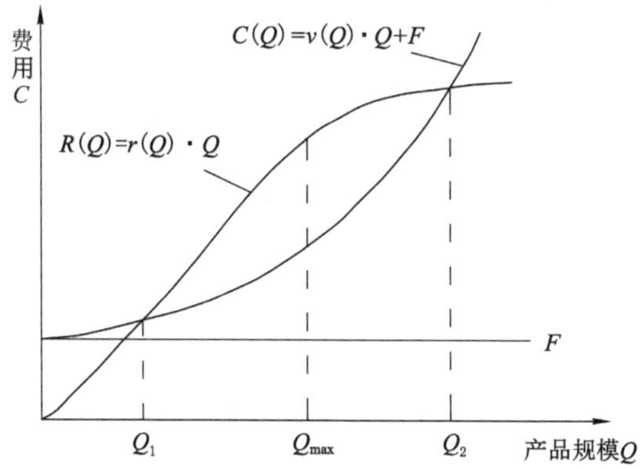

图 2-7 经济规模模型

图 2-7 中，$C(Q)$为成本函数，$R(Q)$为销售函数，F 表示以年计量的产品固定成本总额，$v(Q)$表示单位产品成本函数。故由图可知，Q_1—Q_2为经济规模区，Q_1和 Q_2为盈亏平衡点，Q_{max}为获得最大销售利润时的产量，也即最佳规模点。如取利润等于零，则可得一元二次方程：$r(Q)Q-v(Q)Q-F=0$，如成本函数、销售函数及固定成本已知，则可求得两个实根 Q_1 和 Q_2。

确定合理生产规模的一般程序为：① 提出可供选择的各种方案；② 确定系统目标是求最大利润，还是求最低生产成本；③ 建立数学模型，收集有关数据；④ 规定评价标准；⑤ 计算比较，确定优劣先后顺序；⑥选方案，确定生产规模。

(2) 生产纲领的确定

产品的生产规模也是产品的生产纲领，即年产量。它将决定工业设施的规模。对于少品种大量生产，年产量容易决定，主要取决于市场的需求及其预测。对于多品种成批生产，为了简化设计，一般要从众多产品中选定代表产品。

(3) 代表产品选择与折合计算

选定代表产品主要考虑三个因素：① 代表产品与被代表产品应是同类产品，基本结构应尽可能相似；② 选定的代表产品应是该工业设施建成后数量较多的产品；③ 同类产品中如果年产量相差不大，应选择中等尺寸者为代表产品。

选定代表产品后，需将被代表产品的数量折合为代表产品的当量数，以便于作为设计的依据。计算公式为：

$$Q=\alpha Q_x \tag{2-1}$$

式中，Q 表示折合为代表产品的年产量，Q_x 表示被代表产品的年产量，α 表示折合系数。

对于折合系数，应根据具体情况，基于被代表产品和代表产品在生产中整体劳动量上的差别权衡确定，一般可以基于式(2-2)进行折合计算：

$$\alpha=\alpha_1\alpha_2\alpha_3 \tag{2-2}$$

α_1 为重量折合系数。可参照下式计算：

$$\alpha_1=\sqrt[3]{\left(\frac{W_x}{W}\right)^2} \tag{2-3}$$

式中，W_x 表示被代表产品的单台重量，W 表示代表产品的单台重量。

α_2 为成批性折合系数(表 2-5)。批量越大则每台所需劳动量越小，$\alpha_2<1$；批量小则 $\alpha_2>1$。

表 2-5　成批性折合系数(参考)

n/n_x	0.5	1.0	2.0	4.0	7.0	10.0
α_2	0.97	1.0	1.12	1.22	1.31	1.37

注：① n 和 n_x 分别为代表产品和被代表产品的年产量；② n/n_x 一般不小于 0.5，不大于 10；③ 其他 n/n_x 的值可用插入法求得。

α_3 为复杂性系数。复杂性包括两方面内容：一是指制造精度的差别；二是指产品结构复杂程度的差别。此系数一般根据产品设计师的经验确定。在某些情况下，可能还有其他因素，可根据具体情况计入总系数。

2.6.4　设备需求确定

确定设备需求的一般步骤为：① 根据物料清单或产品结构树等信息，结合工艺过程卡，明确零件每道工序使用的设备，以及每件最终产品使用该零件的数量；② 基于工艺过程卡的倒序，在满足产品生产纲领的前提下，运用每道工序的良品率和需求量反算其投入量；③ 运用每道工序的投入量和预设的设备综合效率(Overall Equipment Effectiveness，OEE)确定每道工序的设备需求量；④ 汇总各工序相同类型的设备估算台数，再综合考虑其他因素进行最终设备台数的确定。其他因素通常包括：设备成本、加班可行性、预计需求增长等。

为了确定设备需求，使设计的系统能达成预定的产能，需要对 OEE 的定义有清晰的理解。OEE 是以时间的观念来反映设备整体效率的指标(图 2-8)，或者说它是用来表现实际生产能力相对于理想产能的比率。这里的理想产能指没有停机损失、性能损失及不良损失时的产出。在日常生产中，OEE 常被用来评估设备效率状况以及测知设备运转损失，并研究相应对策的一种有效指标，常用百分数表示。其计算有两种形式，分别为：

$$OEE=\text{时间稼动率}\times\text{性能稼动率}\times\text{良品率}\times 100\% \tag{2-4}$$

$$OEE=\text{合格产出}/\text{理想产能}\times 100\% \tag{2-5}$$

(1) 时间稼动率

时间稼动率指与生产组织管理有关的投入时间利用率。其反映了总工作时间内由于计划性停机和停机损失等对投入时间利用率的影响。计划性停机通常包括早会、维保、工间休息;停机损失通常包括设备故障(大于 5 min)、调整与设置、清场换型、等待异常(待人、待料或待信息)。其计算公式如图 2-8 所示。

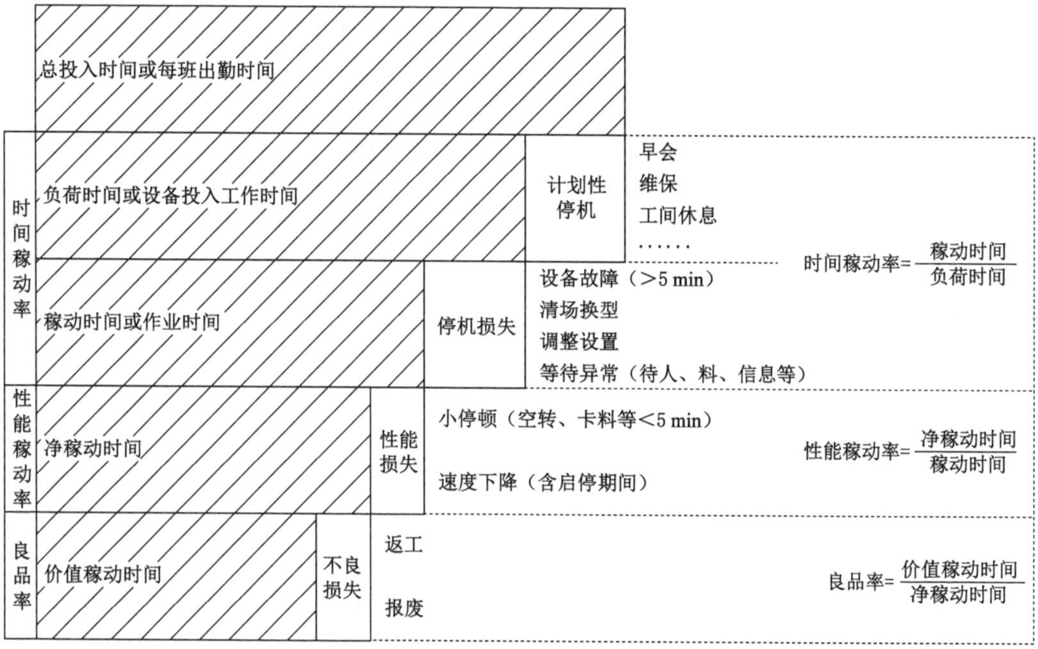

图 2-8 OEE 构成分析

(2) 性能稼动率

性能稼动率指与设备本身性能有关的实际利用率。其反映了由于速度下降(含启停期间)损失、小停顿(空转、卡料等,一般小于 5 min)损失等对设备实际利用率的影响。其计算公式如图 2-8 所示,亦可以写成如下三种更常用的形式:

$$性能稼动率=\frac{理想周期\times 实际加工数量}{稼动时间}\times 100\% \tag{2-6}$$

式(2-6)中的理想周期指的是设备在理想状态下生产一个产品所需要的时间,通常选取以下三者最短(最合理)的值,分别为:机器原设计设定周期,即理想状态下的加工周期;机器能够达到并可维持的最好周期;依据类似设备经验的估计值(如业界标准)。实际加工数量既包括合格品也包括报废品及返工次数导致的数量(返工可能多次)。

根据性能稼动率的内涵,其也可以用以下公式计算:

$$性能稼动率=\frac{理想周期\times 实际加工数量}{实际周期\times 实际加工数量}=\frac{理想周期}{实际周期}\times 100\% \tag{2-7}$$

式(2-7),常用于理想周期已知,用以反映设备性能损失导致设备实际周期(生产节拍)增加的影响。

$$性能稼动率=\frac{理想周期}{实际周期}=\frac{实际速度}{理想速度}\times100\% \tag{2-8}$$

式(2-8),周期之比是速度之比的倒数。常用于理想速度已知,用以反映设备性能损失对生产速度降低的影响。理想速度指理想周期对应的加工速度。

(3) 良品率

良品率指与不良产出(返工、报废)有关的设备有效利用率。反映了由于不良品返工损失或报废损失导致对设备有效利用率的影响。其计算公式如图 2-8 所示,亦可写成:

$$良品率=\frac{合格品数}{实际加工数量}\times100\% \tag{2-9}$$

下面通过示例来熟悉 OEE 计算及设备需求的确定过程。

例 2-1 已知某工序设备的总投入时间为 540 min,计划停机时间 40 min,故障 15 min,调机 15 min,换线 15 min,等待暖机 15 min,小停机 15 min,实际加工数量 440 件,总不良数 8 件,理想周期 0.5 min/件,实际周期 1 min/件,求该设备的时间稼动率、性能稼动率、良品率及 OEE。

解:负荷时间=总投入时间-计划性停机时间=540-40=500 min

稼动时间=负荷时间-故障时间-调机时间-换线时间-等待暖机=500-15-15-15-15=440 min

时间稼动率=稼动时间/负荷时间=440/500×100%=88%

性能稼动率=理想周期/实际周期=1/(1/0.5)×100%=50%

良品率=合格品数/实际加工数量=(440-8)/440×100%≈98.2%

OEE=时间稼动率×性能稼动率×良品率=0.88×0.5×0.982×100%=43.2%

例 2-2 已知某产品依次经过 3 道工序,相关生产设备分别为 A、B、C,其中各道工序设备信息见表 2-6。如每班工作时间 8 h,计划停机时间 40 min,并生产 300 件产品,试计算每个工序需要的设备台数。

表 2-6 工序基本信息表

工序设备	良品率	预估设备 *OEE*	理想周期/min·件$^{-1}$
A	98%	86%	20
B	96%	84%	15
C	92%	82%	30

解:各工序设备需求见表 2-7。

表 2-7 各工序设备需求计算表

工序名	良品率 Y_i	各工序投入量/件 $Q_i=Q_{i-1}/Y_i$	预估设备 OEE_i	理想周期/(min·件$^{-1}$) V_i	设备台数/台 $V_i\times Q_{i-1}/(440\times OEE_i)$
A	98%	348	86%	20	19
B	96%	341	84%	15	14
C	92%	327	82%	30	25

2.6.5 设备选型与设计新趋势

大批量生产方式下，机器设备的选型与设计多采用高速度、高产量、多功能的设备，即所谓的大型专用设备。这种以设备为本的观念，经常使得作业人员必须迁就设备，必须适应设备的要求，而背离了设备是为生产流服务以及以人为本的生产系统构建理念。精益生产认为，为了满足多品种、少批量、短交期、市场多变化的生产要求，实现流程化生产，生产线应按产品原则进行布置，设备的设计和选用也应适应流程化生产的要求，采用小型化、柔性好、易移动的设备，从而使设备适用生产流以及操作人员的需要。

在设备选用或设计时，应遵循以下几条原则：

(1) 小型化。小型设备可以节省空间；设备间距小，可减少人员走动距离；能力小，在制品摆放空间小；价钱一般较便宜；产品品质和运转稳定性高，可以消除经常维修的等待。

(2) 流动化。设备尽量不生根，即不固定在地面等位置。当流程变化时，易移动；摒弃中央式的配套设施，改用能随设备一起移动的个别分离式配套设施；易实现即插即用。

(3) 柔性化。设备容易适宜被加工对象或加工数量变化的情况。柔性化的体现包括：

① "包子"形设备或模具。不同产品，仅需更换部分机构。

② 通用设备专用化。具备基本功能的设备配上专用模具、刀具等，即可达到专用目的。

③ 设备容易启动。能随开随用、随关随停，使生产活动随心所欲、变化自如。

④ 可扩充生产能力。即产能要留有余地。

⑤ 使用柔性的辅助设备。如用于工作台和工序间的线棒柔性物料架，易制作易变更。

(4) 自动化。具有自动判断异常状况的机能。

(5) 作业切换快。只需要更换模具、刀具等就可以应付不同类别产品的生产。

(6) 设备入口与出口一致，亦为"IO 一致"原则。

(7) 界面利于人员操作。能使作业员尽量靠近作业点，高度合理，双手作业幅度小。设备横短纵长，减少走动浪费。

(8) 无附加价值动作或行程尽量少。如：设备运行，按下按钮就能启动；前后相连的顺序性动作，能够实现"联动"。

3 设施选址

3.1 设施选址概述

3.1.1 设施选址层次与问题类型

设施选址是指基于设施在一定时期外部资源供给、内部系统运作及市场客户需求，运用科学方法确定设施的地理位置，以便整体上更加经济、有效地达成组织经营目的的决策活动。

具体操作时，工业设施的选址往往需要先后经历宏观和微观两个层次的决策。前者可能是对某个国家或地区的选择，后者是在选定的国家或地区内为设施选定具体的地点，有时也称为选位与定址。

设施选址涉及领域十分广泛，包括国家地区产业布局、城市建设、人类聚居区、经济开发区、物流园区、各类型工业企业、物流/配送中心、水坝电站、机场、银行、超市等。因此，设施选址问题的类型很多，如生产系统和服务系统设施选址问题，点选址、线选址、平面选址和立体选址问题，单一设施选址问题和多设施选址问题，连续选址、网格选址、网络选址和离散选址问题，可行点/最优点选址问题、中位选址问题、中心选址问题、反中心选址问题，静态选址与动态选址问题，无能力约束选址问题和有能力约束选址问题等。

不同类型选址问题的研究方法也不同，主要可归纳为定性、定量，以及定性与定量相结合的综合分析评价三类。考虑到选址问题及其研究方法的多样性、复杂性和影响因素偏好，本书主要关注工业设施选址的基本原理与方法。

3.1.2 设施选址意义

设施选址是设施规划的重要内容之一，是国家、社会及组织投资项目建设的第一个阶段，属于组织的长期战略决策，只有选址确定后才能进行内部的规划与设计。

宏观而言，设施选址决策对一个地区生产力布局、城镇建设、经济发展等具有重大影响。尤其是大型工业设施的选址对一个国家的国民经济全局有着重大的影响，它们是政治、经济、文化、科技等相互交叉的综合问题。一项大型工业设施的厂址会影响到全国生产能力的布局、城市建设规划、基建投资、环境保护等。

微观而言，设施选址决策对于企业投资、建设速度及建成后的经营状况（生产经营费用、产品及服务质量）具有重大影响。例如美国白堡集团成功的重要因素是因为它的快餐店均设在蓝领工人聚居区并远离竞争对手麦当劳快餐店；美国凯泽钢铁公司在苦苦挣扎八年之后宣布倒闭，最主要的原因是它坐落在加州，而那里正是日本竞争者云集的地方。我国过去在这方面的教训颇多，如由于受种种主观或客观因素的影响，把许多大型制造企业设置在偏僻的山区，这种状况造成的不良后果无疑在今后的很长一段时间内都难以消除。

综上所述，设施选址中应进行充分的调研、勘察及科学分析，以系统和发展观念为指导，结合设施及其产品特点与需求趋势，综合考虑自然条件、市场条件、运输条件、成本因素、政策因素、文化因素等方面，运用科学方法进行决策。

3.2 选址影响因素与战略

3.2.1 选址影响因素

工业设施选址对企业成功起着至关重要的作用，它需要考虑各种复杂因素，常见因素有：

(1) 运输条件。工业企业涉及原材料与外购件的供应以及产成品的销售，外部运输成本往往在成本构成中占比较高。因此选址时，针对可能存在的铁路、公路、水路及航空运输等多种运输方式，应分析比较它们的运价、速度、载运能力、可达性及可靠性等因素，尽量缩短运输距离、减少运输环节中的装卸次数，选择和利用现成或拟建的交通设施。

(2) 劳动力条件。劳动力素质对技术密集型和劳动密集型企业会产生不同的影响，构成不同的劳动力成本。企业选址时往往要考虑劳动力来源、数量、质量要求是否能满足需求；是否能就近解决员工生活和居住问题；相关政策是否能吸引数量和质量符合要求的劳动力。

(3) 资源供应条件。如某些企业对原料质量、数量和供应稳定性要求较高，故出于降低运费、减少时间阻延、得到较低的采购价格等原因，该类企业选址时往往靠近原材料产地。例如，原料笨重而价格低廉的企业，如砖瓦厂、水泥厂、玻璃厂、钢铁冶炼厂和木材厂等；原料易变质的企业，如水果、蔬菜加工厂。当然，受技术进步、运输条件改善及工业专业化发展的影响，企业对原料产地依赖逐渐呈减小的趋势。

(4) 市场条件。工厂位于接近消费市场的主要目的是节约运费并及时提供服务。如：产品运输不便的企业，家具厂、预制板厂等；产品易变化和变质的企业，如制冰厂、食品厂等。

(5) 工程水文地质条件。如：厂址地下水位最好低于地下室和地下构筑物深度，对建筑物基础最好无侵蚀性；应避开较厚的三级自重湿陷性黄土、一级膨胀土等地质恶劣区；不设在有开采价值矿藏区、采空区以及古墓、坑穴密集地区；地基承载力应满足要求等。

(6) 政治因素。国外选址时，往往考虑政治因素，包括政局是否稳定、法制是否健全、税赋是否公平等。

(7) 社会因素。包括居民的生活习惯、文化教育水平、宗教信仰和生活水平等。不同国家和地区、不同民族的生活习惯不同，企业的产品一定要适合当地的需要。

(8) 生产技术协作条件。基于选址地区的优势，便于将来同相邻企业建立广泛的协作关系。如电子产品企业是技术密集型企业，需要较好的技术协作条件，适宜在科研、教育比较发达的地区设址。

(9) 地形地貌条件。应能满足工艺过程和各类设施对场地外形和面积大小的要求,应有利于车间布置、运输联系及场地排水。一般情况下,建厂用地自然地形坡度不大于5%,丘陵坡地不大于40%,山区不超过60%。

(10) 气候条件要求。厂址应具备与企业性质相适应的气候条件,如温度、湿度、降雨量、降雪量、风力风向变化等。特别要考虑高温、高湿、云雾、风沙和雷击对生产的影响。

除了以上因素外,不同工业设施选址有不同的考虑。有时可以将影响设施选址的因素分为与生产成本有直接关系的成本因素及与生产成本无直接关系的非成本因素两大类。

3.2.2 工业设施选址战略

厂址选择要服从于企业战略规划,以增强对环境的应变能力。按产品生产及服务市场的关系划分,厂址选择战略有产品集中型、产品分散型、市场地区型、市场产品型、生产组合型、混合型等几种类型,现分述如下。

(1) 产品集中型战略。指一个企业在一个地区布置一个工厂集中生产全部产品,并面向所有市场销售,如图3-1所示。厂址可能靠近原材料产地,或靠近主要市场,或者在原材料产地与市场的中间地带。其优点是各产品集中共享资源;缺点是多产品生产管理难度大,市场响应差;适用于产品种类较少的生产型企业。

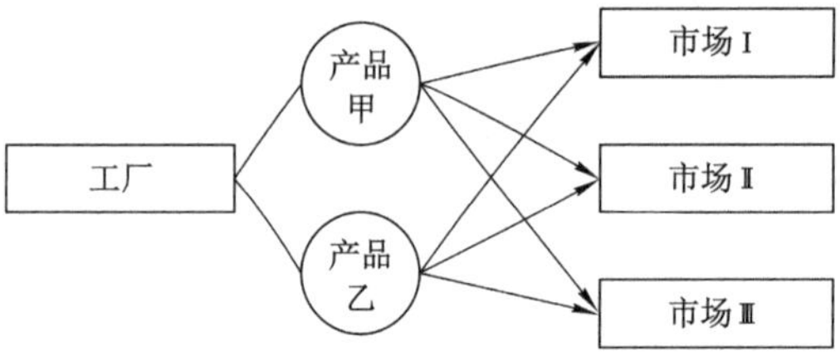

图3-1 产品集中型战略

(2) 产品分散型战略。指设立多个工厂分别生产不同产品,但均面向所有市场销售,如图3-2所示。其优点是工厂专业化程度高,有利于提高工艺水平、生产效率和产品质量,但资源共享性差,市场响应差。

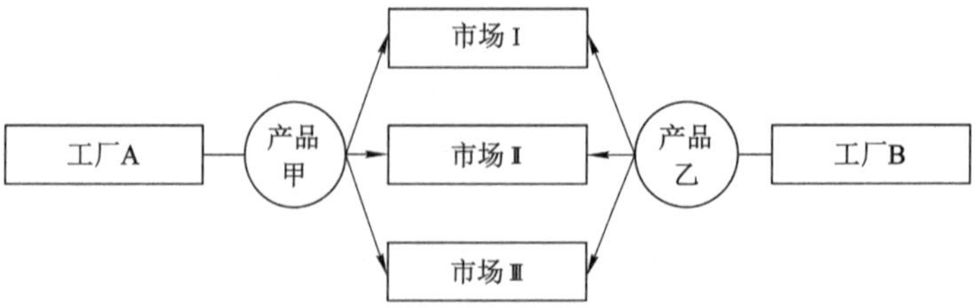

图3-2 产品分散型战略

(3) 市场地区型战略。指分地区建厂集中生产全部产品,每个工厂面向专属地区市场销售,如图3-3所示。这种战略能灵敏响应市场需求,抗灾能力强,但多产品管理难度大、费用高,适用于产品品种较少的企业。

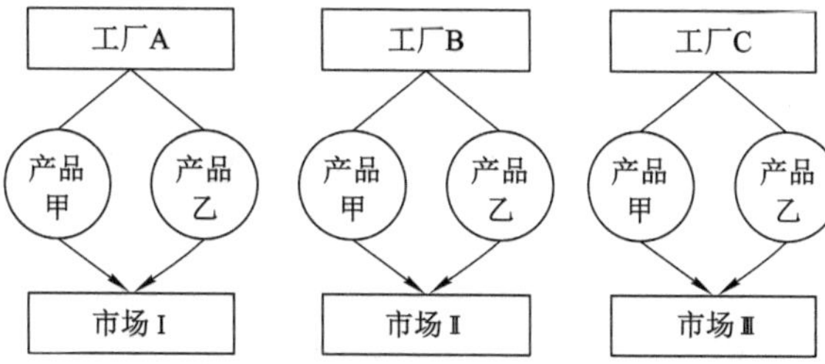

图 3-3 市场地区型战略

(4) 市场产品型战略。指根据地区及产品单独设厂,每个地区的工厂面向专属地区市场销售,如图 3-4 所示。这种战略工厂专业化程度高,便于提高工艺水平、生产效率与产品质量,灵敏响应市场需求,但可共享性资源浪费,整体企业管理难度大、费用高。

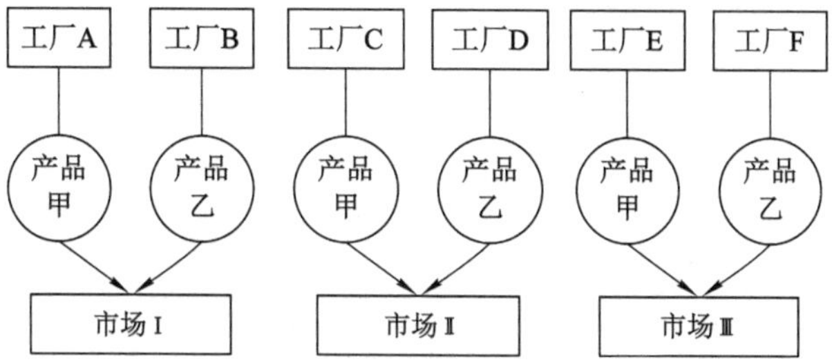

图 3-4 市场产品型战略

(5) 生产组合型战略。指分别设厂生产最终产品的不同部件,然后交由组装厂成型,然后面向所有市场销售,如图 3-5 所示。这种战略可将零部件生产厂建在原料供应地,专业化程度的提高有利于产品质量、生产效率的提高,但是整体管理不便,库存控制难度大。

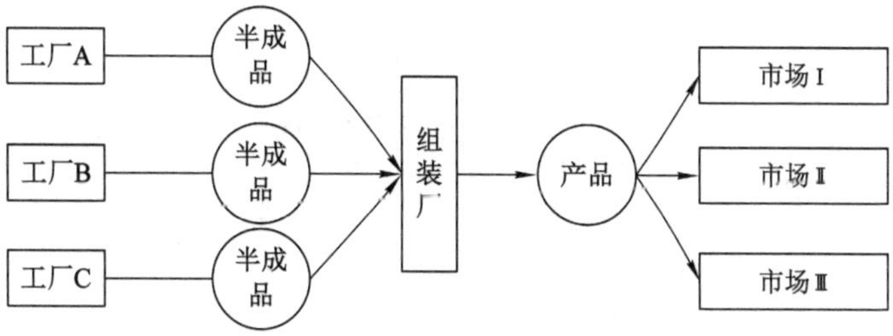

图 3-5 生产组合型战略

(6) 混合型战略。指上述五种工厂选址战略的混合运用。例如,将产品集中型战略与市场地区型战略结合,在需求量比较大的地区建分厂,专门生产该地区市场所需产品,而其他市场所需产品仍实行集中生产;又如,将生产组合型战略与市场产品型战略结合,在市场地区设单一产品的组装厂,由设在原料产地的半成品厂直接供应半成品;等等。

3.3 选址流程

设施选址的流程如图 3-6 所示，基本包含四个阶段：准备阶段，地区选择阶段，地点选择阶段及报告编制阶段。

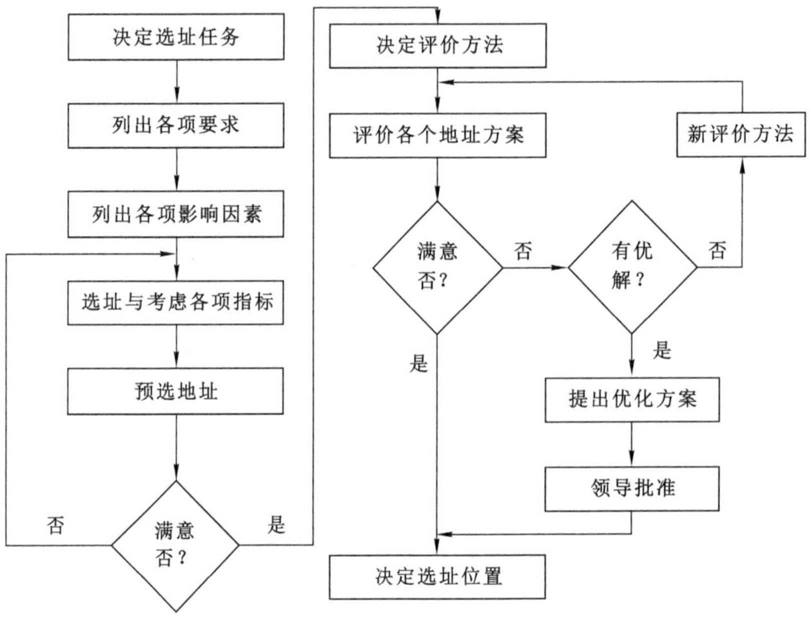

图 3-6 设施选址流程图

3.3.1 准备阶段

成立由工艺、土建、给排水、总图、经济等专业人员组成的厂址选择小组。明确要求和考虑的因素，见表 3-1 和表 3-2。

表 3-1 厂址主要技术指标

序号	资料内容	单位	备注
1	工厂年产量	台	按已批准的项目建议书
2	工厂年产值	万元	按年产量估算
3	工厂生产车间总面积	m^2	按类似厂或估算值
4	工厂辅助车间总面积	m^2	按生产总面积的百分比指标估算
5	工厂仓库总面积	m^2	按类似厂或估算值
6	办公楼等总面积	m^2	按工厂规模估算
7	工厂动力站总面积	m^2	按工厂规模估算
8	建筑面积总计	m^2	序号 3～7 之和
9	厂区需要面积	m^2	序号 8 的 3～4 倍

表 3-1(续)

序号	资料内容	单位	备注
10	工厂职工总数	人	参照近似的同行业工厂估算
11	全厂用电设备安装容量	kW	按工厂规模,用同行业的指标估算
12	全厂水、电等需求量		按工厂规模,用同行业的指标估算
13	厂内、厂外运输和搬运工作量	t/年	按年产量并按同行业指标估算
14	工厂总投资估算	万元	按同行业规模相近厂估算

表 3-2 厂址调查工作内容

序号	资料内容		说明
有关地区资料			
1	厂址位置图		由城市规划部门提供测绘图,用以表示厂址位置
2	地区气象资料	气象概况	年平均和月平均的最高与最低气温
		降雨量	年降雨量、降雨天数、最大昼夜降雨量
		空气温度	按月的空气温度
		降雪资料	年降雪的持续时间
		风向和风速	按月主导风向、风速、风力
3	地震强度		考虑是否设计防护措施
4	交通运输资料		分铁路、汽车、水运进行了解,包括运载能力、运价等
5	地区动力供应的可能性		了解供电的可能性,供电电压等级,工厂是否设置变压站,地区是否供热的可能及供热介质与参数,地区是否有煤气、氧气等供应的可能
6	给排水		水源调查,水质情况、地区能否供水。能否利用地区排水管网(雨水与污水分别调查)
7	通信设备		当地电话局规模,可供工厂使用的外线情况
8	地区规划		地区规划部门对该地区有关交通运输、动力供应、公用设施、居民区规划、商业网点及文教医疗设施等规划情况及发展远景规划
9	地区劳动力情况		考虑劳动力来源、当地劳动力文化水平和素质等
10	地区文化生活设施		包括学校、医院、商业网点及其他设施
11	地区其他工矿企业		考虑生产协作的可能性
有关厂址资料			
1	厂址测量图		一般为 1∶10 000
2	农作物及现有建筑物调查		考虑各项赔偿费用和厂址内农业人口的安排问题
3	最高洪水位资料		规划部门提供或访问知情人及现场查看
4	地质条件		当地不能提供普钻资料时,可了解邻近企业的钻探资料
5	运输条件		铁路专用线接轨点、专用线走向、与城市公路的接点、长度、水运码头能否利用等
6	给水		水源、与城市管网连接点、水压、水量等

3.3.2 地区选址阶段

根据指标与考虑的因素进行调查，收集有关基础资料。工作内容包括：通过地区主管部门和规划部门，收集有关行业规划与地区规划对本设施选址的要求与政策；对可供选择的若干区域收集相关资料，包括社会经济环境、资源条件、运输条件、气象条件等；分析比较备选方案，提出一个合适的地区方案。

3.3.3 地点选择阶段

地区选定以后，根据需要考虑的因素及候选的地点方案，收集更加详细的资料，比较选择地点方案。对于候选厂址，进行初步的概略规划，通常要求如下：

(1) 进行概略性总平面布置，并留有适当发展扩充用地，确保空间可行性；

(2) 规划周围环境、道路、供水、下水道及废料堆放处理的场地等；

(3) 结合周围交通情况，初步分析职工生活和交通等便利性问题。

3.3.4 报告编制阶段

厂址确定下来之后，需编制厂址选择报告供上级领导审核。厂址选择报告的内容如下：

(1) 厂址选择依据；

(2) 建设地区概况及自然条件；

(3) 设施规模及概略技术经济指标，包括占地估算面积、职工估算人数、概略运输量、原材料及建筑材料需要量；

(4) 各个厂址方案的比较，包括自然条件、建设费用、经营费、环境、经济效益等方面的比较；

(5) 各厂址方案的分析与结论；

(6) 当地有关部门的意见；

(7) 附件，包括各项协议文件的复印件；区域位置图，包括厂址位置、备用地、交通线路、各类管线走向等；设施初步总平面布置图。

3.4 设施选址评价方法

从数个候选厂址中决定最终的厂址需要科学的决策，其关键就是评价指标和评价方法。目前常用的评价方法可分为优缺点比较法、成本因素评价法和综合因素评价法三大类。

3.4.1 优缺点比较法

优缺点比较法是传统工程方案比选方法。其实质是一种定性因素比较并辅以经济概算的简单实用方法，但因其对成本因素考虑较少，采取就事论事原则，缺乏整体上的量化比较，常被认为科学性不足。然而，该方法对各种选址因素的罗列分析，特别是在选址初期通过调查研究产生各种候选方案仍大有借鉴之处。

下面通过一重型机械厂选择厂址的例子来介绍该方法。

某一重型机械厂年产 30 000 t 的重型机器，根据类似资料提出工厂的必要面积为 60～

65 hm²，经选址小组工作决定，如图 3-7 所示，A、B、C 三个厂址为候选位置。

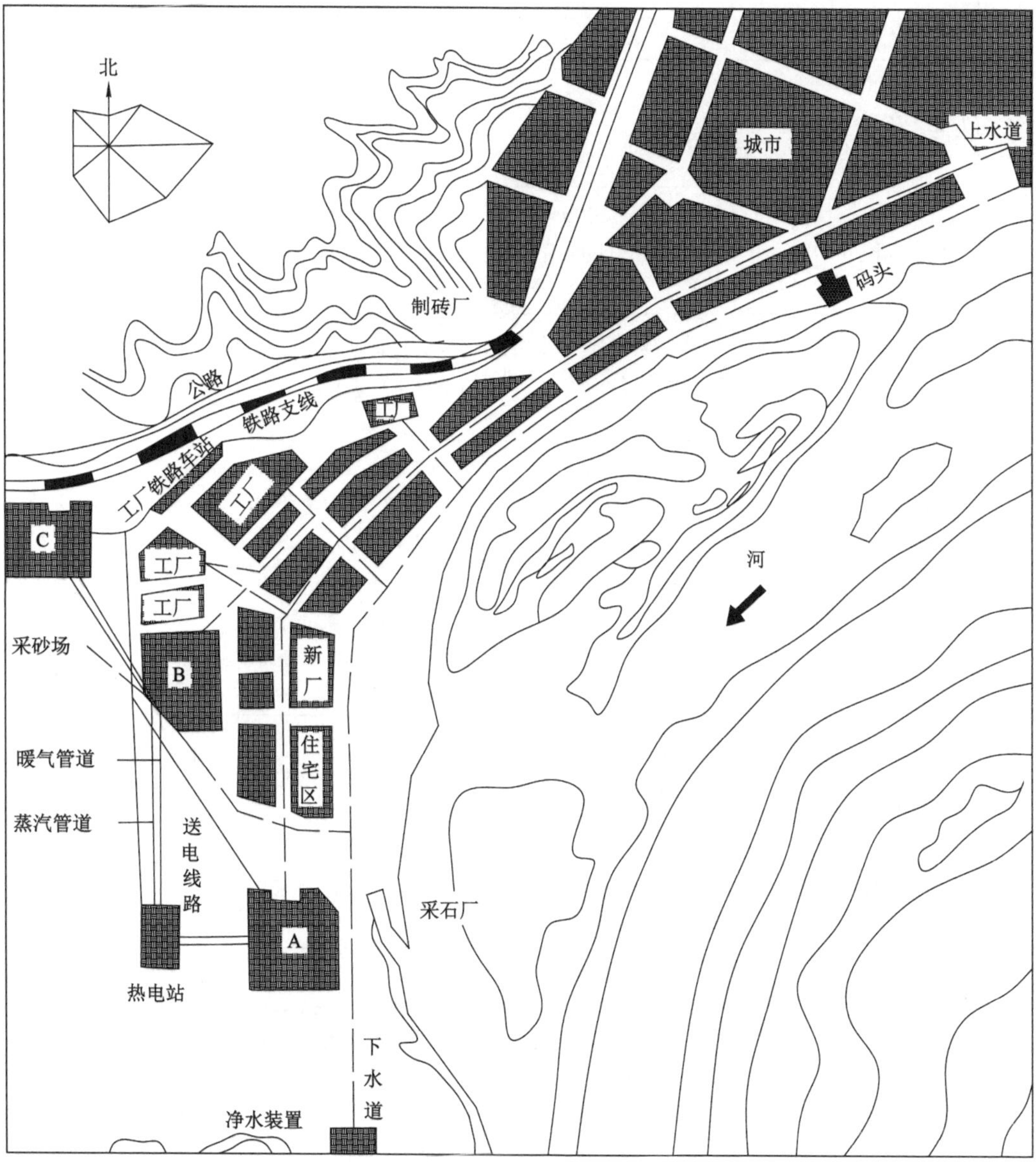

图 3-7　三个候选厂址位置

选址小组调查时发现建厂地区正在兴建本地区的热电站，能够供给所建工厂需要的电力、蒸汽和热力，同时热电站也要求该工厂参加建设自铁路连接站到新建铁路站之间的支线，以供沿线各企业运送物料和调车之用；工厂上下水道网和城市上下水道网可以连接。选址小组调研后提出 A、B、C 三个候选厂址，三个厂址技术与经济比较见表 3-3。

表 3-3　三个候选厂址的技术与经济比较

序号	指标	厂址		
		A 方案	B 方案	C 方案
1	位置	位于市中心以南 5 km，河道下游西岸	位于市中心西南 3.7 km 的工业园区内	位于城市的西部距市中心 3.5 km，在新开拓区内采砂场地段
2	面积及外形	面积 64 hm^2，外形为长方形 860 m×760 m，有扩展前途	面积 64 hm^2，外形为梯形 820 m × 800 m，扩展受限制	面积 65 hm^2，外形为长方形 900 m×650 m，有扩展前途
3	地势与坡度	地势平坦，纵向平均坡度 6‰，横向坡度 12‰，东北角上有一方不大的凹地	地势略有起伏，西南角有被冲蚀的凹地	地势平坦，大部分地区是采砂场，砂坑达 3.5 m 深，厂房地基的施工较复杂
4	地质条件：土壤、地下水、容许压力	砂质黏土，容许压力 0.25 MPa，地下水距离地面为 2～3 m	砂质黏土，容许压力 0.25～0.3 MPa，地下水距离地面为 3～5 m	中粒砂土，容许压力 0.25～0.35 MPa，地下水距离地面为 5～8 m
5	土方工程	估计每公顷土方工程为 1 500～2 000 m^3，土方工程能平衡（填土和挖土相等）	估计每公顷土方工程为 2 500～2 700 m^3，由于必须把西南角填高 2～3 m，因此填土较多	估计每公顷土方工程为 2 500～2 700 m^3，需由场外取土用以填满采砂场
6	厂址地段的所有权和现有建筑情况	厂址是没有建筑物的空地，位于市内，有一部分土地已种了庄稼	厂址位于市内，地段内有五幢私人住宅	厂址是无建筑物的空地，地区位于市内，被过去和现在各机构的采砂场占用
7	现有建筑物之拆除和补偿费	个别已经耕种、施肥和灌溉地区的费用必须补偿	必须在别处建筑五所住宅以补偿被拆的住户	不需要补偿费
8	铁道接轨是否便利，专用铁路支线长度，需要建设的桥梁、涵洞等，能否与其他部门共建和共用支线	可与铁路干线接轨，专用铁路线支线长 9.5 km，其中 4 km 可与正在建设的热电站合建，需架 2 座小桥，共长 8～12 m	可与铁路干线接轨，专用铁路支线长 5 km，其中 4 km 可与正在建设的热电站合建，需架设 1 座长 8 m 的桥	可与铁路干线接轨，专用铁路支线长 4.5 km，其中 4 km 可与正在建设的热电站合建，需架设 1 座长 8 m 的桥
9	与城市和住宅区的距离及联系是否方便，与城市和本地区规划是否相适应	厂址离市中心 5 km，离本厂住宅区 1 km，与城市规划相适应，按区域平面图工厂与住宅区中间有一段宽 500 m 的凹地不宜于建筑	厂址距市中心为 3.7 km，距本厂住宅区为 150 m，与城市和本地区规划很适应	厂址距市中心为 3.7 km，距本厂住宅区为 1.5 km，与城市规划和住宅区不相适应，由于铁路需通入工厂，厂前区可能在北面或南面，因此与本地区规划不相适应。工人到工厂的路延长，并且要穿过铁路线
10	本厂对本区环境的影响，附近工厂对本厂的影响	工厂环境防护地带需 100 m 以上。厂址应设于城市与住宅区之下风的方向，工厂污水处理要符合环境标准		

表 3-3(续)

序号	指标	厂址		
		A 方案	B 方案	C 方案
11	能否利用现有管道线路，能否与其他单位合作，并增加必要设备和管道(给水、上下水道、热力)	与城市上水道连接的管道长 2.5 km，需参与扩建。与城市下水道连接的管道长 200 m，需改建净水设施。与热电厂连接管线长 800 m	与城市上水道连接的管道长 1 km，需参与扩建。与城市下水道连接的管道长 2 km，需改建净水设施。与热电站连接管线长 1.5 km	与城市上水道连接的管道长 2 km，需参与扩建。与城市下水道连接的管道长 3.5 km，需改建净水设施。与热电站连接管线长 2.7 km
12	建筑施工条件及其对建厂时限的影响	三厂址施工条件相同，市内有足够建筑材料和工人	施工前需为迁出居民解决住宅。施工时可利用现有住房、附近铁路支线	施工前要解决施工时临时供水问题
13	经营条件	铁路及公路运输费用贵，产品运出费用也高	蒸汽及热力供应费用高	蒸汽、热力及电力供应费用高

根据表 3-3 资料研究，决定不采用 C 方案，因其有如下缺点：

(1) 厂址处于采砂场内，砂坑深 3.5 m 左右，因而增加了平整厂区及建筑费用。

(2) 距本区热电站 2.7 km，在输送电力、蒸汽及热力的管道方面比 A、B 两方案要增加 1 km 管线，因而增加了建设和管理费用。上下水道也较其他两址长 1 km。

(3) 厂址与城市及地区规划均无联系，形成孤立状态。工人从住宅区到工厂比其他两方案要多走 1 km，并需穿铁道。

将 A、B 两个方案比较则互有利弊。主要是 A 方案有向南扩建条件，无须拆迁费，土方工程和下水道均较 B 方案节省，离热电站也近；但 A 方案较 B 方案的缺点为：铁路支线长并必须建桥，上水道管路也延长，职工进厂通道不如 B 方案方便。

综上所述，再通过经济上的概算后可知，A 方案多建铁路支线费用约与 B 方案多建热电站管道建设费用相等，两者可以抵消。而 A 方案在铁路支线及公路支线上的生产运输费用则比 B 方案所延长的热电管道上的生产费用高。此外，A 方案可以建设较短的下水道的优点则和其须建设较长的上水道的缺点互相抵消。经过全面分析对比，B 方案作为建厂地点最合适。最后还需经过管理层讨论同意，并经相关主管部门批准后，才得以最终决定建厂地点。

3.4.2 成本因素评价法

在影响厂址的各项因素中，绝大多数因素或大部分因素都属于成本因素，都可以用比较成本的方法来决定各个候选方案的取舍，从而最终决定所选厂址。下面介绍几种既简单又广泛实用的快捷方法，分别是盈亏点平衡法、重心法、线性规划法和启发式法。

(1) 盈亏点平衡法

盈亏点平衡法是通过运用财务管理中的盈亏平衡原理，分析确定在特定产量规模下，成本最低的选址方案方法。它建立在产量、成本、预测销售收入的基础之上进行决策。

例 3-1 某公司要建厂，拟定了 X、Y 和 Z 三个不同的建厂方案。由于各地区的原材料成本、运输成本、动力成本和工资等条件的不同，建厂的费用也不同，从而存在产品成本结构上的差异，各方案的生产费用预测见表 3-4，试确定不同生产规模下的最优方案。

表 3-4　三个备选厂址的生产费用预测

费用项目	方案		
	X	Y	Z
固定费用/万元	60	130	250
单件可变费用/(元·件$^{-1}$)	44	27	15

解:如图 3-8 所示,先求 X、Y 两方案的交点产量,再求 Y、Z 两方案的交点产量,就可以决定不同生产规模下的最优厂址。设 C_F表示固定费用,C_V表示单件变动费用,Q 表示产量,X、Y 的交点为 A,Y、Z 的交点为 B。

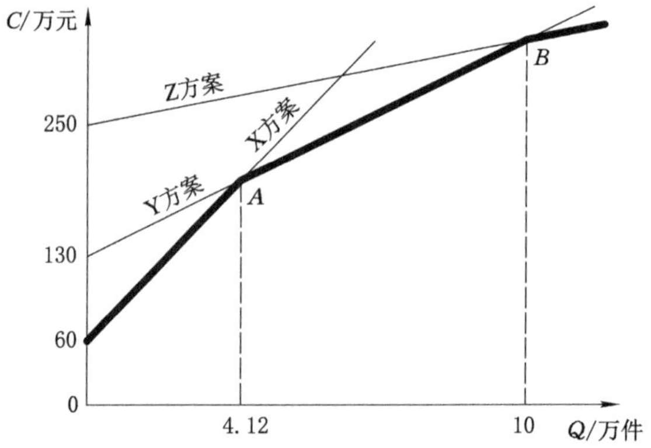

图 3-8　盈亏点平衡法

在 A 点 X、Y 两方案产生的生产成本相同,该点产量为 Q_A,则:

$$Q_A=\frac{C_{FY}-C_{FX}}{C_{VX}-C_{VY}}=\frac{130-60}{44-27}\approx 4.12(\text{万件}) \tag{3-1}$$

在 B 点 Y、Z 两方案产生的生产成本相同,该点产量为 Q_B,则:

$$Q_B=\frac{C_{FZ}-C_{FY}}{C_{VY}-C_{VZ}}=\frac{250-130}{27-15}=10(\text{万件}) \tag{3-2}$$

如果以生产成本最低为标准,当产量低于 4.12 万件时选 X 方案,当产量在 4.12 万件及 10 万件之间时选 Y 方案,当产量大于 10 万件时选 Z 方案。

(2) 重心法

选址时,在生产成本中运输费用占较大比重的情况下,由一个工厂向多个配送中心(仓库)发货,或由一个配送中心(仓库)向多个销售点运货,亦可简化为“一对多服务,或多对一服务”情况,都适宜采用重心法。

如图 3-9 所示,在直角坐标系统中,需新建工厂为 $P_0(x_0,y_0)$,n 个配送中心(或仓库、或原材料供应点)为 $P_i(x_i,y_i)$,现欲求此工厂的位置,使从工厂到各处的运输总费用最小。

已知:c_i 为工厂 P_0 到各处 P_i 的单位物流量单位距离所需的运输费用;w_i 为工厂 P_0 至各处 P_i 的物流量;d_i 为工厂 P_0 至各处 P_i 的直线运输距离。由此可得工厂到各处总运输费用为:

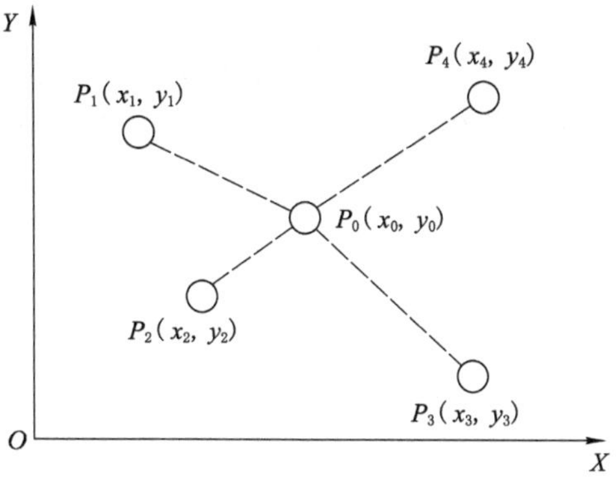

图 3-9 重心法选址坐标图

$$T = \sum_{i=1}^{n} c_i w_i d_i \tag{3-3}$$

式中，$c_i w_i d_i$ 为由工厂到各处 i 的运输费用，其中：

$$d_i = \sqrt{(x_0 - x_i)^2 + (y_0 - y_i)^2} \tag{3-4}$$

故

$$T = \sum_{i=1}^{n} w_i c_i \sqrt{(x_0 - x_i)^2 + (y_0 - y_i)^2} \tag{3-5}$$

现在要求(x_0, y_0)使 T 最小。

显然，能使$\frac{\partial T}{\partial x_0}=0$，$\frac{\partial T}{\partial y_0}=0$ 成立时的(x_0, y_0)即为最优值。

$$\frac{\partial T}{\partial x_0} = \frac{\sum_{i=1}^{n} c_i w_i (x_0 - x_i)}{d_i} = 0 \tag{3-6}$$

$$\frac{\partial T}{\partial y_0} = \frac{\sum_{i=1}^{n} c_i w_i (y_0 - y_i)}{d_i} = 0 \tag{3-7}$$

由此可解得：

$$x_0 = \frac{\dfrac{\sum_{i=1}^{n} c_i w_i x_i}{d_i}}{\dfrac{\sum_{i=1}^{n} c_i w_i}{d_i}} \tag{3-8}$$

$$y_0 = \frac{\dfrac{\sum_{i=1}^{n} c_i w_i y_i}{d_i}}{\dfrac{\sum_{i=1}^{n} c_i w_i}{d_i}} \tag{3-9}$$

上述 x_0、y_0 中含有 d_i，而 d_i 中仍然含有未知数 x_0、y_0，因此无法一次求出 x_0、y_0。实际上，从确定初始值开始，一直到求出 T 的最小值为止，中间需要多次迭代。

例 3-2 已知一工厂 A 及其供货点 D_1、D_2、D_3、D_4 和仓库 E_1、E_2、E_3 的位置如图 3-10 所示，现需要新建一配送中心将工厂生产的产品配送到各处，问此中心应该建设在什么位置最为合理，配送中心 P 的位置坐标初始值为(8,6)。各个设施的坐标位置和配送产品的需求量见表 3-5。

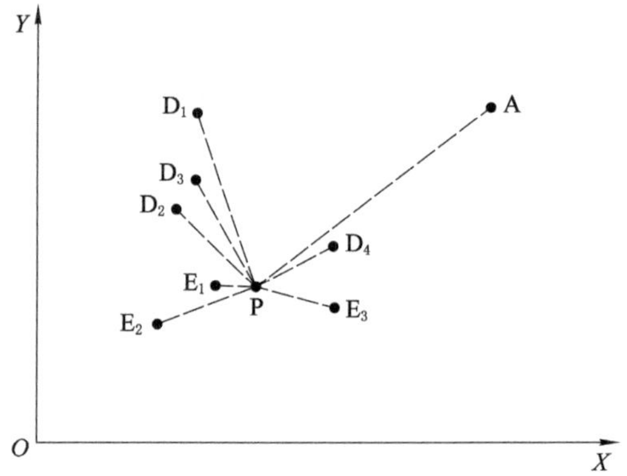

图 3-10 单一工厂选址位置分布图

表 3-5 各个设施已有位置坐标和需要的产品数量

设施	坐标(x_i,y_i)	配送产品(w_i)	运输费率(c_i)
D_1	(5,15)	12	6
D_2	(4,10)	6	6
D_3	(6,12)	12	6
D_4	(12,8)	8	6
E_1	(6,6)	20	6
E_2	(3,4)	15	6
E_3	(12,5)	12	6
A	(20,15)	85	3

解：按以上已知条件，用 Excel 进行迭代，其迭代过程见表 3-6。

表 3-6 迭代过程表

迭代次数	坐标		分别至 D_1、D_2、D_3、D_4、E_1、E_2、E_3、A 点距离								总运输费用 T
	x_0	y_0	d_1	d_2	d_3	d_4	d_5	d_6	d_7	d_8	
1	8	6	9.487	5.657	6.325	4.472	2	5.385	4.123	15	6 403.257 674
2	8.287	7.94	7.788	4.756	4.66	3.714	2.999	6.593	4.736	13.68	6 027.441 379
3	8.746	8.693	7.336	4.923	4.299	3.327	3.846	7.419	4.922	12.9	5 947.888 547
4	9.096	9.062	7.214	5.182	4.268	3.092	4.355	7.924	4.993	12.42	5 922.892 345
5	9.322	9.227	7.211	5.378	4.327	2.946	4.632	8.203	5.004	12.14	5 915.460 03
6	9.462	9.296	7.241	5.507	4.392	2.85	4.78	8.355	4.99	11.98	5 913.149 623
7	9.547	9.324	7.272	5.588	4.443	2.788	4.861	8.438	4.972	11.89	5 912.379 396

表 3-6(续)

迭代次数	坐标		分别至 D_1、D_2、D_3、D_4、E_1、E_2、E_3、A 点距离								总运输费用 T
	x_0	y_0	d_1	d_2	d_3	d_4	d_5	d_6	d_7	d_8	
8	9.598	9.335	7.296	5.638	4.478	2.748	4.906	8.485	4.956	11.84	5 912.109 163
9	9.63	9.339	7.313	5.668	4.501	2.722	4.932	8.512	4.944	11.81	5 912.011 589
10	9.649	9.341	7.324	5.687	4.515	2.706	4.947	8.528	4.937	11.8	5 911.975 847
11	9.661	9.341	7.331	5.699	4.524	2.697	4.956	8.538	4.931	11.79	5 911.962 664

由表 3-6 可知，经过 11 次迭代，费用 T 变化微小，因此配送中心的最佳坐标约为(9.661,9.341)。

(3) 线性规划法

复合设施选址问题可以用此方法求解。利用此方法可同时确定多个设施的位置，使所有设施的生产运输费用最低。所谓复合设施选址问题，是指多个供应点向多个需求点(仓库、工厂、配送中心、销售点)供应货物的选址问题，亦可简化为“多对多服务，增选一个地点”的选址问题。首先需根据实际情况建立线性规划模型，然后对模型加以求解。

目标函数：

$$\min \sum_{i=1}^{m} \sum_{j=1}^{n} c_{ij} w_{ij} \tag{3-10}$$

约束条件：

$$\sum_{j=1}^{n} w_{ij} = a_i \tag{3-11}$$

$$\sum_{i=1}^{m} w_{ij} = b_j \tag{3-12}$$

$$w_{ij} \geqslant 0 \tag{3-13}$$

式中，m 为供应点数量；n 为需求点数量；a_i 为供应点 i 的供应能力；b_j 为需求点 j 的需求量；c_{ij} 为供应点 i 供应单位货物并运到需求点 j 的生产及运输费用之和；w_{ij} 为从供应点 i 运到需求点 j 的货物数量。

例 3-3 某企业现有两个工厂 F_1、F_2，生产某产品供应四个销售点 S_1、S_2、S_3、S_4，由于需求量不断增加要另设新厂，可供选择的地点为 F_3 及 F_4，试问选择哪个厂址比较好。各生产厂的产品生产费用及各厂至各销售点的运输费用见表 3-7。

表 3-7 企业生产费用及运输费用

从 \ 至	每万箱运输费用/万元				年产量/万箱	每万箱生产成本/万元
	S_1	S_2	S_3	S_4		
F_1	6	4	3	2	0.8	70
F_2	5.5	3.5	4.5	2.5	0.7	75
F_3	1.5	1	2.5	6	1.5	80
F_4	4.5	5	8	7	1.5	70
年需求量/万箱	0.7	0.8	0.6	0.9		

解：由表 3-7 可知，以万箱为单位的产品从 F_1 运到 S_1 的总费用(生产成本加运输费用)为 76 万元。以此类推，可分别得到从 $F_1 \sim F_4$ 到 $S_1 \sim S_4$ 的总费用。此题的约束条件是，工厂不能超过其生产能力，销售点不能超过其需求量。

如新厂设在 F_3，则可如表 3-8 中所示列出相应的生产运输总费用。表 3-8 中所列数字用最少费用分配法进行求解。其原则与顺序是，在不超过产量和需求量的前提下，将产品尽可能分配到总费用最少的组合中去。如第一次只分配和满足了一部分就继续进行分配。以此类推，直到销售点需求全部满足，将工厂产量全部分配完毕为止。

表 3-8　新厂设在 F_3 的生产运输总费用

从＼至	S_1	S_2	S_3	S_4	年产量/万箱
F_1	76	74	73	72	0.8
F_2	80.5	78.5	79.5	77.5	0.7
F_3	81.5	81	82.5	86	1.5
年需求量/万箱	0.7	0.8	0.6	0.9	3.0

具体步骤如下：

① 表 3-8 中 F_1—S_4 组合的费用最少为 72 万元。S_4 的需求量为 0.9 万箱，就将 F_1 的 0.8 万箱分配给 S_4，还有 0.1 万箱的不足，F_1 所在行不再考虑。由于 F_2—S_4 的费用次之，因此，将 F_2 的 0.1 万箱分配给 S_4。由于 S_4 的需求已全部满足，S_4 所在列不再考虑。

② 其余组合中费用最少者为 F_2—S_2，费用是 78.5 万元。可把 F_2 的剩余产量中的 0.6 万箱分配给 S_2，S_2 所在行不再考虑。此时 S_2 的需求还差 0.2 万箱，这 0.2 万箱只能从 F_3 得到。因此，由 F_3 提供 0.2 万箱给 S_2，这样 S_2 的需求也已经满足，这一列不再考虑。此时，F_3 还有 1.3 万箱剩余产量。

③ F_3 的 1.3 万箱分配给 S_1 0.7 万箱，分配给 S_3 0.6 万箱。

④ 至此，所有销售点都得到满足，所有产量已全部分配完毕。具体分配结果见表 3-9。

表 3-9　设厂于 F_3 处的费用与产量分配

从＼至	S_1	S_2	S_3	S_4	年产量/万箱
F_1	[76]	[74]	[73]	0.8①[72]	0.8
F_2	[80.5]	0.6③[78.5]	[79.5]	0.1②[77.5]	0.7
F_3	0.7⑤[81.5]	0.2④[81]	0.6⑥[82.5]	[86]	1.5
年需求量/万箱	0.7	0.8	0.6	0.9	3.0

注：表 3-9 中，数字①～⑤代表产销量分配先后顺序。

这样通过计算可得 F_3 处的总费用为 235.2 万元。如果设厂于 F_4，用相同的解法，分配结果见表 3-10，其相应总费用为 225.2 万元。

表 3-10 设厂于 F_4 处的费用与产量分配

从＼至	S_1	S_2	S_3	S_4	年产量/万箱
F_1	[76]	[74]	[73]	0.8①[72]	0.8
F_2	[80.5]	[78.5]	0.6⑤[79.5]	0.1④[77.5]	0.7
F_4	0.7②[74.5]	0.8③[75]	[78]	[77]	1.5
年需求量/万箱	0.7	0.8	0.6	0.9	3.0

比较两方案的计算结果，设厂于 F_4 比设厂于 F_3 可节省生产与运输费用 10 万元，故决定设厂于 F_4 处。

(4) 启发式法

生活中常遇到在一个地区内建立多少个服务点的问题，这是一个复杂的问题，找到一个最优解很费时间，此时可借助启发式方法求得满意解。下面通过一个例子说明用启发式方法解决问题的过程。

例 3-4 某医务机构想在一个地区设 2 个诊所为 4 个乡镇提供就诊服务。假定考虑的地点为乡镇中心，每个乡镇的人口分布均匀，又假定各乡镇每年就诊于各诊所的人数及权重(即反应相对重要性)都已经明确(见表 3-11)。现需确定这 2 个诊所的理想位置，使其为 4 个乡镇服务的距离/人口费用最低。

表 3-11 各乡镇就诊于各诊所的人数及权重

从乡镇	到诊所的距离				乡镇人口数/千人	权重
	A	B	C	D		
A	0	12	9	11	9	1.2
B	12	0	10	8	8	1.3
C	9	10	0	7	15	0.8
D	11	8	7	0	20	0.9

① 计算从各乡镇到各诊所的总移动距离费用(总移动距离费用＝距离×人口数×权重)，并绘制人口-距离费用表 3-12。

表 3-12 人口-距离费用表

从乡镇	到诊所的人口-距离费用和			
	A	B	C	D
A	0	129.6	97.2	118.8
B	124.8	0	104	83.2
C	108	120	0	84
D	198	144	126	0

② 每列相加，挑选出最低费用所在列作为诊所的一个选址。本例中为 D 列，即选定 D 镇设立第 1 个诊所，见表 3-13。

表 3-13　首个地址选择计算表

从乡镇	到诊所的人口-距离费用			
	A	B	C	[D]
A	0	129.6	97.2	118.8
B	124.8	0	104	83.2
C	108	120	0	84
D	198	144	126	0
合计	430.8	393.6	327.2	[286]

注:[ ]表示选定的诊所及合计费用。

③ 对每一行,比较从某一乡镇去每个待选地址的费用与前次已选定地址的费用,如费用低于前次已确定地址的费用就保留,如高于前次已确定地址费用,则将其数字改为到前次已选定地址费用。该步骤背后的假设前提是每个乡镇的人都是理性消费者,均会选择费用最低的诊所接受服务,这也是启发式方法选址的核心思想。经此修改整理后的费用见表 3-14。

表 3-14　一次修改后人口距离费用

从乡镇	一次修改后人口-距离费用			
	②[A]	B	C	①[D]
A	0	(118.8)	97.2	118.8
B	(83.2)	0	(83.2)	83.2
C	(84)	(84)	0	84
D	(0)	(0)	(0)	0
合计	[167.2]	202.8	180.4	[286]

注:( )表示根据前次已选定地址费用修订后的费用,①、②表示选定地址的先后次序。

④ 除乡镇 D 设一诊所外还需要增加另一个诊所,将表 3-14 中每列数字相加得到一行合计数字,其中最小者即为费用最低者,由此可选出设立第 2 个诊所的地址为乡镇 A。

至此,已经完成本题的解答,如果还要设第 3 个诊所,可重复步骤③将表 3-14 修改整理后的结果见表 3-15。因本次修改时基于前次选定地址 A 来衡量待选地址,故为了简化,可提前删除 D 乡镇所在列及所在行。

表 3-15　二次修改后人口距离费用

从乡镇	二次修改后人口-距离费用		
	②[A]	B	③[C]
A	0	(0)	0
B	83.2	0	83.2
C	84	84	0
合计	[167.2]	84	[83.2]

3.4.3 综合因素评价法

设施选址时有时不仅要考虑成本因素，还要考虑非成本因素。当非成本因素在选址中占有重要的地位时，此时需采用基于综合因素的评价方法。常用的综合因素评价方法有分级加权评分法、因次分析法、模糊综合评价法、层次分析法等。以下主要介绍前两种方法。

(1) 分级加权评分法

此方法适合于比较各种非经济性因素，由于各种因素的重要程度不同，需要采取加权方法，按以下步骤进行评价：

① 针对厂址选择的基本要求和特点列出需考虑的各种因素。

② 按各因素相对重要程度，确定各因素权重。权重可通过咨询专家调查等方法确定。

③ 对各因素分级定分。将每个因素从优到劣分成几个等级，并相应地为各等级确定分数。例如分四级的情况下，可确定为最佳、较好、一般、最差四个等级，在设施规划中常依次表示为 A、E、I、O，其对应分数分别为 4、3、2、1。

④ 将具体方案的每个因素等级对应分数乘以该因素的相应权重系数，得到该方案该因素的合成分值。

⑤ 汇总各方案因素的合成分值，得到对应方案的总评分，总分数最高者为入选方案。

分级加权评分法的计算公式为：

$$Z_j = \sum_{i=1}^{n} w_i f_{ij} \tag{3-14}$$

式中，Z_j表示第 j 个方案的总分，w_i表示第 i 个因素的权重系数，f_{ij}表示方案 j 第 i 个因素的等级分值。

例 3-5 某厂有四个候选厂址(A、B、C、D)，影响因素有 10 个，其重要度见表 3-16，求最优方案。各原始数据及评分结果见表 3-16。

表 3-16 加权因素评价法选择厂址举例

影响因素	权重	候选方案 A			候选方案 B			候选方案 C			候选方案 D		
		等级	评分	得分	等级	评分	得分	等级	评分	得分	等级	评分	得分
劳动条件	7	I	2	14	E	3	21	A	4	28	O	1	7
地理条件	5	A	4	20	I	2	10	I	2	10	O	1	5
气候条件	6	E	3	18	A	4	24	E	3	18	I	2	12
资源供应	4	A	4	16	A	4	16	I	2	8	A	4	16
基础设施	3	O	1	3	O	1	3	E	3	9	A	4	12
产品销售	2	A	4	8	I	2	4	E	3	6	A	4	8
生活条件	6	O	1	6	O	1	6	I	2	12	A	4	24
环境保护	5	I	2	10	E	3	15	A	4	20	O	1	5
政治文化	3	E	3	9	E	3	9	E	3	9	E	3	9
扩展条件	1	A	4	4	A	4	4	I	2	2	O	1	1
方案合计		108			112			122			99		

从计算结果得知，厂址 C 获得最高分 122 分，因此可作为选定厂址。应用此方法的关键是对各因素确定合理的权重与等级。

(2) 因次分析法

因次分析法是一种将各候选方案的成本因素和非成本因素分别进行评价，然后再将二者通过加权进行综合的评价方法。其实施步骤如下：

① 研究要考虑的各种因素，从中确定必要因素。如某一候选方案无法满足某项必要因素，应将其删除。

② 将各种必要因素分为客观因素（成本因素）和主观因素（非成本因素）两大类。同时要确定主观因素和客观因素的比重，用以反映主观因素与客观因素的相对重要性。X＝主观因素权重，$1-X$＝客观因素权重，$0<X<1$。如 X 接近 1，主观因素比客观因素更重要，反之亦然。X 值可通过征询专家意见确定。

③ 确定客观量度值。客观量度值计算公式为：

$$OM_i = \left[C_i \sum_{i=1}^{n} \frac{1}{C_i} \right]^{-1} \tag{3-15}$$

$$C_i = \sum_{j=1}^{m} C_{ij} \tag{3-16}$$

式中，OM_i 为第 i 个方案的客观量度值；m 为客观因素数量；n 为候选方案数目；C_{ij} 为第 i 个方案的第 j 项成本；C_i 为第 i 个方案的总成本；$\sum_{i=1}^{n} \frac{1}{C_i}$ 为各方案总成本的倒数之和；若将各选址方案的客观量度值相加，总和必等于 1，即 $\sum_{i=1}^{n} OM_i = 1$。

④ 确定主观评比值。各主观因素因为没有一个量化值作为比较，因此可用强迫选择法衡量各选址方案的优劣。首先，将每一选址方案和其他选址方案分别进行成对比较得到各选址方案在 k 因素上的比重值 W_{ik}：令较佳的比重值为 1，较差的比重值则为 0，如两者持平都可的比重值为 1；然后，根据各选址方案在 k 因素上所得比重 W_{ik} 与总比重 $\sum_{i=1}^{n} W_{ik}$ 的比值计算该选址方案在 k 因素上的主观评比值 S_{ik}。用公式表示则为：

$$S_{ik} = \frac{W_{ik}}{\sum_{i=1}^{n} W_{ik}} \tag{3-17}$$

式中，S_{ik} 为 i 方案在 k 因素上的主观评比值；W_{ik} 为 i 方案在 k 因素上的比重；$\sum_{i=1}^{n} W_{ik}$ 为各方案在 k 因素上的总比重。

主观评比值 S_{ik} 是一个量化的比较值，可以利用此值来比较各候选方案优劣。其数值的取值范围为[0,1]，越接近 1，则代表该候选方案比其他候选方案越优。

⑤ 确定主观量度值。主观因素常常不止一个，同时各主观因素间的重要性也各不相同。所以首先对各主观因素确定重要性指数 I_k，然后以各因素的主观评比值 S_{ik} 与该因素的重要性指数 I_k 相乘，计算各选址方案的主观量度值 SM_i，其计算公式为：

$$SM_i = \sum_{k=1}^{m} I_k S_{ik} \tag{3-18}$$

式中，I_k为主观因素 k 的重要性指数，且 $\sum_{k=1}^{m} I_k = 1$；S_{ik} 为第 i 个方案在 k 因素上的主观评比值；m 为主观因素的数量。

⑥ 确定综合量度值 LM_i。其计算公式为：

$$LM_i = X \times SM_i + (1-X) \times OM_i \tag{3-19}$$

式中，X 为主观因素权重；$1-X$ 为客观因素权重；SM_i 为第 i 个方案的主观量度值；OM_i 为第 i 个方案的客观量度值。

综合量度值最大的方案为最佳选址方案。

例 3-6 某公司拟建一个工厂，现有三处待选厂址 A、B、C，因地址不同各厂的生产成本亦不同，各厂址每年的成本见表 3-17。此外，还要考虑一些非成本因素，主要有当地竞争力、气候变化和周围环境。对于竞争力而言，C 地最好，A、B 两地相平；就气候而言，C 地最好，A 地次之，B 地最差；就环境而言，B 地最好，C 地次之，A 地最差。如果各主观因素的重要性指数依次为 0.5、0.3、0.2，主观因素比重 X＝0.4，要求用因次分析法评定最佳厂址在何处。

表 3-17 各个候选厂址每年生产成本费用

成本因素	选址成本/千元		
	A	B	C
工资	280	250	235
运输费用	180	200	190
租金	78	85	90
其他费用	18	12	24

解：计算过程如下：

① 计算客观度量值 OM_i。根据式(3-15)可以计算出各个候选厂址的客观度量值 OM_i：$OM_A = 0.328\ 1$，$OM_B = 0.333\ 5$，$OM_C = 0.338\ 4$。

② 计算主观评比值 S_{ik}。根据三个不同的主观因素，A、B、C 三处的主观评比值 S_{ik} 见表 3-18 至表 3-20，①②③分别表示强迫选择法中的“成对比较”。

表 3-18 竞争力比较表

厂址	①	②	③	比重	S_{ia}
A	1	0		1	0.25
B	1		0	1	0.25
C		1	1	2	0.5
总比重值				4	1.00

表 3-19　气候比较表

厂址	①	②	③	比重	S_{ib}
A	1	0		1	0.33
B	0		0	0	0
C		1	1	2	0.67
总比重值				3	1.00

表 3-20　环境比较表

厂址	①	②	③	比重	S_{ic}
A	0	0		0	0
B	1		1	2	0.67
C		1	0	1	0.33
总比重值				3	1.00

根据各主观因素的重要性指数 I_k 和各厂址的主观评比值 S_{ik}，可以计算每一可行厂址的主观量度值 SM_i。

现将各主观因素做评比总结，各候选厂址在不同因素上的主观评比值整理结果见表 3-21。

表 3-21　各候选厂址评比值

非成本因素	厂址			重要性 I_k
	A	B	C	
竞争力	0.25	0.25	0.5	0.5
气候	0.33	0	0.67	0.3
环境	0	0.67	0.33	0.2

按式(3-18)计算可得：$SM_A=0.224$，$SM_B=0.259$，$SM_C=0.517$。

③ 计算综合量度值 LM_i。根据式(3-19)可以计算出：$LM_A=0.265\,6$，$LM_B=0.288\,8$，$LM_C=0.445\,6$。

④ 决策。根据各厂址综合量度值 LM_i 的大小，C 工厂所得综合量度值在三个候选厂址中最高，故选择 C 作为建厂地址。

4 流动、空间与作业关系

工业设施规划是从原材料到产成品的动态流动需求视角去确定系统的静态空间结构(布置)。该静态空间结构是通过不同层级的作业单位在空间上按照它们之间的关系排布而成,反映了系统内物料、人员和信息以经济、合理方式进行有效流动的需求,承载着系统构建的目的。因此,在进行工业设施规划设计之前,有必要先明确不同层级的作业单位、作业单位之间的流动需求、作业单位之间的关系以及作业单位的空间需求。

4.1 作业单位划分

工业系统的静态空间结构由作业单位排布而成,不同的作业单位划分将在很大程度上决定静态空间结构的寻优空间。因此,设施规划人员应加强对预规划系统企业经营战略相关决策的理解,并充分了解作业单位的层级类型及不同划分方式的优劣,从而基于企业长短期的目标进行科学的作业单位划分。

4.1.1 工业企业常见作业单位及其层级

通常可以按占用空间及功能相对独立原则将工业企业的常见作业单位划分成表 4-1 中的层级类型。当然,具体企业的划分并不严格遵循表 4-1 中所示层级,有可能缺失部分层级及其类型。表 4-1 中的物态指的是作业单位所呈现物理形态的简称,为便于理解,并非定论。

表 4-1 工业企业常见作业单位及层级

<table>
<tr><th>0 级</th><th colspan="2">1 级——厂区级</th><th colspan="2">2 级——部门、车间级</th><th colspan="2">3 级——科室、工段/产线级</th><th colspan="2">4 级——工作站、工作地级</th></tr>
<tr><td rowspan="6">某工业企业</td><td>类型</td><td>物态</td><td>类型</td><td>物态</td><td>类型</td><td>物态</td><td>类型</td><td>物态</td></tr>
<tr><td rowspan="2">厂前区</td><td rowspan="5">相对独立区域</td><td>管理型部门</td><td rowspan="5">独立建筑物或相对独立区域</td><td>业务科室</td><td rowspan="5">某一建筑物内的功能区</td><td rowspan="5">工作地、工位、工作站</td><td rowspan="5">基于设备或人划分的小区域</td></tr>
<tr><td>服务型部门</td><td>小功能区</td></tr>
<tr><td rowspan="3">生产区</td><td rowspan="2">生产型部门</td><td>产品(族)线</td></tr>
<tr><td>工段、机群组</td></tr>
<tr><td>辅助型部门</td><td>小功能区</td></tr>
</table>

车间是企业内部组织生产的基本单位,也是生产行政管理的一级组织,通常由若干工段和生产班组构成。其按企业产品的生产阶段、产品组成部分的专业性质及辅助生产活动的专业性质而设置,通常拥有完成生产任务所必需的厂房或场地、机器设备、工具和一定的人员。

工段是车间内按生产过程(工艺)划分的基层生产单位。如铸造车间里分为熔化工段和造型工段。

产品线简称产线，亦称流水线，是工业企业按产品（或零件）划分的基层生产单位，每一个产品线专注生产某一个产品（或零件）的全部工作，以提高工作效率及产量。

从以上定义可知，车间、工段、产线通常是企业的生产组织单位，但由于其空间位置通常相对集中，为了更好地理解作业单位的划分，这里把其主要生产活动的空间场所形象地称呼为车间级、工段/产线级作业单位。每个上一层级作业单位相对于下级作业单位，在实际企业中的物态，有可能是一对多，也有可能是一对一。如一个车间只有一个工段或产线，此时该车间布置设计时再考虑工段或产线级作业单位之间的布置就没有实际意义，而是直接考虑工段或产线内工作站（工位）级作业单位的布置安排。

4.1.2 厂区总体划分

表 4-1 中所示工业企业厂区总体上一般划分为厂前区和生产区。管理型部门和服务型部门通常位于厂前区，而生产型部门和辅助型部门位于生产区。但是，对于工业企业来说，其存在的根本意义是生产高质量的产品，故在当前管理理念下，管理型、服务型部门中的部分职能呈现出由厂前区向生产区转移的趋势，以便落实及时管理和就近服务。正如"三现原则"所倡导的以事实为基础的行动原则，即当现场发生问题的时候，管理者和服务者要快速赶到"现场"，亲眼确认"现物"，认真探究"现实"，并据此提出和落实符合实际的解决办法。

4.1.3 生产型部门划分基本方式

生产型部门划分的一般原则为将有相似功能的工作站归并在同一个生产型部门中，其追求的目标是物料流的整体优化。其中"相似功能"泛指的是产品相似或功能相似，反映的是产品专业化或工艺专业化的生产作业单位划分原则，也是作业单位的布置原则。在此基础上，生产型部门作业单位划分形成了四种基本方式，分别是产品专业化、工艺专业化、混合专业化及料位固定式，分述如下。

（1）产品专业化

产品专业化也称产品原则或对象原则，就是以产品（零件、部件、成品的泛称）为对象来设置不同层级的生产作业单位。当产品品种少、批量大时，应当按照产品的加工工艺顺序来布置工作站，形成加工或装配流水线。在产品专业化的生产作业单位内，集中了为加工某种产品所需的全套设备、工艺装备和有关工种的人员，使该产品的全部或大部分工艺过程在该生产作业单位内完成。如齿轮车间、标准件车间、发动机车间等车间级的作业单位；如某部件装配单元等单元级作业单位。该方式下的作业单位划分与布置情况如图 4-1 所示，优缺点见表 4-2。图 4-1 中的虚线框可看作不同的产品专业化作业单位。

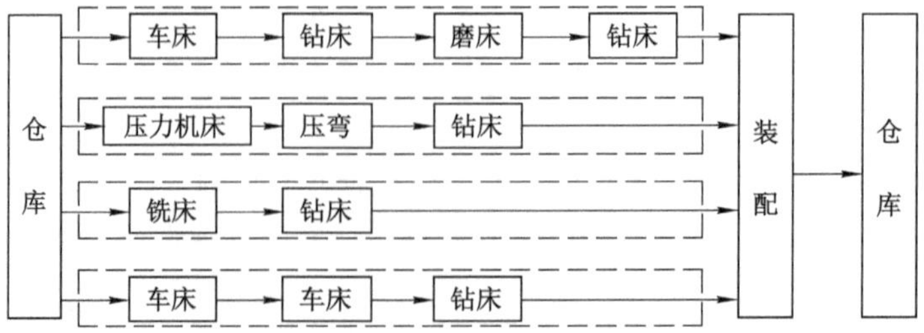

图 4-1 产品专业化作业单位划分与布置示意

表 4-2 产品专业化作业单位划分与布置优缺点

优 点	缺 点
1. 布置符合工艺过程，物流顺畅；	1. 相对投资较大，易导致设备难共享，利用率低；
2. 上下工序紧密衔接，在制品少；	2. 如产品变化将引起布置重大调整，柔性差；
3. 物料搬运工作量少；	3. 生产线重复作业，人员易厌倦；
4. 无产品类型切换，生产周期短；	4. 产线速度取决于最慢环节，易出现“浊流”现象；
5. 易于人员培训，作业专业化；	5. 设备故障影响大，串联系统可靠性差；
6. 可使用专用设备和机械化、自动化搬运方法；	6. 相对维修与保养要求高
7. 生产计划简单，易于控制	

（2）工艺专业化

工艺专业化也称工艺原则，就是按照产品生产过程各个工艺阶段的工艺特点来设置生产作业单位。在工艺专业化的生产作业单位内，集中了同类型的机器设备和同工种的工人，对企业的各种产品、工件进行相同工艺方法的加工，称之为机群式布置。该作业单位划分方式适用于产品品种多但每种产量少的情况。每个生产作业单位只完成产品生产过程中的部分工艺。如机械制造企业中的铸造车间、锻压车间、冷冲车间、机加车间、焊接车间、热处理车间、装配车间等车间级作业单位。该方式下的作业单位划分与布置情况如图 4-2 所示，优缺点见表 4-3。图 4-2 中虚线框可看作不同的工艺专业化作业单位。

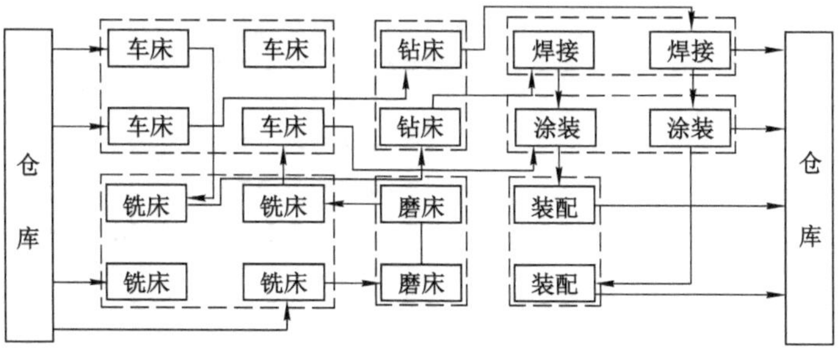

图 4-2 工艺专业化作业单位划分与布置示意图

表 4-3 工艺专业化作业单位划分与布置优缺点

优 点	缺 点
1. 可采用通用设备；	1. 搬运路线长且不确定，费用高；
2. 机器利用率高，可减少设备数量；	2. 存在“乱流”现象，生产计划与控制较复杂；
3. 设备投资相对较少；	3. 产品类型切换等待，生产周期长；
4. 设备和人员柔性高，便于更改产品品种和数量；	4. 在制品库存量相对较大；
5. 作业多样化，提高人员作业兴趣和职业满足感	5. 人员从事多种产品生产，需要较高技术等级

（3）混合专业化

混合专业化也称综合专业化，是工艺专业化和产品专业化相结合的一种较为灵活的形式。其通常有三种结合方式，前两种是作业单位层级上的结合，最后一种是作业单位自身内部的结合，具体为：第一种是在产品专业化的基础上采用工艺原则设立子生产作业单位，如在齿轮车间内设置车工工段、滚齿机工段、插齿机工段和磨齿机工段等；第二种是在工艺专业化的基础上采用产品原则设立子生产作业单位，如装配车间又分变速箱工段和总装工段等；第三种是将成组技术（Group Technology，GT）用于组织生产，亦称成组原则，即将产品按其外形与加工工艺的相似性进行分组，形成产品族，每个产品族内的产品使用相近的加工工艺过程，同时将加工工艺对应的设备组成设备组，然后将设备组内设备按总的工艺过程顺序布置成制造单元，形成产品族型作业单位。在多品种、中小批量的市场需求环境下，企业基于成组原则的作业单位划分与布置已经成为混合专业化形式的一种常态，是单元制造方式的基础，其作业单位划分与布置情况如图 4-3 所示，优缺点见表 4-4。图 4-3 中虚线框内可看作混合专业化作业单位。

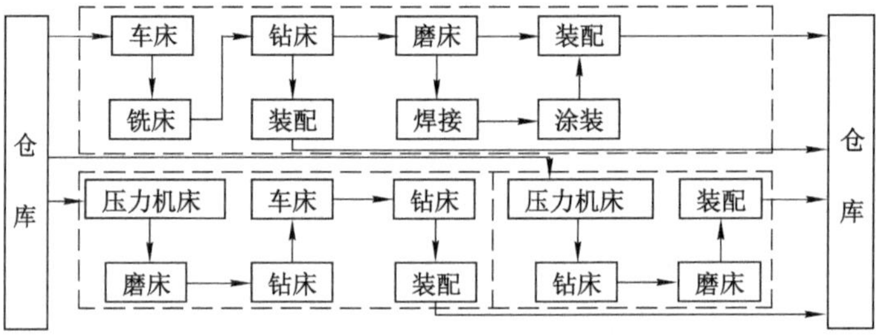

图 4-3　成组原则作业单位划分与布置示意图

表 4-4　成组原则作业单位划分与布置优缺点

优　点	缺　点
1. 设备利用率较高； 2. 有利于扩大工人的作业技能； 3. 有利于发挥班组合作精神； 4. 物流顺畅，搬运工作量少； 5. 缩短生产准备时间； 6. 兼有产品原则布置和工艺原则布置的优点	1. 生产控制水平要求高，需平衡单元内外流程； 2. 如果单元之间流程不平衡，需要中间储存； 3. 人员需要掌握所有作业技能，成为多能工； 4. 减少了使用专业设备的机会； 5. 兼有产品原则布置和工艺原则布置的缺点

（4）料位固定式

料位固定式作业单位划分与布置主要是工程项目或大型产品生产所采用的一种方式。该方式下加工对象位置固定，生产工人和设备随加工产品所在的位置而转移，如内燃机车的装配、造船装配、飞机装配等，此时每个加工对象可看作一个生产型作业单位。该方式下的作业单位划分与布置情况如图 4-4 所示，优缺点见表 4-5。

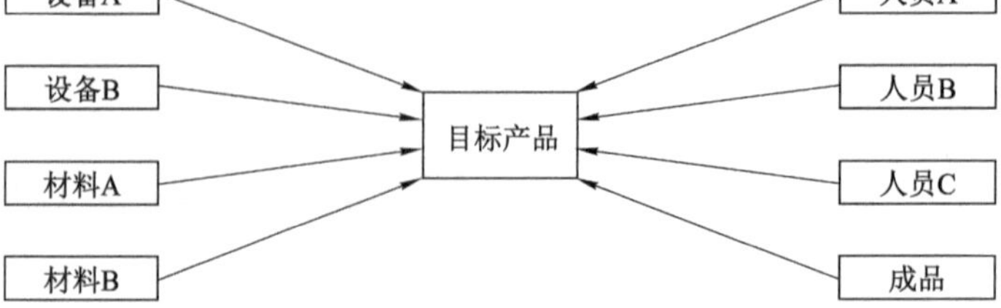

图 4-4　料位固定式作业单位划分与布置示意图

表 4-5　料位固定式作业单位划分与布置优缺点

优　点	缺　点
1. 物料移动少； 2. 采用班组方式时，可提高作业连续性； 3. 采用班组方式时，便于提高质量； 4. 高度柔性，可适应产品和产量变化	1. 人员和设备的移动增加； 2. 生产产品数量多时，设备可能需要重复配备； 3. 工人技能要求高； 4. 会增加占用面积和工序间存储； 5. 生产计划需要加强控制与改善

4.1.4　生产型部门划分方法

如何划分作业单位及确定加工工作站的归属是一项综合性的工作。应当采用系统的方法，仔细研究每种产品及其零部件，确定所用工作站在作业单位划分时的最佳归属。表 4-6 总结出了作业单位划分和工作站归属的基本原则，图 4-5 为作业单位划分与布置分类图。

表 4-6　作业单位划分和工作站归属基本原则

产品特性	作业单位类型	工作站归属
标准化产品，需求量大且稳定	产品型	生产此产品的所有工作站
量少，种类多	工艺型	将相同、相近工作站划分在一起
可归为相似零件族，并可用工作站群来生产	产品族型	生产此产品族的所有工作站
体积大，难以移动且零星需求	料位固定型	生产此产品的有工作站和产品暂存区

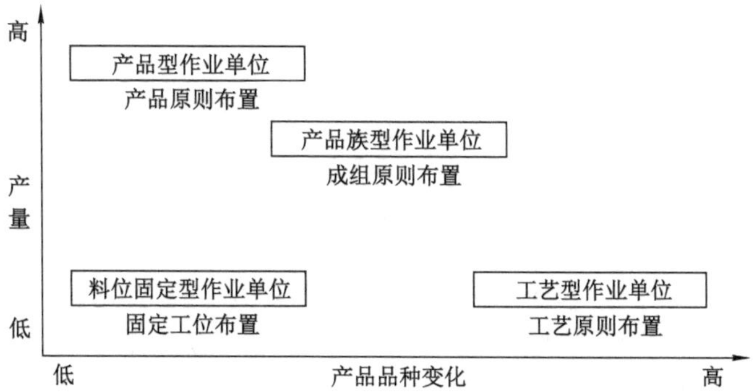

图 4-5　作业单位划分与布置分类图

从生产型部门四种基本作业单位划分的方式来看，其适用性上的差别主要体现在产品种类数及产量规模上，故可基于产品-产量(P-Q)分析方法进行作业单位的划分。图 4-6 直观反映了 P-Q 与作业单位划分及设备布置形式的关系。一般来说，P-Q 分析的步骤为：

(1) 统计或计算每种产品(零件、部件)、材料或有关生产项目的“产量”。这里的“产量”是广义的概念，可以是基于工艺过程中各工序的工时信息并考虑工厂产量规模、作业组织形式(平行、顺序或流水)和作业时间安排计算得到的总生产时间需求。

(2) 在二维坐标系横轴按每种产品的“产量”由高到低做条形图。

(3) 结合生产型作业单位划分的基本方式和工艺过程的工艺路线分析,对产品确定划分成何种作业单位类型及对应采用的布置原则(产品、工艺、成组或料位固定)。

通常,产品对应产量规模的总生产时间需求使计划期能满负荷或接近满负荷运转,则将该产品划分为产品型部门。否则,根据工艺过程的相似性和换型的经济性等,划分为产品族型作业单位或工艺型作业单位。如工艺过程相似性高且换型经济性好,则将若干产品的生产划分成一个产品族型作业单位,否则划分为工艺型作业单位。

图 4-6 中 M 区的产品为大量生产类型,每个产品划分成产品型作业单位,并按产品原则布置;J 区为单件小批生产类型,划分成适宜的工艺型作业单位,并按工艺原则布置;而介于 M 区与 J 区之间的产品为成批生产类型,划分成适宜数量的产品族型作业单位,每个产品族按成组原则布置。

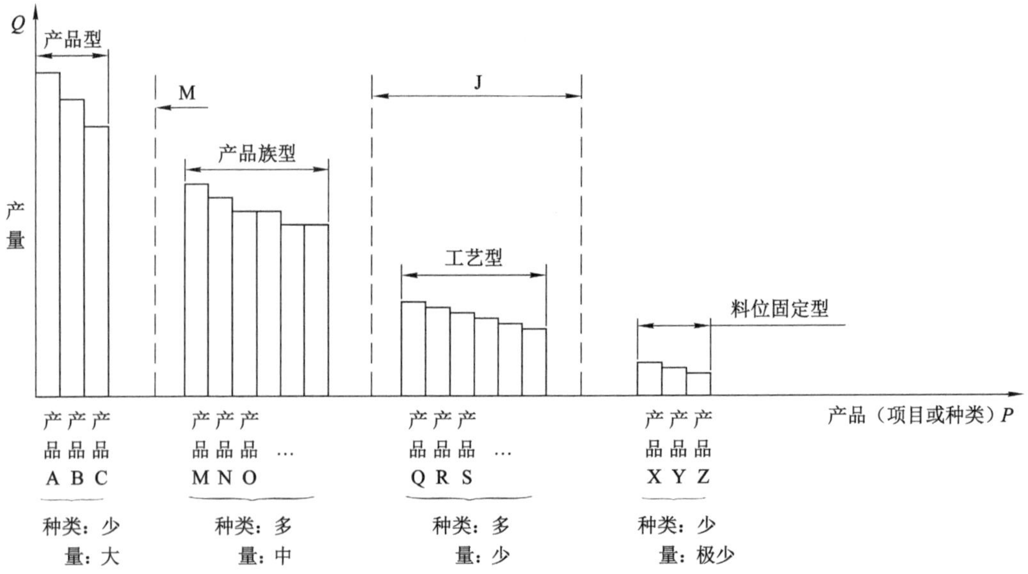

图 4-6　作业单位划分与布置 P-Q 分析图

统观各类工业生产系统,大多数为综合产品和工艺过程来划分不同层级的作业单位。同时,为了使生产系统的物流更加顺畅,减少库存浪费,将生产系统转换为产品型与产品族型相结合的部门是一种趋势。

4.1.5　管理、服务与辅助型部门划分

管理、服务与辅助型部门通常按类似工艺专业化的方式进行作业单位划分与布置。

(1) 管理型部门划分

职能管理部门通常包括生产、技术、质检、人事、供销等科室级作业单位,负责生产协调与控制等工作。对于大、中型企业,职能管理机构通常是非常庞大的。在工厂布置设计过程中,必须给各职能管理部门的科室级作业单位安排出合理的占地面积。一般考虑办公室人员数量、办公用具(如写字台、文件柜)等因素,估算出办公室占地面积大小。

工业企业的科室级作业单位一般集中安排在同一个多层办公楼内,这样有利于减小占

地面积且方便人员联系。

(2) 服务型部门划分

服务型部门指实现服务过程,为基本生产和辅助生产服务的作业单位。在制造企业中可能包括:① 运输相关,如机车库、汽车库、装卸队等。② 仓库,如材料库、半成品库、工具库、设备库、成品库等。③ 试验与计量检验部门,如中央实验室、中央计量室、技术检查站等。④ 生产技术准备相关,如研究所、设计科、工艺科等。⑤ 生活相关,如食堂、宿舍、体育文化娱乐场所等。

(3) 辅助型部门划分

辅助型部门指实现辅助生产过程,为基本生产提供辅助产品与劳务的作业单位。在制造企业中可能包括:① 辅助车间,如工具车间、模具车间、机修车间、电修车间和修建车间、试制车间。② 动力站,如热电站、压缩空气站、煤气站、氧气站、锅炉房、变电所等。

采用现代制造技术生产创新产品的中小微企业经常将生产、辅助、管理和服务型部门结合起来形成综合的连贯型部门。

4.1.6 产品族型部门与单元制造

(1) 成组技术与产品族型部门的关系

利用事物间的相似性,按照一定的准则分类成组,使同组事物能够采用同一方法进行处理,以便提高效益的技术,称为成组技术。该技术起源于20世纪50年代的苏联与欧洲。现已经广泛应用于工程技术、计算机技术、管理科学等学科的前沿领域。产品族型部门的划分与布置就是成组技术在企业生产组织管理中的具体应用。目的是在多品种、中小批量生产中,获得如同大批量生产的经济效果,同时又兼具一定程度的柔性。随着定制化需求的日益普遍,在企业生产组织中,集成成组技术、人工智能技术与自动化技术的智能柔性生产系统的构建是未来发展的趋势。

(2) 单元制造

产品族部门在工业企业中常被称为制造单元。单元制造就是基于制造单元的生产方式。制造单元可通过多种方式形成,最常见的是按照相似的制造工艺或设计属性将生产同一零件族的设备、人员、工具等进行的分组,每个分组形成一个制造单元。

实施单元制造主要需要解决的是制造单元的构造、布置设计和运作调度三个方面的问题。构造指的是确定某一制造单元中包括的机器和生产的零件类型。布置设计指的是设计符合生产和物料搬运要求的布置形式。运作调度指的是如何让制造单元运作起来,其中包括确定批量、时间进度安排、操作工人数量、作业类型、生产控制与绩效评估等问题。

(3) 制造单元布置

制造单元的布置应结合产品及其生产特点、自动化程度、场地空间及前后作业单位位置,无固定形式。但在人工操作环境中,U形和L形的单元布置可以使操作人员工作时背对背或肩并肩,有助于增强单元内各项操作时的人员便利性,因此是常用的单元布局形式。

(4) U形制造单元作业类型与特点

U形制造单元作业类型分为以下三种基本类型:① 一人作业式,亦称货摊式或屋台式,其是由一名操作者完成单元内所有作业,操作者拥有对整个单元产线的自主管理权,如图4-7(a)所示;② 分区式,亦称分割式,将单元内的工序分割给不同的操作者,每人负责若干不同工序，如图 4-7(b)所示；③ 巡回式，亦称逐兔式，每个工人从单元产线的头到尾，按顺序完成整个产品的加工过程，如图 4-7(c)所示。不同作业类型的主要特点见表 4-7。不管采用哪种作业类型，制造单元内的物料大多为单件逆时针流动。

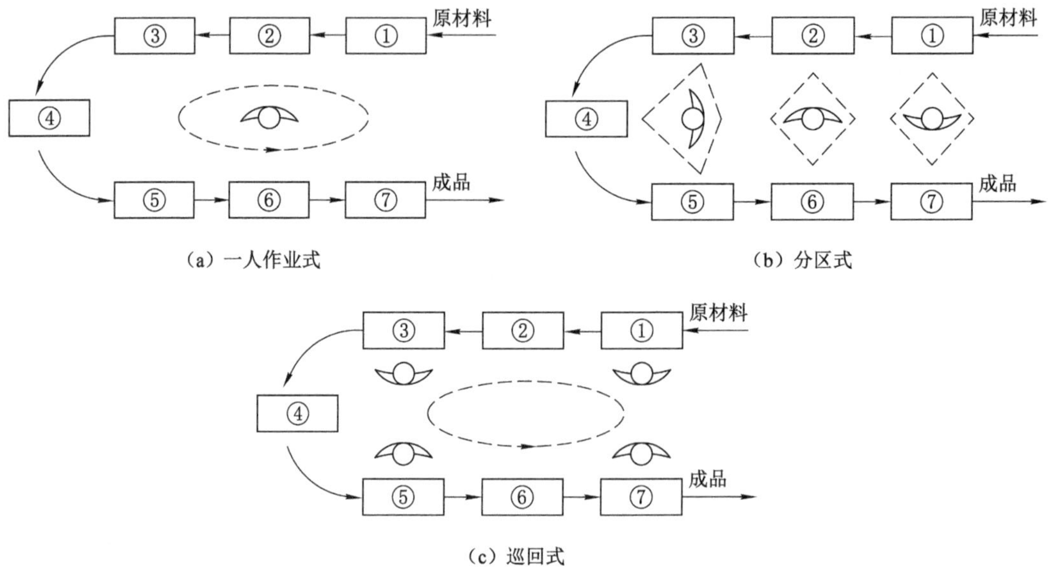

图 4-7　U 形单元基本作业类型

表 4-7　U 形制造单元基本作业类型的主要特点

作业类型	多能工能力	工人数	作业特点	需求变化应对方式	线平衡
一人作业式	全部工序	1 人	一人完结	增减单元数量	易
分区式	部分工序	多人	分工合作＋相互协助	改变工序分配，调节生产周期	难
巡回式	全部工序	多人	一人完结＋相互追赶	增减操作员数量	难

(5) 单元制造系统

单元制造系统是以多个制造单元为基础形成的生产系统。基于各制造单元的联系方式可分为两种类型，分别是离散式和集成式。

离散式单元制造系统的特点是设置单独存储区来存储单元产品，不同单元相互独立，均按计划部门下发的生产指令组织生产。这种类型将导致存储区成为单元与单元间的分离器，单元之间的在制品多，对需求变化反应迟缓。

集成式单元制造系统的特点是单元和单元间通过生产订购看板(Production Ordering Kanban，POK)和取货看板(Withdrawl Kanban，WLK)相联系，采用“拉式”生产组织方式。如图 4-8 所示。

4.1.7　制造单元构造方法

目前对于制造单元的构造有很多方法，均属于 PR(Process Route)分析的范畴，最常见的有分类编码法、生产流程分析法和聚簇分析法。

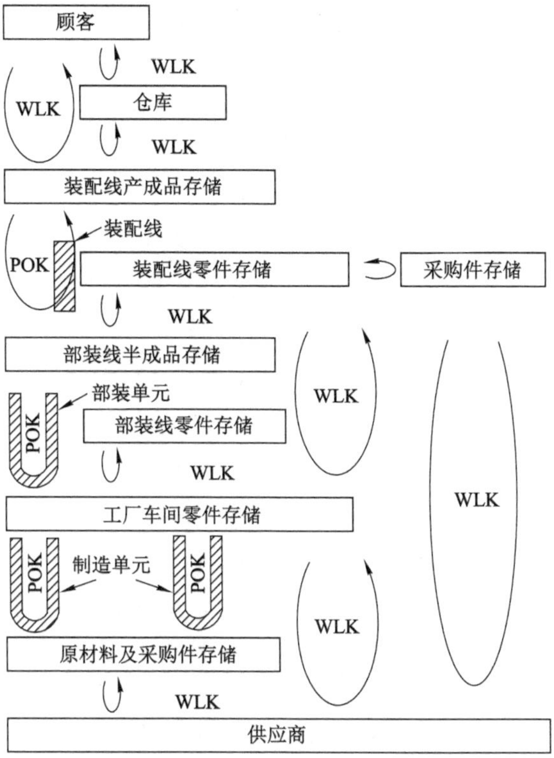

图 4-8　集成式单元制造系统示例

(1) 分类编码法

分类编码法亦称相似特征分类法，是根据零件特征，按照一定的相似性标准直接采用编码进行分类，因此分类前，需将待分类零件的设计信息、制造信息和管理信息等转译成代码。

编码分类的难点是相似性标准的确定，编码分类要求相似性标准既不能太高，又不能太低。相似性标准太高，零件难以汇集成组，而且容易掩盖实际存在并可利用的相似性；相似性标准过低，归属同一族的零件数量增多，零件间差异性增大，导致换型(产品)不经济，从而妨碍零件相似性的利用。

(2) 生产流程分析法

生产流程分析是以零件生产流程为依据，通过对零件生产流程的分析，把工艺过程相似的零件归为一类。采用这种办法，需有较完整的工艺规程和生产设备明细表。生产流程分析法由工厂流程分析、车间流程分析和生产单元流程分析等三个主要步骤组成。工厂流程分析是对全厂的物料流进行分析和统计，以便正确地区分各个生产车间和管理部门，使全厂的整个生产过程具有合理的物料流程，通过这一步骤可决定全厂各车间的生产设备和生产任务。车间流程分析是在一个车间内部对所生产的零件的工艺过程进行分析和统计，按工艺过程将零件分类成零件加工族，同时找到各加工族对应的加工设备。车间流程分析的目的在于正确规划车间，并简化车间内的物料流程。生产单元流程分析是对生产小组内全部零件进行工艺过程分析，寻求生产单元最合理的设备布置，同时按工艺特征把零件加工族细分为零件加工组，以利于成组生产和成组夹具设计。分析时，可采用多产品工艺过程图(表)直接观察确定制造单元，路线差别较大时直接观察较困难，如图 4-9 所示。

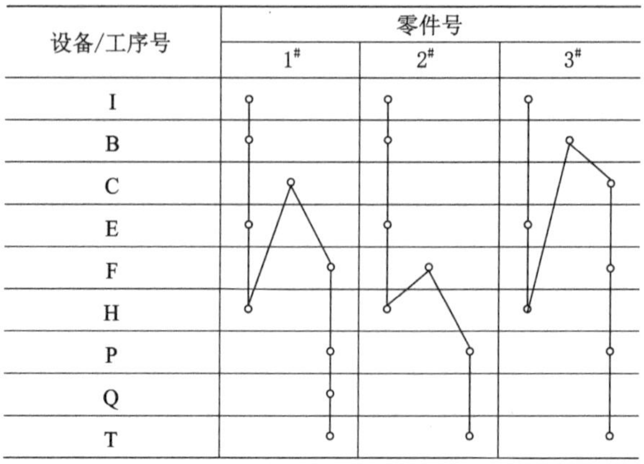

图 4-9 多产品工艺过程图

(3) 聚簇分析法

聚簇分析法也称簇聚法,包括直接簇聚、排序簇聚、单链簇聚、线性单元簇聚等类型。以下以直接聚簇分析法(Direct Clustering Analysis,DCA)为例,介绍生产单元的构造。

直接聚簇分析法以零件为行、机器为列构造零件机器矩阵,然后按相似性等条件来换位,最终使相似零件及对应加工机器聚集在一起。

直接聚簇分析法的基本思路为:采用机器零件矩阵,其中矩阵元素为 1 表明某零件需要某机器加工;否则为空格。通过将行、列交错移位,沿主对角线形成聚簇组构造制造单元。以下结合图 4-10 中的 6 个零件 5 种机器的“机器-零件”矩阵实例介绍 DCA 的步骤:

① 行列求和排序。将机器零件矩阵每行、列的 1 相加,如图 4-10 所示。各行以行总和递减的方式从上到下排列;各列以列总和递增的方式从左到右排列。如果行或列总和相同,再以零件号或机器号递减方式排列,如图 4-11 所示。

零件号 \ 机器号	1	2	3	4	5	行总和
1	1		1			2
2	1					1
3		1		1	1	3
4	1		1			2
5		1				1
6				1	1	2
列总和	3	2	2	4	5	

图 4-10 行列求和结果

零件号 \ 机器号	5	4	3	2	1	行总和
3	1	1		1		3
6	1	1				2
4			1		1	2
1			1		1	2
5				1		1
2					1	1
列总和	2	2	2	2	3	

图 4-11 行列排序结果

② 列移动。从矩阵第一行开始,将第一行有 1 值的各列移到矩阵左边;依次对下面各行重复上述过程,但不能使上面行的 1 后移,直至不能再移动。列移动结果如图 4-12 所示。

③ 行移动。从矩阵最左列开始,如有可能形成由 1 组成的集中块,就将行向上移;依次对后面各列重复上述过程,但不能使前面列的 1 下移,直至不能再移动。行移动结果如图 4-13 所示。

零件号 \ 机器号	5	4	2	3	1
3	1	1	1		
6	1	1			
4				1	1
1				1	1
5			1		
2					1

图 4-12 列移动结果

零件号 \ 机器号	5	4	2	3	1
3	1	1	1		
6	1	1			
5			1		
1				1	1
4				1	1
2					1

图 4-13 行移动结果

④ 形成单元。行列移动循环一次后，查看是否有单元形成；否则重复进行行列移动，甚至多次，直至不能再移动。单元构造结果如图 4-14 所示。

采用 DCA 方法进行制造单元构造时，有可能产生冲突。如图 4-15 所示行列移动的最后结果，会发现存在零件 3、5 都需要机器 2 的冲突，如图 4-16(a)和图 4-16(b)所示；或者零件 5 与 4、1 都需要机器 3 的冲突，如图 4-16(c)所示。这种情况下的解决方法有两种：一是使发生冲突的机器相互靠近，即分别在两个单元的边界处；二是增加机器，如图 4-17 所示。最终使用哪种方案取决于成本、效率、搬运、安全等多种因素的综合确定。

DCA 方法的缺点是没有考虑机器利用率和多台同种机器的情况。

零件号 \ 机器号	5	4	2	3	1
3	1	1	1		
6	1	1			
5			1		
1				1	1
4				1	1
2					1

图 4-14 形成两个单元

零件号 \ 机器号	5	4	2	3	1
3	1	1	1		
6	1	1			
5			1	1	
4				1	1
1				1	1
2					1

图 4-15 排序行列移动后矩阵

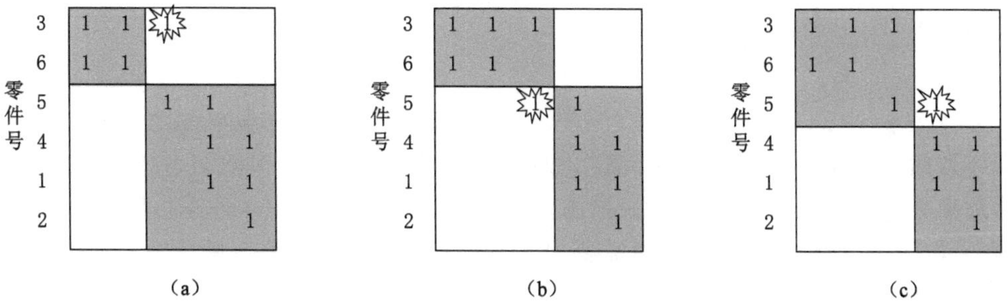

图 4-16 存在冲突机器

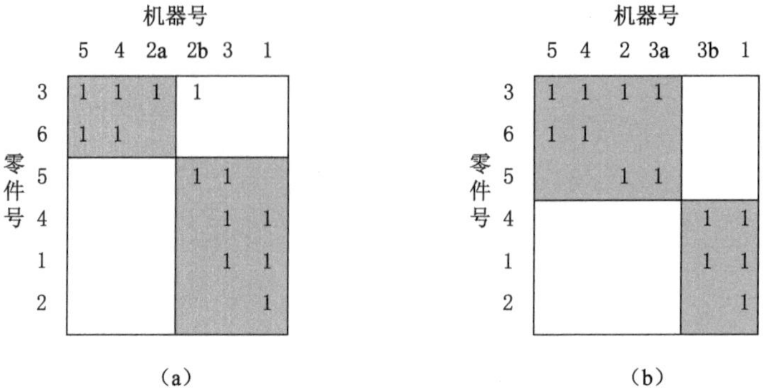

图 4-17　增加机器后形成单元

4.2　作业单位关系

企业内部作业单位之间存在不同程度、不同类型的关系。作业单位关系是设施规划过程中许多决策的重要基础，尤其是静态空间结构上作业单位之间的距离远近与方位决策。同时作业单位划分与作业单位之间关系是相互联系的，它们一起决定着企业未来的运营策略和商务结构。在设施规划中需考虑的作业单位关系主要有：

（1）组织关系

组织关系通常用组织结构图表示，但组织结构图仅仅反映了作业单位之间的从属关系及其相应的控制幅度。然而，组织内经常存在着非正式的组织关系，即业务上的关系，在确定作业单位关系时要予以考虑。例如：质量控制看起来与仓库的收货职能没有彼此隶属或控制关系，但是因为它们的工作需要紧密配合，所以这两个职能之间通常形成非正式的组织关系。

（2）流动关系

流动关系是工业系统中最重要的关系。一个工业设施规划的好坏，最重要的评价标准就是从流动的视角来看静态空间结构的合理性。一个流动过程可以从流动的对象、产生流动的资源和协调资源间流动的管控措施来刻画。流动的对象包括物料、人员、信息及其载体；产生流动的资源就是发起和接收流动对象的作业单位；管控措施就是用于流动过程管理的各资源之间达成的规定性。

（3）环境关系

环境关系包括安全因素和温度、湿度、噪声、烟雾、灰尘等。作业单位之间某些环境关系可能导致两个作业单位不能相邻布置。如：振动会影响精密作业车间的生产，因此精密车间必须远离振动源或采取必要的防振措施；噪声不仅影响人的工作，而且会影响人的身体健康，在采取隔声措施不经济时，有时需要使人员较多的部门远离噪声源。

（4）控制关系

控制关系涉及物料控制是集中还是分散，库存控制是即时还是分批以及现场管理和自动化集成水平。

4.3 流动模式

流动模式指的是基于产品从原材料到成品的工艺需求，物料和人员的移动路线，或称动线。深入认知并理解不同层级、不同类型作业单位可采用的流动模式是设施规划人员的职责所在。流动模式按作业单位层级可分为工作站内、部门内和部门间三个层面来考察。

4.3.1 工作站内流动模式

工作站内的流动模式主要表现为操作者的个人动作。应基于作业过程中操作者的动作研究和人因工程方法对工作站内布置进行调整优化，从而建立适宜的工作站内流动模式。该模式下，操作者的动作应该是同时的、对称的、有节奏的和习惯性的，同时作业时移动距离短，不易疲劳。

4.3.2 部门内流动模式

部门内的流动模式主要取决于部门的类型。

(1) 产品或产品族型部门

产品或产品族型部门流动模式的显著特点为工作流伴随着产品流。其一般有五种基本模式，分别是：前流、背流、钝角流、折返流和环流。对于一个操作者看管一个工作站的情况，可以采用前流、背流和钝角流模式，如图 4-18 所示；对于一个操作者看管两个工作站的情况，可以采用折返流模式，如图 4-19 所示；而对于一个操作者看管两个以上工作站的情况，宜采用环流模式，如图 4-20 所示。

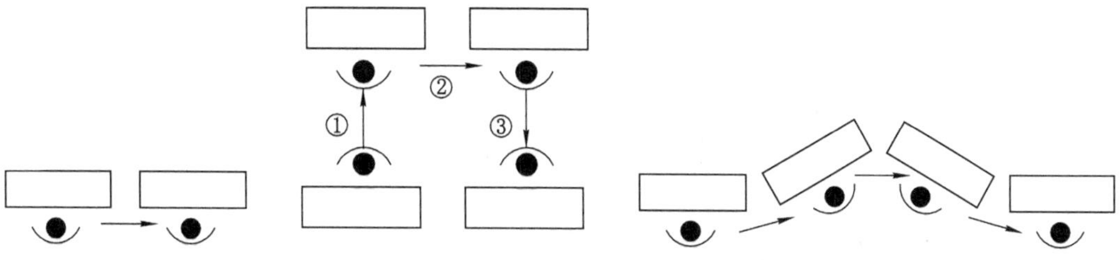

(a) 前流　(b) 背流　(c) 钝角流

图 4-18　一个操作者看管一个工作站流动模式

(2) 工艺型部门

对于工艺型部门，其显著特点是流动一般应发生在工作站和通道之间，部门内工作站之间的流动应当尽量少。图 4-21 展示了三种工作站和通道的取向及相应的流动模式。具体选用时取决于各工作站间的交互作用、可用空间及搬运物料大小的考虑。

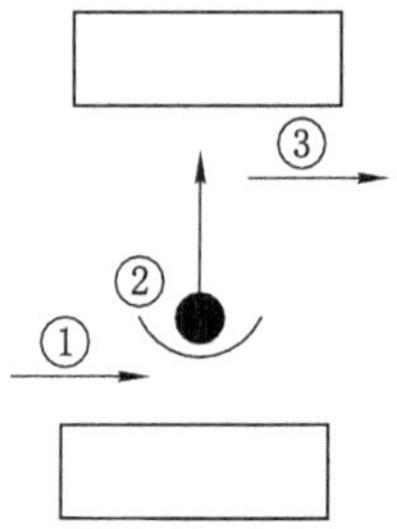

图 4-19　一个操作者看管两个工作站流动模式

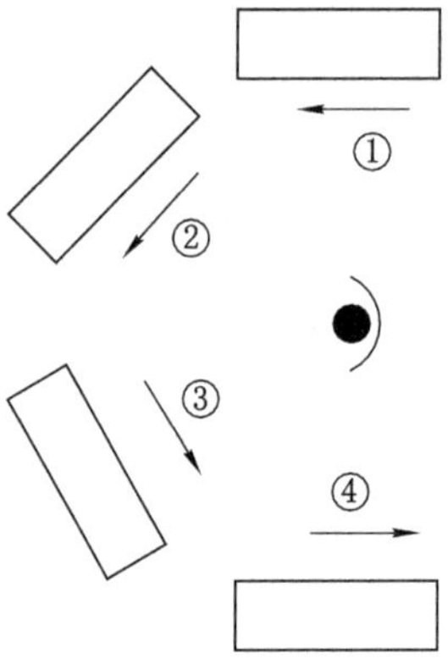

图 4-20　一个操作者看管两个以上工作站流动模式

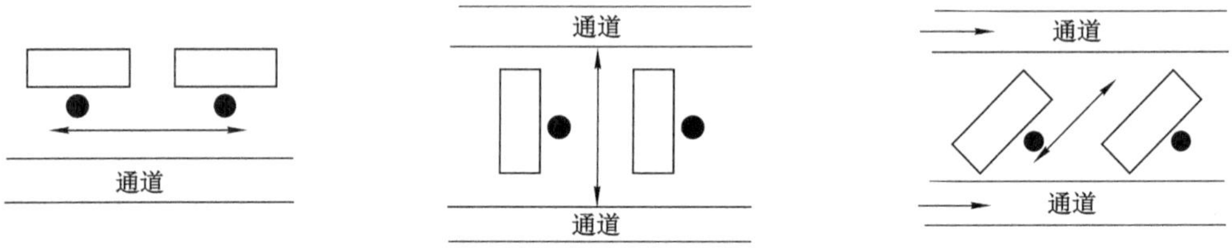

(a) 平行式　(b) 垂直式　(c) 斜角式

图 4-21　工艺型部门流动模式

4.3.3　部门间流动模式

部门间的流动模式常常作为判断设施整体流动情况好坏的依据。部门间的流动一般是下面几种基本流动模式的组合。基本模式组合中最重要的考虑因素是出入口的位置。

(1) 直线形。适用于入口和出口在相对位置，生产过程短而且简单，或只有少数生产设备的情况，如图 4-22 所示。

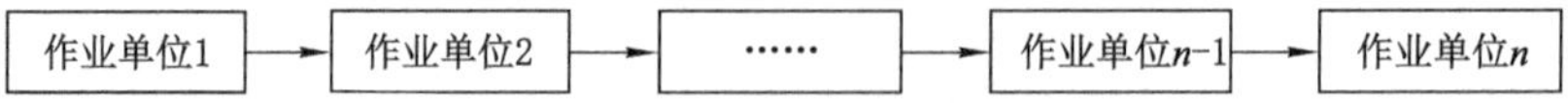

图 4-22　直线形

(2) L 形。其适用于现有设施或建筑物不允许直线流动的情况，如图 4-23 所示。

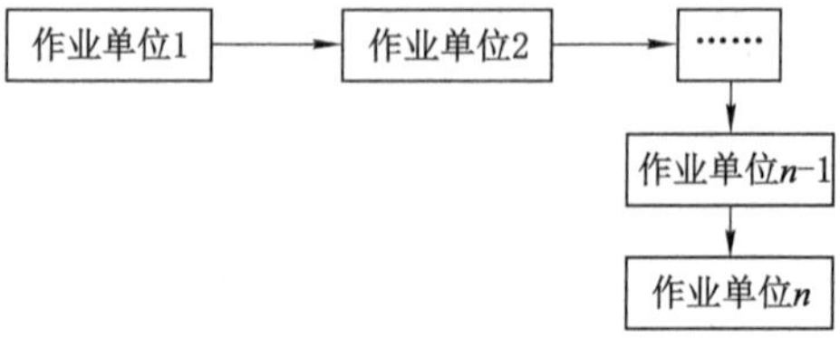

图 4-23　L 形

(3) U形。其适用于入口与出口在同一相对位置的情况，如图 4-24 所示。

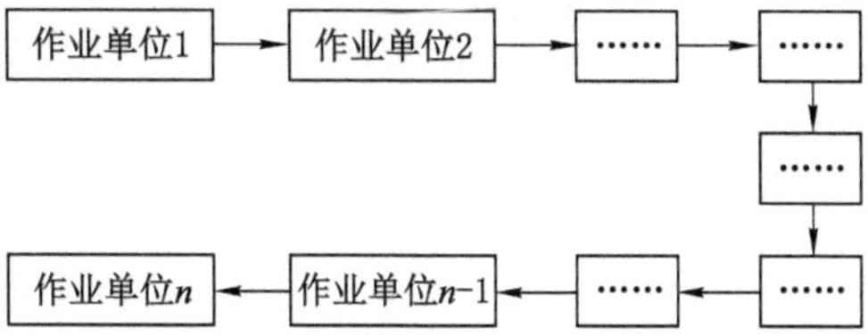

图 4-24 U形

(4) 环形。其适用于要求物料返回到起点的情况，如图 4-25 所示。

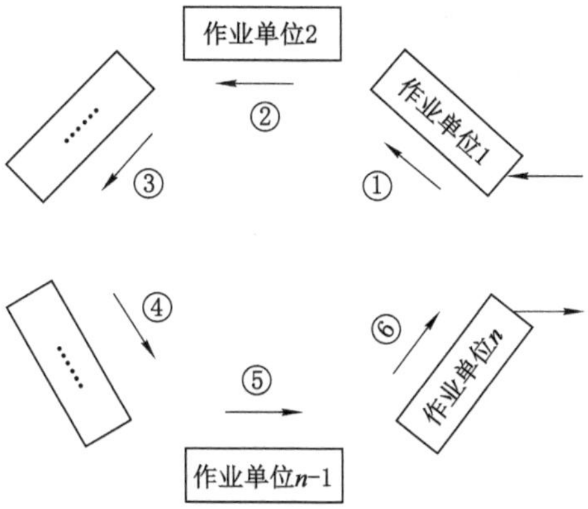

图 4-25 环形

对处于设施（建筑物）内的流动模式来说，入口（接收）和出口（发送）的位置通常是固定的，流动要受到它们的限制。考虑出入口位置的设施内流动模式如图 4-26 所示。

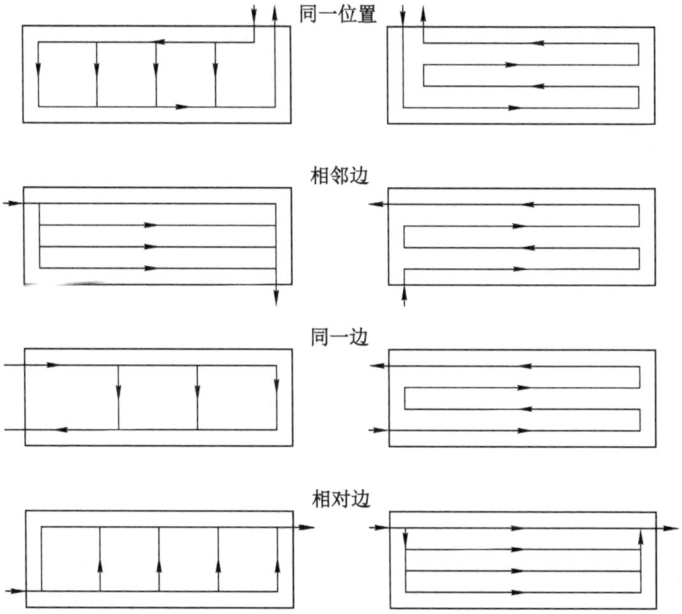

图 4-26 考虑出入口位置的设施

总体来说，选择流动模式要考虑的因素有：① 入口和出口的位置；② 场址或建筑物的轮廓尺寸；③ 生产流程的特点；④ 生产线长度、通道设置；⑤ 搬运方式及其机械化程度；⑥ 储存要求、发展需要等。

4.4 流动规划

要规划有效的流动涉及 4.3 介绍的各种流动模式的组合，并要留有足够的通道以满足从起点到终点的顺畅移动。部门间的有效流动包括物料、信息和人员在部门间一级一级的移动；部门内的有效流动包括物料、信息和人员在工作站间一级一级的移动；工作站间的有效流动包括物料、信息和人员贯穿于工作站间的移动。因此，有效流动的规划是一个多层次的规划问题，这种层次结构如图 4-27 所示。

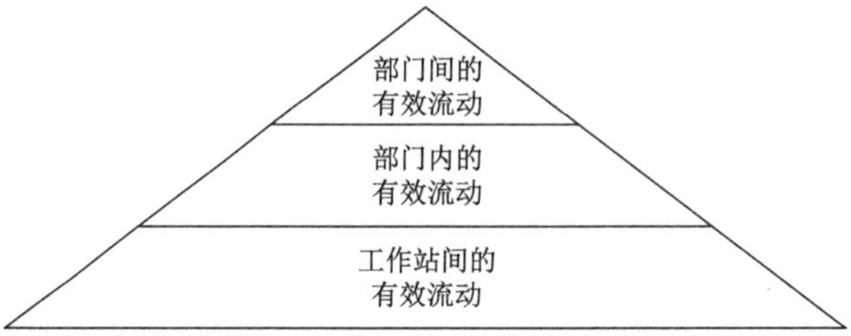

图 4-27　流动规划的层次

有效流动要遵守的原则为：有向流路径最大化利用原则、流量最小化原则和流动成本最小化原则。

（1）有向流路径最大化利用原则

有向流路径指流动路径从起点到终点，既连续不间断（即与其他路径不交叉）也无回退（逆流）现象。从图 4-28 可知，流动中断后出现了拥挤和不期望的交叉，并增加了流动路径的长度，或者说流动路径整个距离空间没有得到最大化利用。

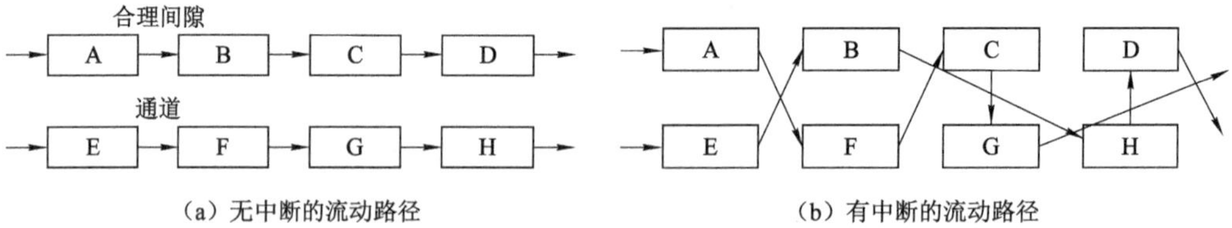

图 4-28　流动路径连续与间断

如图 4-29 所示，有 A、B、C、D、E、F 五个工作地的布置及其之间的通道与距离。如某产品加工路线为：A→B→C→D→E→F，可知每个产品的流动距离（直角距离）之和为 50＋50＋75＋50＋50＝275；如该产品的加工路线变为 A→B→C→A→D→E→F，可知该产品的流动距离（直角距离）之和为 50＋50＋[(50＋50)＋(50＋50)]＋75＋50＋50＝475，其中的[(50＋50)＋(50＋50)]为回退惩罚距离。

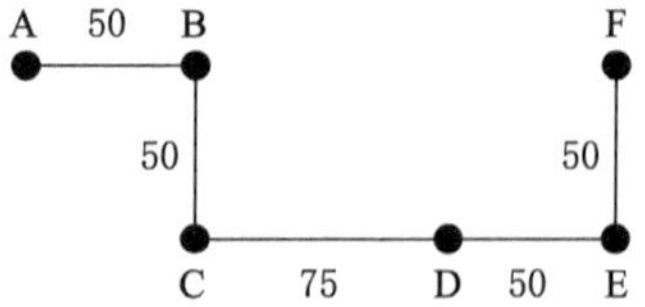

图 4-29　流动路径回退惩罚现象

（2）流量最小化原则

流量最小化原则可看作 ECRS 分析原则在流动规划中的应用。具体为：

① 消除不必要的流动。即运用取消原则使物料交付和人员移动直接发生在最终使用点，消除中间步骤。对每项流动可询问以下问题：该流动完成了什么？是否为必要流动？为什么要流动？该流动取消是否有影响？

② 尽可能合并流动和作业。即运用合并原则，尽可能使物料和人员的移动与下一步骤合并。

③ 流动次数最小化。即运用重排原则使得两个连贯使用点之间的流动次数尽可能少，最好是一次。如使用成套配送方式一次满足使用点的需求，或通过 Milk Run 循环取货模式满足多使用点的需求。

（3）流动成本最小化原则

流动成本最小化原则指的是在现代企业生产中，人力资源正变得越来越昂贵，流动规划中应：

① 尽量消除手工搬运。即通过流动过程机械化和自动化，使工人将全部时间投入到分配的任务上，而不是浪费在不增值的搬运上。

② 尽量减少手工搬运。即尽可能减少人行走次数、距离和动作。

4.5 流动度量

4.5.1 物料搬运活性

（1）物料搬运活性与物料搬运活性系数

物料搬运活性反映的是物料存放状态对搬运作业难易程度的影响。由于物料的存放状态不同，物料搬运的难易程度也不一样。一般来说，物料从散放状态进入搬运状态先后需要经历 4 种基本作业，分别是集中、搬起、升起和运走。每种作业之后物料的存放状态发生相应改变，对应的分别为散放、集装、搬起、升起和运动。通常采用物料搬运活性系数 α 来量化表示物料的存放状态，数值分别为 0、1、2、3、4，其中 0 级活性水平最低，4 级活性水平最高，每完成一种作业，α 加 1，如图 4-30 所示。表 4-8 为物料搬运活性系数确定原则。

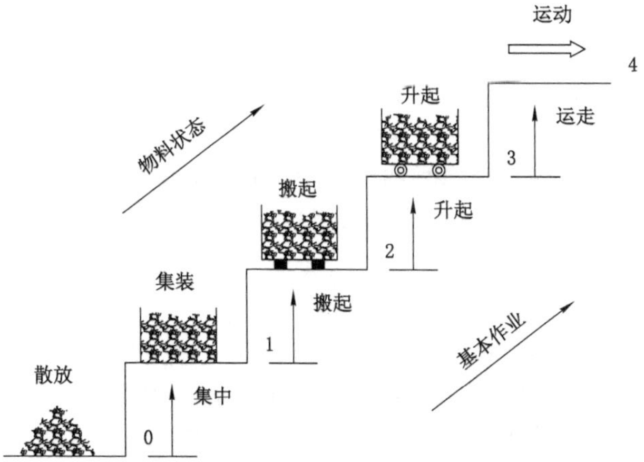

图 4-30　搬运活性系数之间的关系

表 4-8　物料搬运活性系数确定原则

物料状态	作业种类				还需要的作业数	已不需要的作业数	搬运活性系数
	集中	搬起	升起	运走			
散放在地上(散放)	要	要	要	要	4	0	0
集装在中(集装)	否	要	要	要	3	1	1
托盘上(搬起)	否	否	要	要	2	2	2
静止小车中(升起)	否	否	否	要	1	3	3
运动输送机中(运动)	否	否	否	否	0	4	4

从理论上来说，α 值越高，物料移动就越容易，但是越容易的物料移动往往伴随着设施设备投入的增加，所以在设计物料搬运系统时，不能一味追求过高的 α 值。应结合实际情况和经济因素，综合考虑。

(2) 物料搬运活性系数分析图与改善措施

物料搬运活性系数分析图显示了物料流转各阶段(工序或工位)中 α 值的变化情况，如图 4-31 所示。该图便于直观地分析和确定物料搬运的薄弱环节。

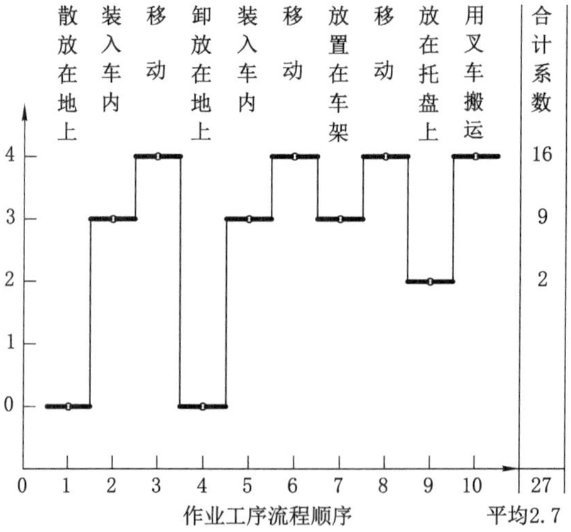

图 4-31　物料搬运活性系数分析图

对于物料搬运系统，通过计算每种物料的平均搬运活性系数，分析和比较不同物料搬运上的工作情况，可找出需要改进的环节。某物料的平均搬运活性系数 $\bar{\alpha}$ 计算公式为：

$$\bar{\alpha} = \frac{1}{n}\sum_{i=1}^{n}\alpha_i \tag{4-1}$$

式中：α_i 为不同阶段的物料搬运活性系数，n 为阶段数。

由物料搬运活性系数的定义可知，某种物料的 $\bar{\alpha}$ 越低，说明物料流转过程中需要进行的基本作业越多。因此，其流程可能作为提升物料搬运效率的主要改进对象。

4.5.2 物料搬运单元化和标准化

(1) 单元化

单元化是将不同状态和大小的物料集装成一个搬运单元，便于搬运作业，也称集装单元化。单元化的集装容器可以是托盘、箱、袋、筒等，在工业企业中又以托盘和周转箱(亦称物料箱)应用最为广泛。物料搬运单元化的优点为：可以减少集中等不增值作业，从而缩短搬运时间；增加一次搬运量，提高作业效率；增加货物堆码层数，充分利用存储空间；防止物料散失，便于清点和日常管理；是实现物料搬运机械化的前提。

(2) 标准化

标准化是指物料集装单元或包装的尺寸要符合一定的标准模数，从而使之与同样遵循标准模数的仓库货架、运输车辆、搬运机械的尺寸相匹配。这有利于物流系统中各个环节的协调配合，提高载货效率、装卸效率、运输效率，在易地、中转等作业时不换装，减轻物品的散失、损坏，从而节约费用。物料集装单元化优点的体现主要是集装容器的标准化。

物流领域的标准模数主要包括物流基础模数和物流模数。

① 物流基础模数

物流基础模数是物流标准化的基础。其值一旦确定，设备的制造、设施的建设、物流系统中各个环节之间及与其他系统的配合就有了依据。目前国际标准化组织(International Organization for Standardization，ISO)及欧洲各国已基本认定 600 mm×400 mm 为物流基础模数尺寸。

② 物流模数

物流模数即集装基础模数尺寸(即最小集装单元尺寸)。集装单元基础模数可以从 600 mm×400 mm 按倍数系列导出来，也可在满足 600 mm×400 mm 基础模数的前提下，从货车或大型集装箱的分割系列推导出来。这里的"集装基础模数尺寸"，更多是从社会物流角度进行的考虑。因为托盘为社会物流中广泛使用的集装单元，故通常物流模数即集装基础模数尺寸以 1 200 mm×1 000 mm 为主，目前也有 1 200 mm×800 mm 及 1 100 mm×1 100 mm 等规格。

物流基础模数尺寸与集装单元基础模数尺寸的配合关系(以集装单元基础模数尺寸 1 200 mm×1 000 mm 为例)如图 4-32 所示。

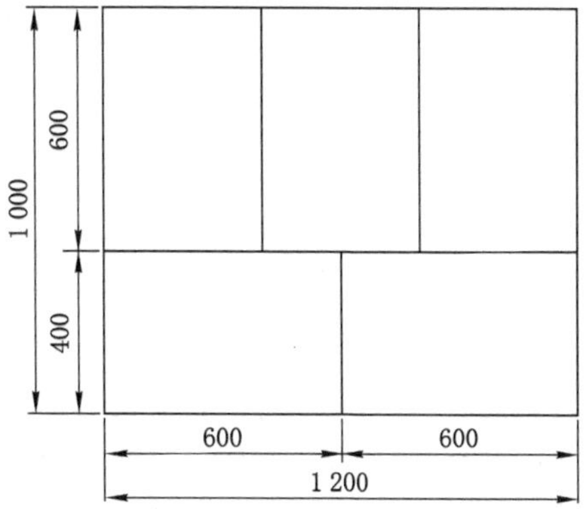

图 4-32 物流基础模数尺寸与集装单元基础模数尺寸配合关系

4.5.3 流动容器

在工业企业物流系统中，集装单元流动容器的标准化越来越受到重视。出于空间占用、质量、成本、时间、供料方式及人体工效学等因素的考虑，许多企业线边供应和放置物料的集装容器由传统的标准尺寸托盘逐步向小容器(物料箱、周转箱)改变。

(1) 小容器

小容器目前并没有一个统一的概念，通常可基于容纳的零件大小及其数量、零部件消耗率来定义(亦称为容器自主性，指容器容纳的零件数量满足一定时间的使用需求)，还取决于容器放置在最佳位置时能使操作者拾取物料时移动最小化。基于物流基础模数，在某种情况下，一个小容器的尺寸可以大致为 600 mm×400 mm×320 mm 的塑料箱；或自主性少于 10 min，或容纳规定数量的容器尺寸；或包括内容物在内，总重量不超过规定重量(欧美与日本企业有不超过 12 kg 的规定)的塑料容器等。

(2) 小容器优点

进行线边物料设计时使用小容器有许多优点。相对于托盘或纸板箱，从质量、成本、时间和对操作者的影响几个方面来看，其优点见表 4-9。

表 4-9 使用小容器的优点

方面	大容器可能存在的问题	使用小容器的优点
质量	放在大容器底部的零部件极易出现压坏现象； 大容器中，零部件数量较大，易出现丢失风险； 打开纸板箱时刀具或移动过程中易碰撞损坏零件； 外形相似的不同零件在同一容器中易混淆； 大容器很难清洗	通过减少容器中物料的数量和在容器中使用衬垫来保证零件的质量。如使用容器内嵌的吸塑盘对物料进行仿形固定
成本	需要大量时间理清物料； 打开和回收纸板箱的工作是动作浪费； 需要压实工具去处理废弃的容器和包装材料； 需要碗式振动设备供应已经准备好并易拾取的物料； 大容器需要较大的存储空间	可重复使用、容易搬运，并且通过流利式货架的垂直存储能够更好地利用空间
时间	等待叉车、其他的挑选或移动设备等原因导致延迟供应； 生产运行过程发生改变或有大量剩余物料时，容器尺寸越大意味着更换容器的时间越长，即准备时间延长	容易搬运的流动容器(如带滚轮的小型塑料箱)减少了相应的作业时间
操作者	操作者需要长距离的移动，或俯身到达容器底部去获取物料，以及其他不符合人体工效学的作业； 用刀具打开纸板箱或搬运较重的容器增加了操作者意外事故和受伤的风险	可使零部件在线边存放位置最佳，易于拾取，消除了大部分的人体工效学问题

(3) 线边流动容器类型

线边流动容器目前工业企业没有统一标准，但在机械、汽车、家电、轻工、电子等行业中，常见的周转箱标准有 EU 系列、HP 系列、DP 系列、TP 系列等。其中又以 EU 系列为主，该系列产品有 300×200 mm、400×300 mm、600×400 mm、800×400 mm、800×600 mm、900×400 mm、10 00×400 m、1 200×400 mm 八大系列 40 多种规格，其与物流基础模数尺寸相匹配,可与多款标准型叉车塑料托盘,以及其他物流容器和工位器具配合使用。

为了成为流动过程的一部分,重量超过规定(人工搬运重量)的容器需要用有轮子的工具进行搬运。带轮子的四周有挡板的小台车,也属于流动容器。以物流基础模数为基准,参照 EU 系列周转箱,流动容器标准化的分类可采取如图 4-33 所示的安排。

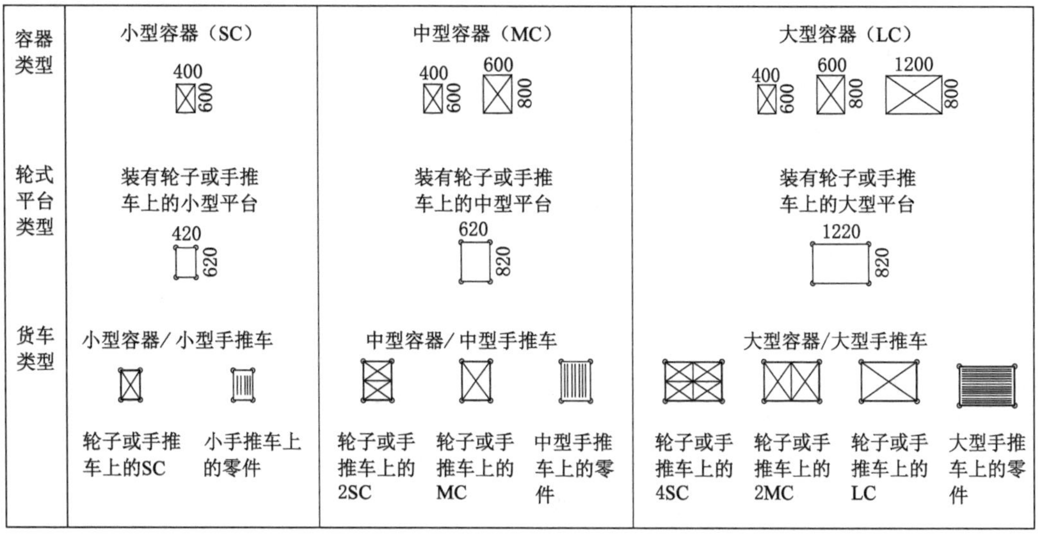

图 4-33 线边物料设计的容器类型示例

如图 4-33 所示,此处一般小型容器定义的标准尺寸是 600 mm×400 mm,中型容器的标准尺寸是 600 mm×800 mm,大型容器的标准尺寸是 800 mm×1 200 mm。三种类型容器尺寸由大到小成倍数关系,这意味着适合大型容器或中型容器尺寸的搬运设备(手推车或其他)也能用来搬运小型容器。在此示例中,对于过长而不能放置于基本尺寸标准容器中的零件,可以使用比基本尺寸长但宽度仍然是 400 mm 的容器。这样便于在线边使用前方供料方式。根据搬运尺寸的兼容性,标准长度可以是 800 mm、1 000 mm 和 1 200 mm。

4.5.4 物流量与当量物流量

物料的体积、形状、密度、易损性、物化状态等因素,影响着物料的搬运工作量及相应的搬运成本。在工业生产系统中,物料的种类可能千差万别,仅用物料的重量衡量不同物料搬运工作量的差别往往并不合理。因此,在系统分析、规划、设计过程中,必须找出一个标准把系统中所有的物料通过修正、折算为一个统一的量,也就是当量物流量,之后再进行比较、分析和计算。

4.5.4.1 物流量与当量物流量概念

物流量是指一定时间内通过两个物流点之间的物料数量。

当量物流量是指一定时间内按规定标准(考虑影响物料可运性的各种因素)修正、折算后得到的两物流点之间的搬运或运输量,它使不同物料之间的物流量具有可加性。当量物流量的一般计算公式为:

$$f = qn \tag{4-2}$$

式中：f 表示一定时间内的当量物流量，单位可为当量 t/a、当量 t/m、当量 kg/h 等；q 表示一个搬运单元的当量重量，单位可为当量 t、当量 kg 等；n 表示一定时间内流经某一区域或路径的单元数，单位可为单元数/a(m, h)等。

4.5.4.2 当量物流量确定方法

对于设施规划中的布置设计和搬运系统设计来说，当量物流量的计算始终是必须面对的一个基础而重要的问题。但迄今为止，其仍没有统一的标准。通常在总体方案（布置、搬运）设计时常用的方法有反推法、当量系数法和玛格数法，而在详细方案（布置、搬运）设计时基于容器设计成果的反推法将会有更好的准确性。

（1）反推法

反推法亦称经验估值法。该方法考虑物料的几何形状、物化性质、表面状况及易损程度，结合经验确定拟采用的搬运设备或生产系统中的集装容器（流动容器），利用搬运设备的运载能力或集装容器的容纳能力反推每个搬运单元的当量重量。

例 4-1 如存在 1 m^3的集装容器，其最大运载质量为 1 t，若其一次能容纳 10 个单元 A 物料或 5 个单元 B 物料，则以该集装容器为反推基础，可知 A、B 两种物料每个搬运单元的当量重量分别为 0.1 当量 t 和 0.2 当量 t。

当每种物料都能基于反推法确定每个搬运单元的当量重量时，那在一定时间内某区域或路径上的当量物流量就可以按式(4-2)进行计算。

当在系统里有不同的搬运设备或集装容器时，运用反推法进行生产系统物流量的整体分析前，应先确定修正与折算基础以及不同搬运设备或集装容器之间的折合关系（如图 4-34 所示）。这里的折合关系通常可以是基于物流成本的折合系数。无论是基于集装容器反推，还是基于搬运设备反推，其合理性均取决于设施规划人员对相关设施领域的规划经验。

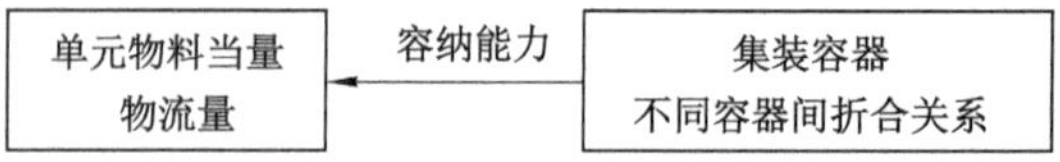

(a) 以集装容器为基础反推

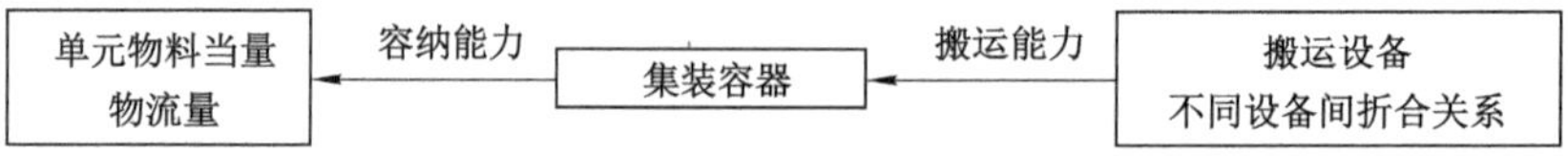

(b) 以搬运设备为基础反推

图 4-34 基于反推法确定单元物料当量物流量的逻辑

（2）当量系数法

当量系数法起源于欧洲，属于一种不太成熟的当量物流量计算方法。该方法基于物料的实际重量，结合可运性影响因素的修正系数来确定当量物流量，如物料差异不太大时，使用效果较好。同时，该方法没有考虑当前生产系统中物料搬运单元化和标准化的趋势，具有局限性。基于当量系数法确定某一区域或路径上当量物流量的步骤为：

① 选定统一的物料可运性影响因素，如体积、形状、密度、易损性、物化状态等。

② 针对具体物料根据不同因素对物料搬运影响程度进行分级。一般分为 A、E、I、O 四

个等级，影响大的等级高。

③ 将具体物料各影响因素的等级转化为影响系数值 k_{ij}，A、E、I、O 等级可分别转化为 1.00、0.75、0.50、0.25；下标 i 代表第 i 种物料，j 代表第 j 种影响因素。

④ 确定该物料一个搬运单元的当量系数 K_i，计算公式为：

$$K_i = \prod_{j=1}^{n} k_{ij} \tag{4-3}$$

⑤ 确定第 i 种物料一个搬运单元的当量重量 q_i，计算公式为：

$$q_i = a_i(1 + K_i) \tag{4-4}$$

式中，a_i 为第 i 种物料的单元实际重量。

⑥ 确定一定时间内，某区域或路径的总当量物流量 f，由式(4-2)可得计算公式为：

$$f = \sum_{i=1}^{t} q_i n_i = \sum_{i=1}^{t} n_i a_i (1 + K_i) \tag{4-5}$$

式中，n_i 为一定时间内流经某一区域或路径的第 i 种物料单元数，t 为物料种类数。

例 4-2 某通用电器厂物料种类多。为了便于计算物流量，对物料进行分类，见表 4-10。该厂物料分为五大类。由于各类物料搬运的难易程度不同，对各类物料需要通过当量系数来反映同样一吨物料实际工作量并不一样的特点。假设该企业每天需要从仓库运送熔断器及刀开关两种物料至总装车间，其中熔断器每天运送量为 1 000 件，每件重量为0.1 kg；刀开关每天运送量为 2 000 件，每件质量为 0.04 kg，试用当量系数法确定每天从仓库到总装车间运送这两种物料的当量物流量。

表 4-10 物料分类及当量系数

物料类别			物料等级及影响系数值 k_{ij}						当量系数 K_i
代号	分类	示例	体积		易损性		形状		
			等级	系数值	等级	系数值	等级	系数值	
0001	金属原材料	铜钢板材、棒材	I	0.5	I	0.5	I	0.5	0.125
0002	冲压、油漆件	熔断插座、盖板等	I	0.5	I	0.5	E	0.75	0.187 5
0003	外协、外购件	各种电器开关	I	0.5	E	0.75	O	0.25	0.093 75
0004	瓷件	熔断器、芯瓷管等	O	0.25	E	0.75	I	0.5	0.093 75
0005	成品	刀开关、配电箱等	I	0.5	A	1.0	I	0.5	0.25

解：熔断器 $n_1 = 1\ 000$ 件/d，$a_1 = 0.01$ kg；刀开关 $n_2 = 2\ 000$ 件/d，$a_2 = 0.04$ kg；查表 4-10，当量系数 $K_1 = 0.093\ 75$，$K_2 = 0.25$，故代入式(4-5)可求得每天从仓库到总装车间运送这两种物料的当量物流量：$f = 1\ 000 \times 0.01 \times (1 + 0.093\ 75) + 2\ 000 \times 0.04 \times (1 + 0.25) = 110.937\ 5$ 当量 kg/d。

(3) 玛格数法

玛格数法起源于美国，也是一种不够成熟的当量物流量计算方法。其以物料的体积为基数，通过密度、形状、易损性和状态 4 个可运性影响因素进行修正。同样，玛格数法也有其局限性。因为每一种物料的实际搬运与集装容器及搬运设备有关，也不符合当前及未来物料搬运单元化和标准化的变化趋势。

一玛格物料具有如下特征：可以方便拿在一只手中；相当密实；结构紧凑，具有可堆垛性；不易受损坏；相当清洁、坚固和稳定。通俗说，一玛格就是 10 in^3（163.87 cm^3）方形干燥木块。应用玛格数法时，需将系统中所有物料均换算成为相应的玛格数。

基于玛格数法确定某一区域或路径上当量物流量的步骤为：

① 计算或度量物料一个搬运单元的外轮廓体积，不要减去内部空穴或不规则轮廓。

② 查阅图 4-35 中玛格数曲线，得到玛格数基本值 A。

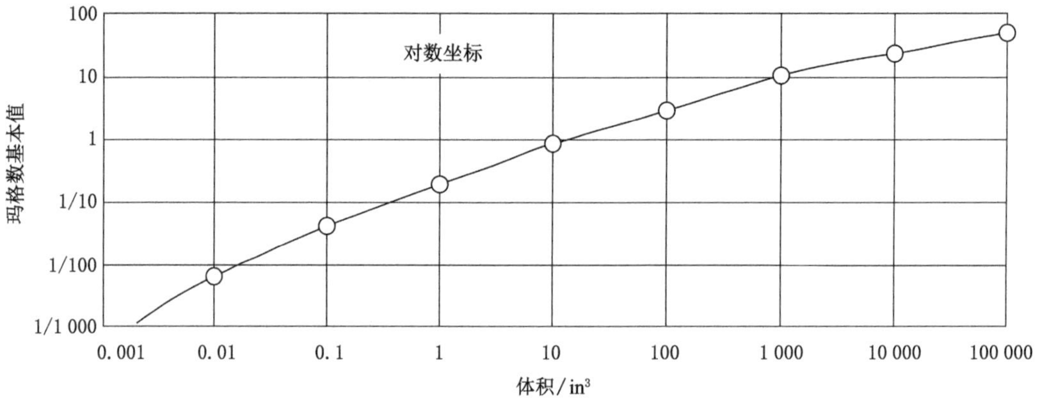

图 4-35 玛格数基本值曲线

③ 根据物料一个搬运单元的实际情况查阅表 4-11，确定修正参数。

表 4-11 玛格数修正因素及参数值

数值	修正因素			
	松密程度或密度参数值 B	形状参数值 C	损伤危险程度参数值 D	状态参数值 E
−3		十分扁平并且可以叠置或可以套叠（纸张或金属板材）		
−2	非常轻或空的大体积物品	易于叠置或套叠的（纸张、簿、汤碗）	不易受任何损坏（废铁屑）	
−1	轻而较大的（拆散的瓦楞纸板箱）	较易叠置或略可套叠（书、茶杯）	实际上不易受损坏或受损极小（坚实的铸件）	
0	比较密实的（干燥的木块）	基本上是方形，并具有一些可叠置性质（木块）	略易受损坏（加工成一定尺寸的木材料）	清洁、牢固、稳定的（木块）
+1	重而密实（空心铸件）	长的、圆的或有些不规则形状的棒	易受挤压、破裂、擦伤等损坏	有油的、脆弱的、不稳定的或难于搬运的（带有切屑）
+2	相当重而密实（实心铸件、锻件）	很长、球状或形状不规则的（桌上电话机）	很容易受一些损坏或容易受到许多损坏（电视）	表面有油脂、热的、脆弱或滑溜的、很难于搬运的

表 4-11(续)

数值	修正因素			
	松密程度或密度参数值 B	形状参数值 C	损伤危险程度参数值 D	状态参数值 E
+3	非常重和密实的(模块、实心铅)	特别长的、弯曲的或形状为高度不规则的(长钢梁)	极易受到一些损坏或易受非常多的损坏(水晶玻璃、高脚器皿)	(发黏的胶面)
+4		特别长及弯曲的或形状格外不规则的(弯管、木块手椅)	极易受到非常多的损坏(瓶装酸类、炸药)	(熔化的钢)

④ 确定物料一个搬运单元的玛格数,计算公式为:

$$M_i = A_i\left(1 + \frac{B_i + C_i + D_i + E_i + F_i}{4}\right) \tag{4-6}$$

式中:M_i 为 i 物料一个搬运单元的玛格数;B_i 为 i 物料一个搬运单元的密度参数值;C_i 为 i 物料一个搬运单元的形状参数值;D_i 为 i 物料一个搬运单元的损伤危险程度参数值;E_i 为 i 物料一个搬运单元的状态(化学状态、物理状态)参数值;F_i 为 i 物料一个搬运单元的价值因素参数值,如不考虑,则 $F_i=0$;A_i 为 i 物料一个搬运单元的基本值。

⑤ 确定一定时间内,某区域或路径的总当量物流量 f,由式(4-2)可得计算公式为:

$$f = \sum_{i=1}^{t} M_i n_i = \sum_{i=1}^{t} n_i A_i\left(1 + \frac{B_i + C_i + D_i + E_i + F_i}{4}\right) \tag{4-7}$$

此外,在应用玛格数衡量物流量时应当注意:① 物料的价值价格因素在修正表中未列出,因为物料在企业内部搬运时,其不会导致物流价值的变动,而且搬运的小心程度已经包含在"损伤危险性"因素中,如果确实需要考虑价值价格因素,则需自行设立其零点和尺度,用 F 表示,同时式(4-7)中分母 4 变成 5;② "扁平"或"可套叠"的物料通常以叠套形式搬运,所以当衡量修正因素时须以一叠或一套而不是单件物品来作为单位;③ 修正因素是一种定性转化为定量的方法,参数值可以考虑使用半级来修正,以提高修正的精度。

4.5.5 流动整理常用方法

(1) 从至表

从至表常用来表示作业单位之间的物料移动方向和物流量或距离。表中的行表示物料移动的来源,称为从;列表示物料移动的目的地,称为至;行列交叉单元格内标明由来源地到目的地的物流量或距离。如果表中交叉单元格内标明的是距离,则称为距离从至表;如果表中交叉单元格内标明的是物流量,则称为物流量从至表。通过从至表,可以看出各作业单位之间的距离或物流状况。

对于距离从至表,交叉单元格内标明的距离关于主对角线对称;对于物流量从至表,交叉单元格内标明的物流量关于主对角线并不对称。

物流量从至表(表 4-12)的绘制步骤:

① 把需要考虑相互关系的所有同层级作业单位顺序列于表内各行和各列,其顺序尽可能按流动模式的顺序。

② 调查和计算各作业单位之间的物流量；必要时，把物流量折算为统一的当量物流量；若流动的各项目在流动的难易程度上是一样的，可采用流动次数或不进行物流量折算。

③ 把作业单位间的物流量或当量物流量填入表内对应的单元格中。每个单元格记录的是从起始作业单位到目的作业单位各种物料搬运量的总和。

表 4-12　物流量从至表　　单位：当量 t/a

从部门＼至部门	01 备料车间	02 机加车间 1	03 机加车间 2	04 冲压车间	05 油漆车间	06 装配车间	07 仓库
01 备料车间		58	43	120		80	
02 机加车间 1			25	10	8	10	
03 机加车间 2	5			28	10		
04 冲压车间			10		69	10	
05 油漆车间						96	
06 装配车间							196
07 仓库							

在物流量从至表中，当物料沿着作业单位排列的顺序正向移动时，即没有逆向物流现象时，从至表中只有上三角区域有数据，这是一种理想状态。当存在逆向物流时，物流量将出现在从至表的下三角区域。

(2) 相关图

相关图亦称相关表，也称相关分析图或表。它将系统中同一层级的所有作业单位绘制在一张表达相互关系的图上，以便分析与设计。根据作业单位之间关系的不同，相关图又分为物流相关图(图 4-36)和非物流相关图(图 4-37)。相关图中的英文字母为两作业单位之间的"密切程度代码"，表达两作业单位之间的密切关系，用于布置设计时其反映的是一种位置相邻需求。通常这种密切关系的等级划分见表 4-13。

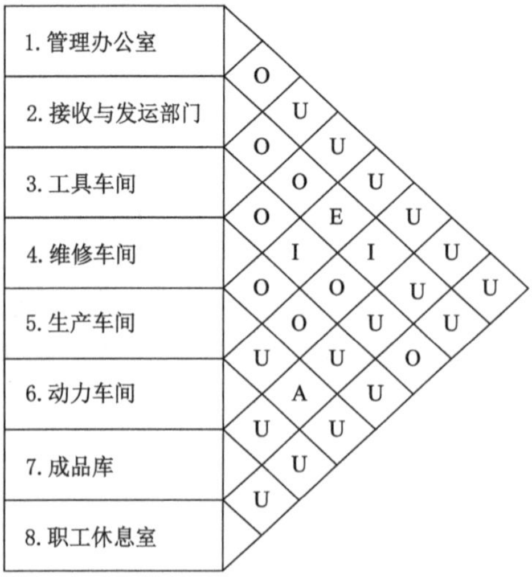

图 4-36　物流相关图

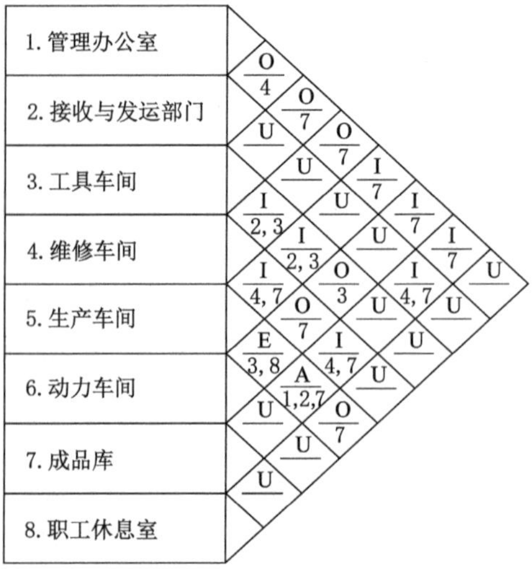

图 4-37　非物流相关图

表 4-13 作业单位密切关系等级划分

密切程度代码	代码英文全称	代码语义	位置相邻需求
A	Apparently Important	绝对重要	作业单位必须相互为邻
E	Especially Important	特别重要	作业单位要靠紧
I	Important	重要	作业单位最好能靠在一起
O	Ordinary Important	一般重要	作业单位在哪里都行
U	Unimportant	不重要	作业单位放在任何地方都行
X			作业单位不能靠近
XX			作业单位绝不可靠近

物流相关图中作业单位之间的密切程度等级根据作业单位之间的物流量大小确定；非物流相关图中作业单位之间的密切程度等级根据作业单位之间的非物流关系（组织关系、环境关系、控制关系等）确定。在非物流相关图中每个作业单位对相交的方格内不仅标注了密切程度等级，而且在下方给出了确定等级的依据，即密切程度理由代码，由作业单位对之间非物流关系整理得来。

无论是物流相关图，还是非物流相关图，其所有作业单位应该属于同一层级。但在绘制相关图时，作业单位数不应太多，n 个作业单位，要考虑 $n(n-1)/2$ 个两两关系。太多时可以结合实际经验，把可放在一起的作业单位先合并成一个作业单位来考虑，等其位置关系确定了，再用相关图确定小作业单位之间的关系。由于相关图中“U”级关系往往较多，为方便查阅，实际使用时图中往往不标注“U”级关系。

4.6 空间需求变化趋势与确定

4.6.1 工业设施空间需求变化趋势

现代企业在生产、存储和办公的空间需求上，整体呈现逐步减少的趋势，主要原因有：

(1) 产品以更小的批量和集装单元配送到使用点；

(2) 在使用点设置分散化的存储区；

(3) 库存保有量更少；

(4) 采用更高效的布置形式；

(5) 企业基于供应链构建自己的核心竞争力，规模减小；

(6) 共享式办公室和信息技术的采用。

4.6.2 空间需求确定

工业设施空间需求确定属于选址与布置设计的基础性工作。一般可基于工作站空间、部门空间和厂区空间三个层次依次进行整个工业设施最低空间需求的粗略估算。

(1) 工作站空间

工作站的空间需求通常包括：设备的空间、物料的空间和人员的空间。

① 工作站内设备空间。一般包括三个方面，分别是：设备本身空间、设备行程空间、维

修空间。在设备选型确定后，可通过类似设备说明书的资料获取这三个方面的空间。

设备本身及行程空间指的是：

$$设备本身及行程面积需求=总宽\times总深 \tag{4-8}$$

其中：总宽指的是设备静止宽度加上最大左和右行程；总深指的是设备静止深度加上接近和远离操作者的最大行程。

② 工作站内物料空间

工作站内物料空间包括五个方面，分别是：来料的接收与存储、在制品的接收与存储、待发料的接收与存储、废料和切屑的存储与发送、工模夹具和维修保养用物料空间。其中，前四个方面均取决于集装单元尺寸及物料流动状况，同时注意考虑取放过程是否需一定的空间；第五个方面取决于机器调整和维护的用料安排。

③ 工作站内人员空间

工作站内人员空间包括三个方面，分别是：操作者自身、物料搬运和操作者进出。

操作者和物料搬运的空间需求依赖于工艺方法。对操作者的作业应当进行动作研究和人因研究以确定工艺方法。操作者的进出，主要表现为操作者在工作站内安全行走的通道需求。一般来说，行走通过静止物体时最小需 0.8 m 宽通道；在静止物体和运行设备间通过至少需 0.9 m 宽通道；在两台运行的设备间行走则需 1.1 m 宽通道。

基于设备、物料和人员确定工作站空间时，通常应遵循以下原则：① 应使操作者取放物料时尽量不行走，尽量不进行长距离或不方便的伸臂动作；② 应使操作者的工作既有效果又有效率；③ 应尽量减少手工物料搬运；④ 应使操作者安全、舒适。

当工作站空间需求确定后，可以初步绘制每个工作站粗略布置图，用于后续部门空间确定及布置设计时的参考，如图 4-38 所示。

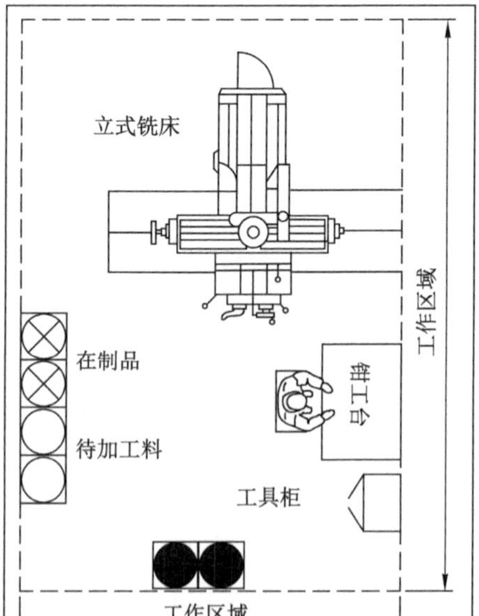

图 4-38　确定工作站空间需求的示意图

(2) 部门空间需求

部门空间需求主要包括两部分，分别是：部门内所有工作站的空间和服务需求，其中服务需求可能为模具、设备维护大修、存储区、看板、信息交流板、部门内通道、办公室、更衣室、卫生间等的空间需求。部门内的通道在工作站的摆放方式和物料搬运系统没有确定下来之前，可采用经验估计值，见表 4-14。每个部门应通过部门空间需求估算表的方式呈现最低需求，见表 4-15。

表 4-14　通道空间估计（仅供参考）

最大物料尺寸/m^2	0.5	0.5～1.0	1.0～1.5	大于 1.5
通道空间百分比/%	5～10	10～20	20～30	30～40

表 4-15　部门空间需求估算表

<table>
<tr><td>部门</td><td colspan="3"></td><td>制单</td><td colspan="2"></td><td>日期</td><td colspan="3"></td></tr>
<tr><td rowspan="2">工作站</td><td rowspan="2">数量</td><td colspan="3">服务需求</td><td rowspan="2">地在负载
/(kN/m²)</td><td rowspan="2">高度
/m</td><td colspan="4">面积/m²</td></tr>
<tr><td>电力</td><td>压缩空气</td><td>其他</td><td>设备</td><td>物料</td><td>人员</td><td>合计</td></tr>
<tr><td>转塔车床</td><td>5</td><td>220 交流</td><td>18 m³/h 0.7 MPa</td><td></td><td>7.2</td><td>1.5</td><td>22.3</td><td>9.3</td><td>9.3</td><td>40.9</td></tr>
<tr><td>螺纹车床</td><td>6</td><td>220 交流</td><td>18 m³/h 0.7 MPa</td><td></td><td>9.1</td><td>1.5</td><td>26.1</td><td>22.3</td><td>11.1</td><td>59.5</td></tr>
<tr><td>卡盘车床</td><td>2</td><td>220 交流</td><td>18 m³/h 0.7 MPa</td><td></td><td>7.2</td><td>1.5</td><td>5.6</td><td>9.3</td><td>3.7</td><td>18.6</td></tr>
<tr><td colspan="10">净面积需求 119 m²，考虑 20%通道面积 23.8 m²，总面积需求 142.8 m²</td><td>119</td></tr>
</table>

进行车间布置方案的设计时，通道的规划设计要结合通道类别、搬运设备类型选择及搬运工作量的大小来具体考虑，通常应遵循统一的标准。机械制造行业车间通道设计标准参见表 4-16，实际通道宽度要大于或等于表中规定值。

表 4-16　车间通道设计标准

车间类型	通道类型	宽度/m
一般机械加工车间	电瓶车单向行驶	1.8
	电瓶车双向行驶	3.0
	叉车或汽车通道	3.5
	行人通道	1.0
冲压车间	车间主干道	2.0～3.5
	车间过道	2.0
	通道边界到设备	0.4
	大型压力机之间的通道	4.0
	中型压力机之间的通道	3.0
	小型压力机之间的通道	2.5
锻造车间	铁路轨道	5.0
	3 t 以下搬运设备通道	3.0～4.0
	3 t 以上搬运设备通道	5.0
	行人通道	1.5

表 4-16(续)

车间类型	通道类型	宽度/m
铸造车间	非机动车通道	1.5
	汽车通道	3.5
	叉车、电瓶车	2.0
	机器造型人行通道	1.5～2.0
	手工造型人行通道	0.8～1.5

(3) 厂区整体空间需求

厂区整体空间需求主要包括:部门空间需求和服务需求。其中服务需求主要包括部门之间的合理间隙空间、道路空间及其他人性化服务空间(如食堂、停车场及娱乐、休息等)。

厂区整体空间需求在总平面布置和总体物料搬运系统没有确定下来之前,可基于类似工厂和《工业项目建设用地控制指标》进行经验估计。控制指标规定,工业项目建设用地必须同时符合以下五项指标,分别为:投资强度、容积率、建筑系数、行政办公及生活服务设施用地面积、绿地率。投资强度按地区、行业确定,在具体应用控制指标时,首先确定项目所在城市的土地等级,再确定各行业分类和工业用地的投资强度控制指标。

厂内道路一般划分为主干道、次干道、支道、车间引道和人行道。主干道指连接厂区主要出入口的道路,或交通运输繁忙的全厂性主要道路。次干道指连接厂区次要出入口的道路,或厂内车间、仓库、码头等之间交通运输较繁忙的道路。支道指厂区内车辆和行人都较少的道路以及消防道路等。车间引道为车间仓库等出入口与主次干道或支道相连接的道路。

厂矿道路等级及其主要技术指标的采用应根据工业企业规模、企业类型、道路类别、使用要求(包括道路服务年限)、交通量(包括行人)、车种和车型,并综合考虑将来的发展确定。进行总平面布置方案设计时,可参照《厂矿道路设计规范》(GBJ 22—1987),厂内道路路面宽度一般宜按表 4-17 所列数值范围采用。

表 4-17　厂内道路路面宽度

道路类别	规模 \ 路面宽/m \ 企业类型	Ⅰ类企业	Ⅱ类企业	Ⅲ类企业
主干道	大型	12.0～9.0	9.0～7.0	7.0～6.0
	中型	9.0～7.0	7.0～6.0	7.0～6.0
	小型	7.0～6.0	7.0～6.0	6.0～4.5
次干道	大型	9.0～7.0	7.0～6.0	7.0～4.5
	中型	7.0～6.0	7.0～4.5	6.0～4.5
	小型	7.0～4.5	6.0～4.5	6.0～3.5
支道	大、中、小型	4.5～3.0		

注:Ⅰ类企业:大型联合企业、钢铁厂、港口等;Ⅱ类企业:重型机械(包括冶金矿山机械、发电设备、重型机床等)、有色冶炼、炼油、化工、橡胶、造船、机车车辆、汽车及拖拉机制造厂等。Ⅲ类企业:轻工、纺织、仪表、电子、火力发电、建材、食品、一般机械、邮电器材、制药、耐火材料、林产(工业)、选矿、商业仓库等。

除路面宽外，室外道路的路肩宽度宜采用 1.0 m 或 1.5 m。当受场地条件限制时，路肩宽度可采用 0.5 m 或 0.75 m。沿主干道设置的人行道宽度可采用 1.5 m，其他的人行道宽度不宜小于 0.75 m。当人行道宽度超过 1.5 m 时，宜按 0.5 m 的倍数递增。在道路交叉口处，应做圆角形布置，其最小半径为 7 m，单车道为 9 m。在办公楼、成品库前，车辆需要停放和调转，此处路面要加宽成停车场。

5 设施布置设计

5.1 设施布置设计概述

5.1.1 设施布置含义

对于工业企业，设施布置指的是根据企业的经营目标和生产纲领，在已确认的空间场所内按照原材料接收、零部件和产成品制造、成品包装与发运的全价值流需求，将人员、设备和物料所形成的不同层级的作业单位做最适当的分配和最有效的组合，力争形成最佳的流动模式，并获得最大的经济效益。

5.1.2 设施布置设计阶段层次

理查德·缪瑟指出，设施布置设计过程是“一个与时间有关的阶段结构”，并且各阶段是依次进行的；阶段与阶段之间互相搭接；每个阶段均有详细进度；阶段间自然形成若干个审核点。这种结构形成了从整体到局部、从全局到细节、从设想到实际的设计次序。即前一阶段工作在较高层次上进行，而后一阶段工作以前一阶段的工作成果为依据，在较低层次上进行；各阶段之间相互影响，交叉并行推进。因此，设施布置设计应按照“顺序交叉”方式进行操作。

具体布置设计时根据作业单位划分的层次由高到低依次开展工作，通过高低层次布置设计的不断迭代取得最佳的布置成果。基于第 4 章作业单位划分，布置设计由高到低大致可分为四个阶段(图 5-1)，分别是针对厂区部门级作业单位的总平面布置、车间(部门)内工段/产线级作业单位布置、工段/产线内工作站级作业单位布置及工作站(工位)内部布置。

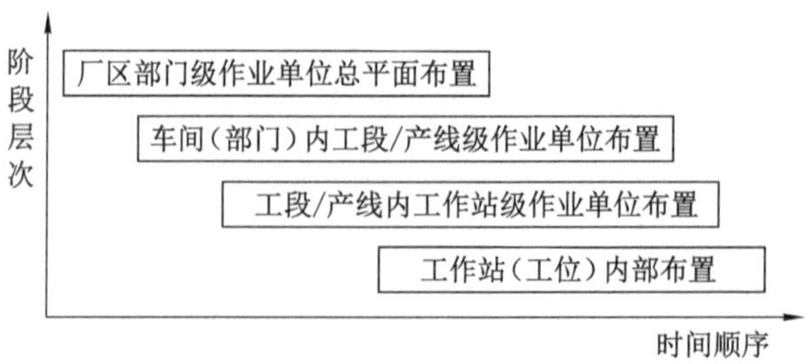

图 5-1　布置设计的阶段层次

5.2 总平面布置与系统布置设计模式

5.2.1 总平面布置内容及基本要求

工业企业总平面布置的主要内容包括:① 部门、车间级作业单位。如生产车间(加工、冲压、焊接、涂装和总装等)、辅助车间与动力站(工具、模具、机修、电修、试制、热电站、压缩空气站、煤气站、氧气站、锅炉房、变电所等)、服务设施(仓库、实验室、吃住生活相关等)和行政管理设施;② 厂区出入口、厂区道路、绿化及美化设施等。

布置时要基于企业内外运输衔接需求、出入口选择以及搬运方法等,确定合理的流动模式。企业内外衔接方式、出入口和搬运方法的不同将影响着总平面布置方案及其与之相适宜的总体流动模式选择。

5.2.2 系统布置设计模式概述

设施系统布置设计模式(Systematic Layout Planning,SLP)是由理查德·缪瑟于1961年提出的,是针对设施布置设计的一套有条理的、循序渐进的、规范化的、对各种设施布置项目均适合的方法。自SLP模式诞生以来,设施规划设计人员不但把它应用于各种工业设施的设计中,而且还不断探索该方法在其他领域的应用,如物流中心、仓库等物流设施及医院、银行等服务设施。该模式对设施规划领域产生了深远影响,也使得设施布置真正地从定性设计阶段发展到定量设计阶段,几十年的设施规划实践证明SLP是一套行之有效的程序,对各类布置设计具有重要的指导作用,至今仍被企业和学术界广泛应用。

设施布置主要是确定系统内部不同层级作业单位的相对位置,属于结构规划阶段,其合理与否对设施未来运作的效率和成本起着至关重要的作用。在SLP模式中,把PQRST作为基本要素,并以此为基础按照严密的程序(如图5-2所示)进行分析,最终得到相对合理的设施布置方案。

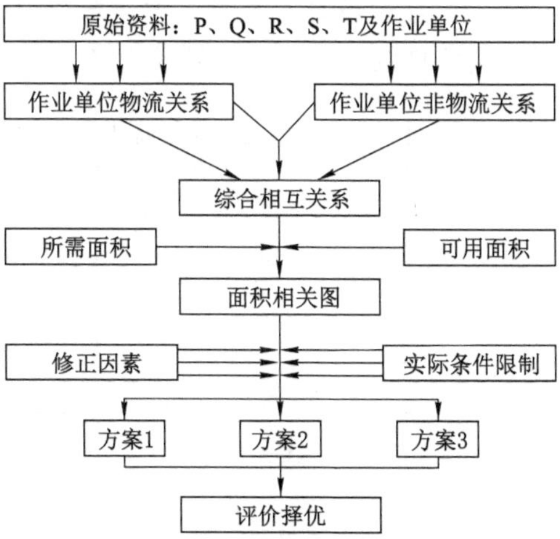

图5-2 系统布置设计模式

在图 5-2 中，从作业单位关系至面积相关图有三种可能的路径，分别是：如预规划系统仅考虑作业单位非物流关系，则以非物流关系为依据进行后续面积相关图的绘制，常用于服务系统规划；如预规划系统仅考虑物流关系，则以作业单位物流关系为依据进行后续面积相关图的绘制；如预规划系统对作业单位物流关系与非物流关系均考虑，则先要把作业单位的物流关系和非物流关系进行综合，得到综合相互关系，再进行后续面积相关图的绘制。

5.2.3 布置设计资料收集与整理

对于工业企业来说，选定的厂址是布置设计的承载体，PQRST 是布置设计的基本要素和基本出发点，划分得到的不同层级的作业单位及其空间需求是布置的对象，作业单位的关系是布置设计的依据，流动规划原则是布置设计应遵循的基本原则。

在进行布置设计之前，设施规划人员应仔细了解厂址及其周围环境信息，并基于资料进行不同层级作业单位的划分和空间确定，明确产品工艺规程及与其有关的不同层级作业单位，掌握系统内不同层级作业单位电、水、气等的需求，主要资料见表 5-1。

表 5-1 布置设计主要资料

类型	说　明
厂址	区域：建厂区域的地形、地质水文条件、气候条件等。 厂址内：地形起伏情况、地耐力等。 外部衔接：外部道路，周围企业与居民区，电、水、气等的供应
PQRST	车间（部门）级、工段（单元、科室）级、工作站工位级等不同层级作业单位、空间需求及隶属关系
	产品工艺规程及与其有关的不同层级作业单位
	系统内不同层级作业单位的电、水、气等的需求
其他	可能影响布置的资料

为了更好地理解 SLP 模式，以下结合电瓶叉车总装厂的布置进行 SLP 使用过程的介绍。表 5-2 为简化版电瓶叉车零部件表，表 5-3 为电瓶叉车总装厂作业单位划分与面积确定结果，表 5-4 为基于自制件工艺过程设计与总装厂作业单位划分结果整理得到的自制件变速箱加工工艺过程表示例，其他自制件加工工艺过程表略。

表 5-2 简化版电瓶叉车零部件表

序号	零部件名称	重量/t	数量/件	自制或外购	年产量/件
1	转向桥	0.2	1	外协	1 000
2	驱动桥	0.3	1	外协	1 000
3	液压回路	0.01	1	外协	1 000
4	平衡重	1.3	1	外协	1 000
5	变速器	0.31	1	自制	1 000
6	随车工具箱	0.1	1	自制	1 000
7	车体	0.81	1	自制	1 000
8	液压缸	0.2	1	自制	1 000

表 5-3　电瓶叉车总装厂作业单位一览表

编号	作业单位名称	尺寸(长×宽)/m	说明
1	原材料库	90×30	存储原材料
2	油料库	30×30	存储油漆、油料
3	标件/外购件库	50×30	存储标准件、半成品
4	机加工车间	70×30	零件的切削加工
5	热处理车间	100×30	零件热处理
6	焊接车间	100×30	车身焊接
7	变速器车间	80×30	变速器组装
8	总装车间	200×100	总装
9	工具车间	50×25	随车工具箱制造
10	涂装车间	50×30	车身喷漆
11	试车车间	50×50	试车
12	成品库	80×50	存储叉车、产成品
13	办公服务楼	200×50	办公室、生活服务
14	车库	60×60	车库、停车场
15	废料暂存区	20×20	临时存储废料、定期清理

表 5-4　变速箱加工工艺过程表

产品名称	产品编号	材料	单件质量/t	年产量/件	年总产量/t
变速器			0.31	1 000	310
序号	作业单位名称		作业内容描述		材料利用率%
1	原材料库		备料 0.5 t		
2	热处理车间 机加工车间		0.2 t 原材料进行热处理；0.3 t 原材料进入机加工车间，进入机加工车间后有 0.1 t 物料再进行热处理		机加材料利用率 60%
3	变速器车间		与 0.01 t 标准件进行组装		

5.2.4　作业单位物流关系分析

作业单位相互关系分析是 SLP 综合考虑 PQRST 基本要素后进入平面布置的重要阶段。作业单位间的物流关系是设施布置的重要依据，尤其对于工业企业来讲。以下介绍作业单位物流关系分析的一般步骤。

(1) 工艺流程图及其绘制

工艺流程图基本上是在工艺程序图的基础上通过标示相关作业单位之间的物流量而绘制的。用于不同层级作业单位布置设计时，图上作业单位应属于同一层级。如进行总平面布置时其图上作业单位层级一般为车间(部门)级，用于车间总体布置设计时，工艺流程图上作业单位层级一般为工段(产线)层级。

基于规范(图 5-3)绘制的工艺流程图能直观地反映出生产过程中同一层级不同作业单

位间的物料搬运情况。

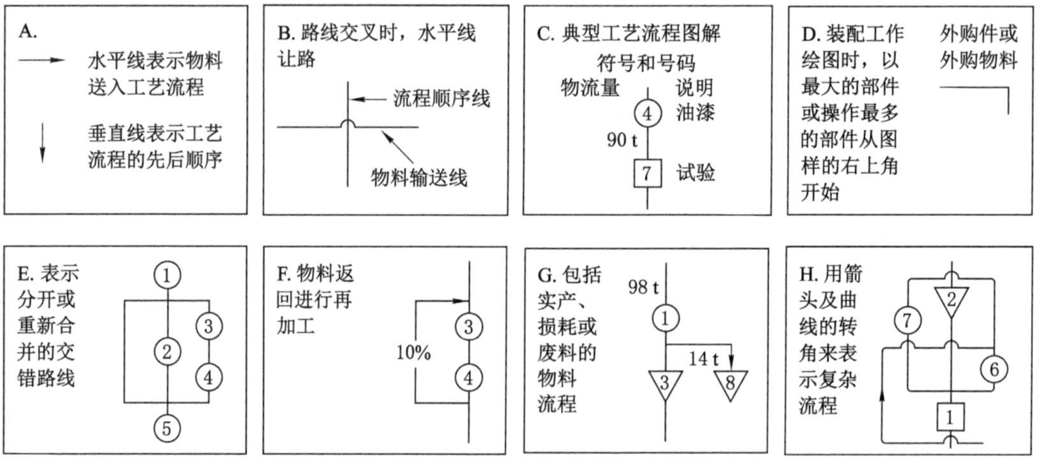

图 5-3　工艺流程图绘制规范

绘制工艺流程图时，首先，要将作业单位用标准作业符号表示，并给予编号；其次，应标出物流量，以便于后续物流量分析，通常以整个工艺过程的单件产成品反推各个环节的物流量(考虑产成品的 BOM 及损耗)。以下分析以某电瓶叉车厂为例，该厂作业单位情况见表 5-3。如变速箱的加工与组装工艺。变速器由箱体、轴类零件及其他杂件和标准件组成，其制作工艺过程分为零件制作、组装两个阶段。轴类及齿轮类零件经过备料、退火、粗加工、热处理、精加工等工序；箱体毛坯由协作厂制作，经机加工车间加工后送变速器组装车间；杂件的制作经备料、机加工两个阶段。整个变速器成品重 0.31 t，其中标准件重 0.01 t，箱体、齿轮、轴及杂件总重 0.3 t，加工过程中金属利用率为 60%，即毛坯总重为 0.30/0.60＝0.50 t；其中需经退火处理的毛坯重量为 0.20 t，机加工中需返回热处理车间再进行热处理的重量为 0.1 t，整个机加工过程中金属切削率为 40%，则产生的铁屑等废料重约 0.50×0.40＝0.20 t。其工艺流程图如图 5-4 所示。

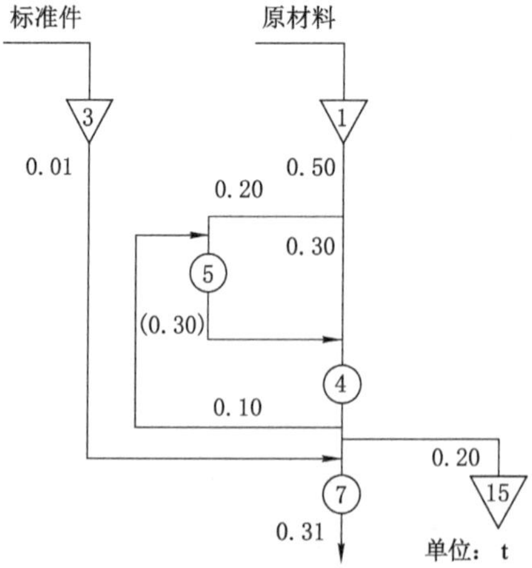

图 5-4　变速器工艺流程图

用上述方法对每一个零部件的加工过程进行工艺流程图的绘制,绘制完毕以后将所有零部件的加工工艺流程合并到总装或组装成品的工艺流程中。对于电瓶叉车的例子,最终可以得到如图 5-5 所示的总体工艺流程图(注:图中外协件为表 5-2 中 4 个外协件的合并)。

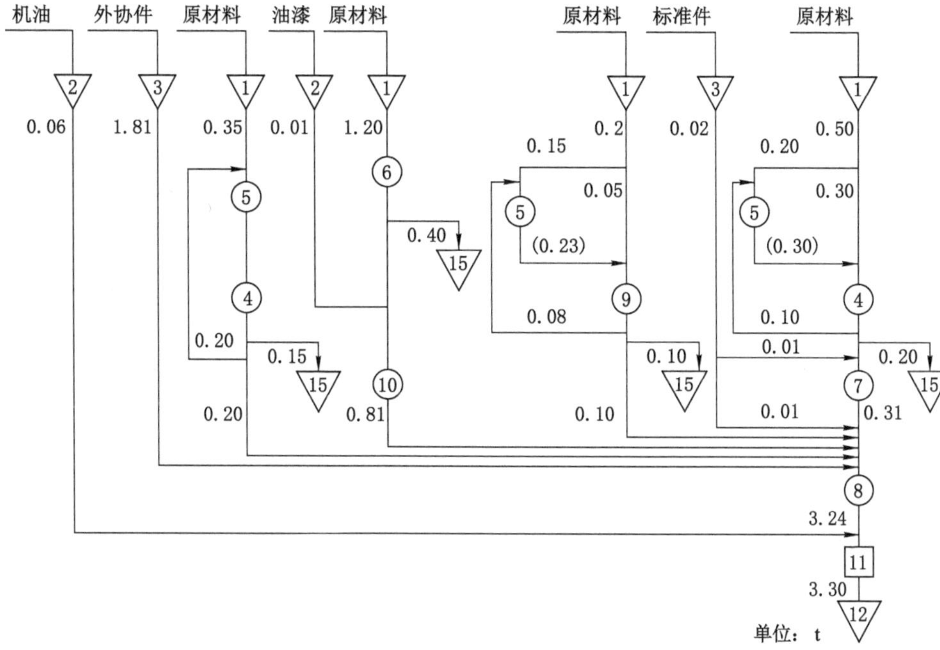

图 5-5　叉车厂工艺流程图

(2) 物流量估算

根据总体工艺流程图,就可以对每一个作业单位之间的物流量进行统计。但由于物料的体积、形状、密度、易损性、物化状态等因素影响着物料的搬运工作量及相应的搬运成本。在工业生产系统规划时,应注意仅用物料的重量来衡量不同物料搬运工作量和搬运成本的差别往往并不合理。因此,应结合设施规划工作开展的阶段及对系统内物料掌握的程度选用适宜的当量物流量计算方法,如反推法、当量系数法或玛格数法等。方法选用的原则就是所用方法有助于在后续布置设计时,使实际物流量越大的作业单位之间距离越近,从而使系统整体上搬运工作量减少。通常来说,物流量的估算从总体规划阶段到详细设计阶段会越来越精确,这也体现了设施规划方案的不断迭代寻优的工程特点。

对于物料的物流量估算,可基于总体工艺流程图编制物流量估算表,见表 5-5(基于当量系数法估算示例,当量修正系数$=1+K_i$,最后一列的物流量为当量物流量,并进行了取整处理,同时此例省略了加工环节的不良率问题)。

(3) 从至表整理

根据表 5-5 合并同方向作业单位对之间的当量物流量,将结果填到物流量从至表 5-6 中。表中带阴影数字为同方向合并后的结果。相对于从至表中作业单位的顺序,表中上三角区域为顺向物流,下三角区域为逆向物流。通过从至表表 5-6 可以看出叉车总装厂各作业单位之间的物流状况。

表 5-5　物流量估算表示示例

作业单位对	物料名称或编号	尺寸/mm				形状		易损性		单件重/t	当量修正系数	年产量/件	物流量/(当量 t/a)
		长	宽	高	影响系数	描述	影响系数	描述	影响系数				
1—4	变速器相关	略								0.3	1.08	1 000	324
1—5	变速器相关									0.2	1.12	1 000	224
1—5	随车工具相关									0.15	1.09	1 000	164
1—5	液压缸相关									0.35	1.12	1 000	392
1—6	车体相关									1.20	1.07	1 000	1 284
1—9	随车工具相关									0.05	1.11	1 000	56
2—10	油漆									0.01	1.05	1 000	11
2—11	机油									0.06	1.05	1 000	63
3—7	变速器相关									0.01	1.07	1 000	11
3—8	外协件									1.81	1.07	1 000	1 937
3—8	标准件									0.01	1.07	1 000	11
4—5	变速器相关									0.10	1.22	1 000	122
4—5	液压缸相关									0.20	1.23	1 000	246
4—7	变速器相关									0.30	1.23	1 000	369
4—8	液压缸相关									0.20	1.23	1 000	246
5—4	变速器相关									0.30	1.22	1 000	366
5—4	液压缸相关									0.55	1.23	1 000	677
5—9	随车工具相关									0.23	1.15	1 000	265
6—10	车体相关									0.80	1.15	1 000	920
7—8	变速器									0.31	1.23	1 000	381
8—11	叉车——未加机油									3.24	1.23	1 000	3 985
9—5	随车工具相关									0.08	1.23	1 000	98
9—8	随车工具									0.10	1.23	1 000	123
10—8	车体									0.81	1.15	1 000	932
11—12	叉车									3.30	1.23	1 000	4059
4—15	变速器——废料									0.20	1.00	1 000	200
4—15	液压缸——废料									0.15	1.00	1 000	150
6—15	车体——废料									0.40	1.00	1 000	400
9—15	随车工具——废料									0.10	1.00	1 000	100

表 5-6　电瓶叉车总装厂物流量从至表　　单位：当量 t/a

从＼至	1	2	3	4	5	6	7	8	9	10	11	12	13	14	15
1 原材料库				324	780	1 284			56						
2 油料库										11	63				
3 标准、外购库							11	1 948							
4 机加工车间					368		369	246							350
5 热处理车间				1 043					265						
6 焊接车间										920					400
7 变速器车间								381							
8 总装车间											3 985				
9 工具车间					98			123							100
10 涂装车间								932							
11 试车车间												4 059			
12 成品库															
13 办公服务楼															
14 车库															
15 废料暂存区															

（4）物流强度汇总和分析

① 物流强度汇总

对从至表表 5-6 中各物流路线的物流量进行汇总计算。前述电瓶叉车厂实例可以得到表 5-7 所示物流强度汇总表，其中序号 9 和序号 13 阴影数字为顺、逆向物流量汇总结果。

表 5-7　电瓶叉车总装厂物流强度汇总表

序号	作业单位对(物流路线)	物流强度/(当量 t/a)	序号	作业单位对(物流路线)	物流强度/(当量 t/a)
1	1—4	324	12	4—15	350
2	1—5	780	13	5—9	363
3	1—6	1 284	14	6—10	920
4	1—9	56	15	6—15	400
5	2—10	11	16	7—8	381
6	2—11	63	17	8—9	123
7	3—7	11	18	8—10	932
8	3—8	1 948	19	8—11	3 985
9	4—5	1 411	20	9—15	100
10	4—7	369	21	11—12	4 059
11	4—8	246			

② 物流强度等级划分标准

由于直接分析物流数据比较困难。SLP 中将物流强度转化为 A、E、I、O、U 五个等级来表示，其物流强度逐渐减小，分别对应着超高物流强度、特高物流强度、较大物流强度、一般物流强度和可忽略物流强度。作业单位对间物流路线的物流强度等级，应按照物流路线的比例或承担的物流量的比例来确定，见表 5-8。

表 5-8　物流强度等级划分参照标准

物流强度等级	符号	物流路线比例/%	承担物流量比例/%
超高物流强度	A	10	40
特高物流强度	E	20	30
较大物流强度	I	30	20
一般物流强度	O	40	10
可忽略物流强度	U		

③ 物流强度分析

将各物流路线按照物流强度的大小从大到小排序(注意要用统一的计量单位)，用标度尺来表达物流量，用线段的长度来表达物流量的大小，并参考表 5-8 的标准对各物流路线的物流强度等级进行划分，可得到物流强度分析表，见表 5-9。

表 5-9　电瓶叉车总装厂物流强度分析表

序号	作业单位对(物流路线)	物流强度/(当量 t/a) 1 000　2 000　3 000　4 000	物流强度等级
1	11—12		A
2	8—11		A
3	3—8		E
4	4—5		E
5	1—6		E
6	8—10		E
7	6—10		E
8	1—5		E
9	6—15		I
10	7—8		I
11	4—7		I
12	5—9		I
13	4—15		I
14	1—4		I
15	4—8		I
16	8—9		O
17	9—15		O
18	2—11		O
19	1—9		O
20	2—10		O
21	3—7		O

等级划分过程为：由表 5-7 知电瓶叉车总装厂的主要物流路线有 21 条，总物流量为 18 116 当量 t/a。根据表 5-8 的参照标准，以物流路线比例为主基准，以承担物流量比例为

辅助基准,结合物流路线上的实际物流量确定了各物流路线的强度等级。其中 A 级 2 条,标准物流强度和的 40%为 7 246.4 当量 t/a,实际物流强度和为 8 044 当量 t/a;E 级 6 条,标准物流强度和的 30%为 5 434.8 当量 t/a,实际物流强度和为 7 275 当量 t/a;I 级 7 条,标准物流强度和的 20%为 3 623.2 当量 t/a,实际物流强度和为 1 437 当量 t/a;O 级 6 条,标准物流强度和的 10%为 1 811.6 当量 t/a,实际物流强度和为 364 当量 t/a。

④ 物流相关图绘制

为了能够简单明了地表示所有作业单位之间的物流相互关系,SLP 中用相关图作为表达工具。针对前述电瓶叉车总装厂示例,将相应作业单位对之间的物流关系填入相关图中的对应位置,可得到如图 5-6 所示的物流相关图。

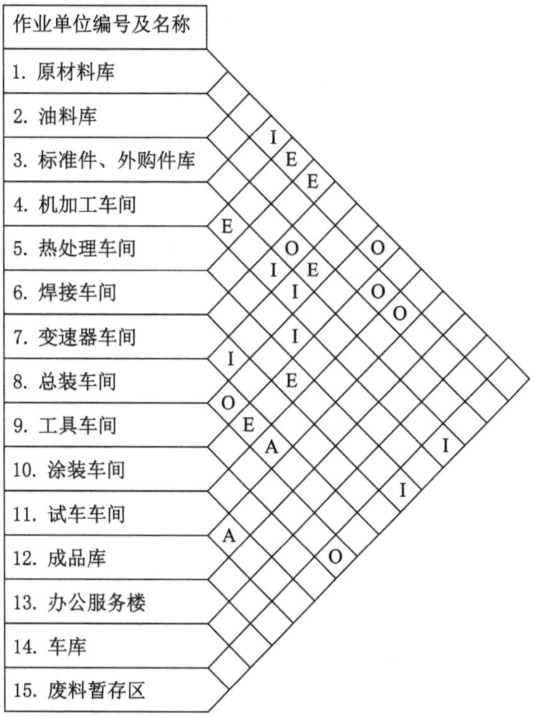

图 5-6　电瓶叉车总装厂作业单位物流相关图

5.2.5　作业单位非物流关系分析

当物流状况对企业的生产有重要影响时,物流分析就是工厂布置的重要依据。但是,也不能忽视非物流因素的影响,尤其是当物流对生产影响不大或没有固定物流时,如为工厂提供动力的辅助设施、提供人性化服务的设施、办公场所及作业单位环境类型的相互干扰等。因此,工业设施布局大多不能完全依赖于物流分析,应当考虑其他因素对各作业单位的影响。

在 SLP 中,PQRST 是影响工厂布置的基本要素。其中,P、Q 和 R 通常是作业单位物流关系分析的基础;P、Q 和 S 通常是作业单位非物流关系分析的基础。同时,T 对作业单位物流分析与非物流分析都有影响。

作业单位间相互关系的影响因素与企业的性质有很大关系。不同企业，作业单位的设置是不一样的，其相互关系的影响因素也是不一样的。作业单位间非物流关系密切程度的典型影响因素有：① 使用相同的生产设备；② 使用共同的搬运设备；③ 使用同一场地；④ 使用相同的文件档案；⑤ 使用相同的公用设施；⑥ 使用同一组人员；⑦ 工作联系频繁程度；⑧ 监督和管理方便；⑨ 噪声、振动、烟尘、易燃易爆危险品的影响；⑩ 服务的频繁和紧急程度，等等。综上，这些因素通常是基于工作流程或工作性质方面的原因，表现为对资源的共享需求，或出于管理的方便，或出于环境的干扰等。

根据缪瑟的建议，在探讨作业单位非物流关系时，每个项目中重点考虑的因素不应超过8～10个。对于具体项目中作业单位间非物流关系的影响因素，可采用亲和图法进行归纳确定。首先基于布置设计人员、工厂各作业单位负责人的经验通过调研或集体讨论等方法收集每个作业单位对之间的影响描述，然后进行汇总归类，确定内涵明确的非物流关系影响因素（理由），并使影响因素（理由）数目满足要求。收集与分析作业单位间非物流关系影响因素的表格见表5-10。通过上述方法，对电瓶叉车总装厂案例进行分析以后可以得到影响电瓶叉车布置的非物流关系理由归纳情况见表5-11。

表5-10　电瓶叉车总装厂作业单位非物流关系理由分析表

序号	作业单位对	非物流关系影响描述	归类理由

表5-11　电瓶叉车总装厂作业单位非物流关系理由归纳表

理由编号	理由类型	理由编号	理由类型
1	工作流程的连续性	5	安全及污染
2	生产服务	6	共用设备及辅助动力源
3	物料齐套搬运	7	振动
4	管理方便	8	人员联系

确定了作业单位间非物流关系密切程度的影响理由以后，就可以给出各作业单位间关系的密切程度等级。在SLP中，常用A、E、I、O、U、X六个等级，其含义及划分比例见表5-12。

表5-12　作业单位非物流关系等级划分参考标准

关系密级	符号	作业单位对比例/%	关系密级	符号	作业单位对比例/%
绝对必要靠近	A	2～5	一般	O	10～25
特别重要靠近	E	3～10	不重要	U	45～80
重要	I	5～15	不希望靠近	X	酌情而定

针对电瓶叉车总装厂案例，共有15个作业单位、105个作业单位对。基于表5-12的划分标准可知：A级作业单位对数可为2～7个，E级作业单位对数可为3～11个，I级作业单位对数可为5～23个，O级作业单位对数可为11～26个。具体操作中，通常根据表5-10和

表 5-11 收集归类结果，再结合实际情况集体确定。对于处于 A、E、I、O、X 等级的作业单位对，分析文档中应给出必要的划分过程说明，其说明可采用表 5-13 所示的框架结构。

表 5-13 电瓶叉车厂作业单位非物流关系等级说明表

序号	作业单位对	关系密切等级	理由编码	等级确定说明

作业单位对之间的非物流关系强度等级及理由确定之后，将其通过相关图呈现最终结果。最终得到的电瓶叉车总装厂作业单位非物流关系相关图，如图 5-7 所示。

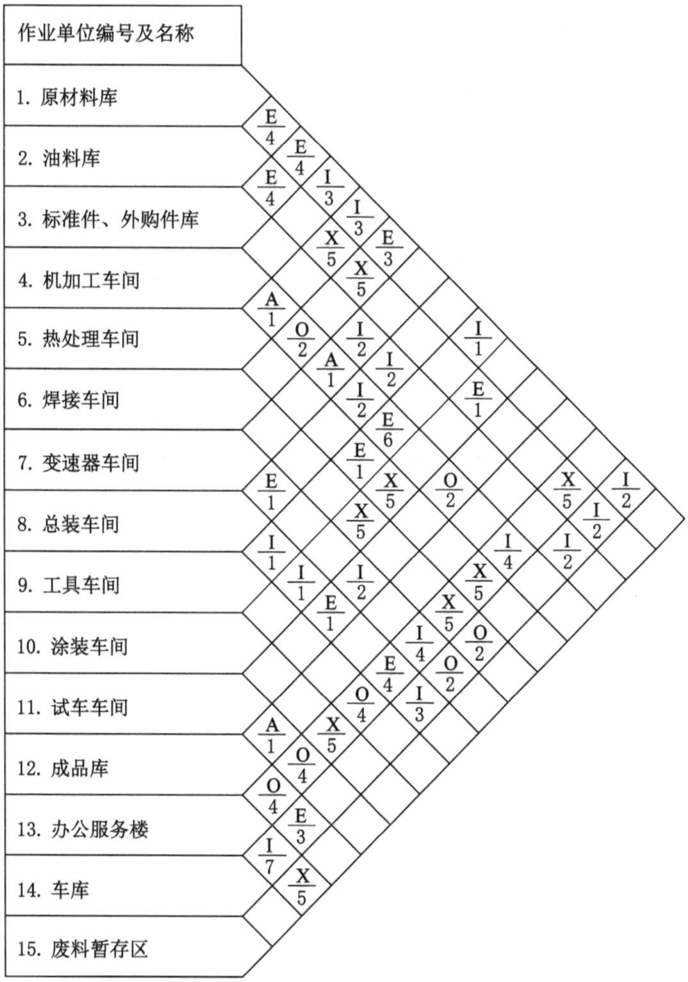

图 5-7 电瓶叉车总装厂作业单位非物流相关图

5.2.6 作业单位综合相互关系分析

在大多数工业企业中，各作业单位之间既有物流联系也有非物流联系。因此，在 SLP 中要将作业单位间的物流关系与非物流关系进行合并，求出合成后的关系，即综合相互关系，然后从各作业单位间的综合相互关系出发，实现各作业单位的合理布置。一般按照下列步骤得到作业单位综合相互关系：

（1）进行物流分析，得到作业单位物流相关图。如5.2.4节所述。

（2）确定作业单位间非物流关系影响因素及等级，得到作业单位非物流相关图。如5.2.5节所述。

（3）从系统整体上确定物流关系与非物流关系的相对重要性。一般，物流与非物流关系相对重要性的比值（$m:n$）范围不应超过1∶3至3∶1。当比值小于1∶3时，说明物流对生产的影响非常小，工厂布置设计时只需考虑非物流的相互关系；当比值大于3∶1时，说明物流关系占主导地位，工厂布置时只需考虑物流相互关系的影响。实际工作中，根据物流与非物流相互关系的相对重要性，取$m:n=3:1,2:1,1:1,1:2,1:3$。m,n分别称为加权值。

（4）量化物流强度等级和非物流密切程度等级。一般，取A=4、E=3、I=2、O=1、U=0、X=−1。

（5）计算量化的作业单位综合相互关系。对于电瓶叉车总装厂实例可设计表5-14所示综合关系计算表。设任意两个作业单位分别为A_i和A_j，其物流强度等级分值为MR_{ij}，非物流关系密切程度等级分值为NR_{ij}，则作业单位A_i与A_j之间的综合相互关系密切程度TR_{ij}为：

$$TR_{ij}=mMR_{ij}+nNR_{ij} \tag{5-1}$$

经计算，把结果填入表5-14中的综合关系分值列。

表5-14　电瓶叉车厂综合相互关系计算表（节选部分）

序号	作业单位对			关系密级				综合关系	
	单位1		单位2	物流 加权值:1		非关系物流 加权值:1			
				等级	分值	等级	分值	分值	等级
1	1	—	2	U	0	E	3	3	
2	1	—	3	U	0	E	3	3	
3	1	—	4	I	2	I	2	4	
4	1	—	5	E	3	I	2	5	
5	1	—	6	E	3	E	3	6	
6	1	—	7	U	0	U	0	0	
7	1	—	8	U	0	U	0	0	
8	1	—	9	O	1	I	2	3	
9	1	—	10	U	0	U	0	0	
10	1	—	11	U	0	U	0	0	

（6）确定作业单位综合相互关系等级。TR_{ij}是一个量值，需要经过等级划分，才能建立与物流相关图相似的、符号化的作业单位综合相互关系图。通常，综合相互关系也划分为A、E、I、O、U、X六个等级，各等级的TR_{ij}值逐渐递减，且各级别的作业单位对数应符合一定的比例，见表5-15。

表 5-15 综合相互关系等级与划分比例参照标准

关系密级	符号	作业单位对比例/%	关系密级	符号	作业单位对比例/%
绝对必要靠近	A	1～3	一般	O	5～15
特别重要靠近	E	2～5	不重要	U	20～85
重要	I	3～8	不希望靠近	X	0～10

进一步统计各作业单位对间的综合关系量化分值，基于表 5-15 参照标准，确定各等级作业单位对数量，见表 5-16。最后在电瓶叉车厂综合关系计算表的最后一列按分值填入相应等级符号，得表 5-17。

表 5-16 电瓶叉车总装厂综合相互关系等级划分分析表

综合关系得分	关系等级	作业单位对数	百分比/%
7～8	A	3	2.9
4～6	E	9	8.5
2～3	I	18	17.1
1	O	11	10.4
0	U	56	53.3
−1	X	8	7.6
合计		105	100

需要说明的是，将物流与非物流相互关系进行合并时，应该注意 X 级关系密级的处理，任何一级物流关系与 X 级非物流关系合并时，不应超过 O 级。对于某些极不希望靠近的作业单位之间的相互关系，可以定为 XX 级。对于涉及调整优化的等级结果应在表中特别标明，并在分析文档中使用文字加以说明。

表 5-17 电瓶叉车厂综合相互关系计算表(节选部分)

序号	作业单位对			关系密级				综合关系	
	单位 1		单位 2	物流 加权值:1		非关系物流 加权值:1			
				等级	分值	等级	分值	分值	等级
1	1	—	2	U	0	E	3	3	I
2	1	—	3	U	0	E	3	3	I
3	1	—	4	I	2	I	2	4	E
4	1	—	5	E	3	I	2	5	E
5	1	—	6	E	3	E	3	6	E
6	1	—	7	U	0	U	0	0	U
7	1	—	8	U	0	U	0	0	U
8	1	—	9	O	1	I	2	3	I
9	1	—	10	U	0	U	0	0	U
10	1	—	11	U	0	U	0	0	U

(7) 作业单位综合相关图绘制。电瓶叉车总装厂综合相关图如图 5-8 所示。

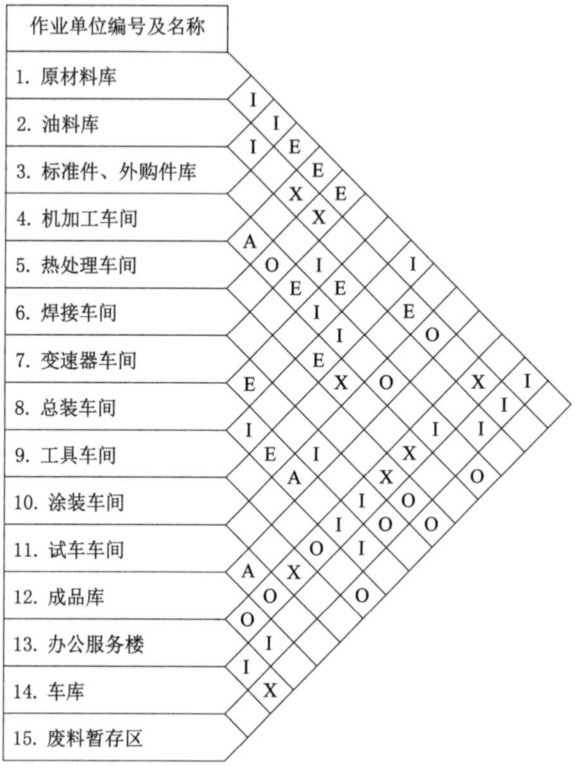

图 5-8 电瓶叉车总装厂综合相关图

5.2.7 位置相关图绘制

前述作业单位相互关系分析，将输入系统的基本要素 PQRST 转变成了作业单位之间的相互关系，接着进行位置相关图的绘制。在 SLP 中，最初工厂总平面布置并不直接考虑各作业单位的占地面积和几何形状，而是从各作业单位间相互关系密切程度出发，安排各作业单位之间的空间相对位置，关系密级高的作业单位之间距离近，关系密级低的作业单位之间距离远，由此形成作业单位位置相关图。以下从三个方面介绍位置相关图的绘制。

(1) 作业单位综合接近程度计算及其内涵

当作业单位数量较多时，作业单位之间相互关系数目就非常多，一般为作业单位数量的平方量级，因此即使只考虑 A 级关系，也有可能同时出现很多个，这就给绘制作业单位位置相关图带来困难。为了解决这个问题，引入综合接近程度的概念。所谓某一作业单位综合接近程度，等于该作业单位与其他所有作业单位之间关系密级对应分值的总和。这个值的高低，反映了该作业单位在布置图上是应该处于中心位置还是应该处于边缘位置。为了计算各作业单位的综合接近程度，把作业单位综合相互关系表变换成右上三角矩阵与左下三角矩阵表格对称的方阵表格，如电瓶叉车总装厂的综合接近程度计算结果见表 5-18。量化关系密级后，按行或列累加关系密级分数，其结果就是某一作业单位的综合接近程度值。排序时，如综合接近程度计算分值相同，则按拥有密切程度等级高的优先排序。

表 5-18 综合接近程度计算表

作业单位代号	1	2	3	4	5	6	7	8	9	10	11	12	13	14	15
1		I/2	I/2	E/3	E/3	E/3			I/2					I/2	
2	I/2		I/2		X/−1	X/−1				E/3	O/1		X/−1	I/2	
3	I/2	I/2					I/2	E/3						I/2	
4	E/3				A/4	O/1	E/3	I/2	I/2		O/1		I/2		O/1
5	E/3	X/−1		A/4					E/3	X/−1			X/−1		
6	E/3	X/−1		O/1									X/−1	O/1	O/1
7			I/2	E/3				E/3			I/2		I/2	O/1	
8			E/3	I/2			E/3		I/2	E/3	A/4		I/2	I/2	
9	I/2			I/2	E/3			I/2					O/1		O/1
10		E/3			X/−1			E/3					X/−1		
11		O/1		O/1			I/2	A/4				A/4	O/1		
12											A/4		O/1	I/2	
13		X/−1		I/2	X/−1	X/−1	I/2	I/2	O/1	X/−1	O/1	O/1		I/2	X/−1
14	I/2	I/2	I/2			O/1	O/1	I/2				I/2	I/2		
15				O/1		O/1			O/1				X/−1		
综合接近程度	17	7	11	19	7	4	13	21	11	4	13	7	6	14	2
排序	3	11	7	2	10	14	5	1	8	13	6	9	12	4	15

综合接近程度分数越高，说明该作业单位越应该靠近布置图的中心；分数越低，说明该作业单位越应该处于布置图的边缘。因此，应当按综合接近程度分数高低进行布置设计。

（2）位置相关图绘制规范

在作业单位位置相关图中，为使图形更简洁清晰，一般采用作业单位代号表示作业单位，用表 5-19 流程和作业区图例符号表示作业单位的性质与功能，用表 5-20 评级和评价类型图例符号表示作业单位之间的相互关系。注意表 5-20 中 A、E、I、O 级关系分别涉及使用 4 条、3 条、2 条和 1 条实线连接作业单位。同时，为更好地在图上通过线条数的多少来体现作业单位之间的密切程度，要求不仅同一组线条之间的间距应保持一致，不同组线条之间的间距也要保持一致，既 A 级关系 4 条线中线与线的间距与 E 级关系 3 条线中线与线的间距，以及 I 级关系 2 条线的间距都应相等。

表 5-19　流程和作业区类型图例符号

流程和作业		室内的功能、作业和作业区		颜色	阴影
○	操作	○	初级工序：配料、成型、加工	绿色	
		○	次级工序：装配、包装	红色	
⇨	运输	⇨	与运输有关的作业或作业区	橘黄	
▽	储存	▽	储存作业或作业区	浅黄	
D	停滞	D	卸货或停放区	浅黄	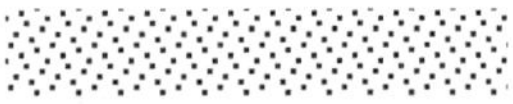
□	检验	□	检验：试验、校核区	蓝	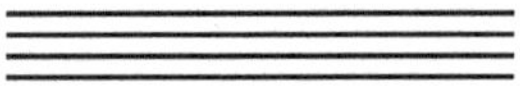
⌓	服务、辅助	⌓	服务、辅助作业或作业区	黄	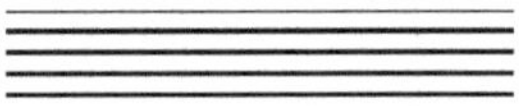
⇧	办公、技术部	⇧	办公室、实验室或办公区	棕(灰)	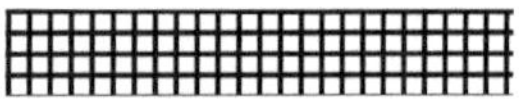
美国机械工程学会标准				国际物料管理协会标准	

表 5-20　评级和评价类型图例符号

评价等级和评价尺度	字母	系数值	线条数	颜色
绝对必要，近于完美，特优	A	4		红
特别必要，特别好，优	E	3		橘黄
重要，获得重要效果，良	I	2		绿
一般，获得一般效果，中	O	1		蓝
不重要，获得不重要效果，劣	U	0		不着色
不能接受，不令人满意，不希望	X	−1		棕
	XX	−2		黑

(3) 位置相关图绘制过程

绘制作业单位位置相关图的过程是一个逐步求精的过程，整个过程要条理清楚、系统性强，这样有助于不遗漏关系，不容易出现“孤岛”难布置情况(即待布置的作业单位与图上已有作业单位均为 U 级关系，难以确定其具体位置)。一般按下列步骤进行：

① 准备工作一：从作业单位综合相关图出发，求出各作业单位的综合接近程度，并按其高低将作业单位排序。

② 准备工作二：按图幅大小，确定单位距离长度，并规定，关系密级为 A 级的作业单位对之间距离为一个单位距离长度，E 级为两个单位距离长度，以此类推。

③ 按关系密级 A、E、I、O、X 顺序进行布置，该顺序称为“级别顺序”，为便于说明，设关

系密级变量为 F。

④ 处理关系密级 F 的作业单对。查综合相互关系图，确定当前处理关系密级 F 所涉及的作业单位对。这些单位对被称为“辅参照”。

⑤ 将具有当前关系密级 F 的作业单位按综合接近程度值从大到小排序，该排序称为“同级别内顺序”，假定有 n 个作业单位，得到同级别内顺序，F_{k1}，F_{k2}，…，F_{kn}，下标 ki 为综合接近程度排序序号，且有：$k1<k2<\cdots<kn$。

⑥ 先布置“同级别内顺序”中分值高的作业单位，其位置由其与图上已有作业单位的关系决定(初始，即图上首个作业单位可放在中间)，并用相应线型连接作业单位。

⑦ 查看“辅参照”中相应的作业单位对，看是否有与当前作业单位有“当前正处理关系密级 F”的作业单位：如有，则按第⑥步进行布置，否则回到“同级别内顺序”，进行下一个作业单位的布置；如同级别作业布置完，则转入步骤④，布置下一级别作业单位。

⑧ 依此反复④、⑤、⑥、⑦步骤，直至布置完所有作业单位。

具体对电瓶叉车总装厂示例来说，绘制作业单位位置相关图的步骤如下。

第一步，处理关系密切程度为 A 级的作业单位对：

① 从综合相关图中取出 A 级关系的作业单位对，有 8—11，4—5，11—12，共涉及 5 个作业单位，3 个作业单位对称为“辅参照”；按综合接近程度计算表(表 5-18)中的分数排序为 8、4、11、12、5，其为 A 级关系作业单位的“同级别内顺序”。

② 查看“同级别内顺序”，第 1 个为作业单位 8，将其布置在位置相关图的中心位置，并使用操作类型符号。

③ 查看“辅参照”，涉及作业单位对 8—11。因 8 和 11 间是 A 级关系，故将作业单位 11 布置到图中某一位置，使用检验类型符号，其与作业单位 8 的距离为 1 个单位距离长度(假定 1 个单位距离为 10 mm)，并用 4 条等间距的实线与 8 相连接，如图 5-9(a)所示。

④ 回到“同级别内顺序”，布置综合接近程度分数次高的作业单位 4，使用操作类型符号，其位置由图上已有作业单位 8 和 11 决定。从综合相关图中确定 4—8、4—11 的关系密级，分别为 I 级和 O 级。故作业单位 4 与 8 的距离应为 3 个单位距离长度，并用 2 条等间距实线连接，而作业单位 4 与 11 应为 4 个单位的距离长度并用 1 条实线连接，选择了图 5-9(b)的位置布置作业单位 4。在作业单位距离上优先满足级别高的关系，并尽量满足 A、E 级关系。

⑤ 查阅“辅参照”，处理与作业单位 4 有关的 A 级关系 4—5，其位置由图上的 4、8 和 11 决定。从综合相关图上确定图中已存在的作业单位 8、11 与作业单位 5 的关系，均为 U。关系 U 为不重要关系，则只重点考虑作业单位 4 和 5 的关系，将作业单位 5 布置到了图 5-9(c)的位置上，使用操作类型符号。

⑥ 回到“同级别内顺序”，下一个要布置的是作业单位 11，其已在图上。查阅“辅参照”，只需要直接处理与作业单位 11 关系为 A 级的作业单位 12 的位置，采用储存类型符号。从综合相关图中确定 12 与 8、4、5 的关系密级，均为 U 级，综合考虑的结果可将作业单位 12 布置在图 5-9(d)的位置上。

至此，作业单位综合相关图中具有 A 级关系的作业单位之间的相对位置均已确定。

第二步，处理相互关系为 E 的作业单位对：

① 从综合相关图中取出具有 E 级关系的作业单位对，“辅参照”有 1—4、1—5、1—6、

2—10、3—8、4—7、5—9、7—8、8—10，涉及的作业单位按综合接近程度分数排序为 8、4、1、7、3、9、5、2、10、6，即“同级别内顺序”。

② 作业单位 8 已布置在图上，查阅“辅参照”，首先处理与作业单位 8 有关的作业单位 3、7 和 10，布置顺序为 7、3、10。对于作业单位 7 与图中存在的作业单位 8、4、11、12 和 5 的关系密级分别为 E、E、I、U 和 U，重点考虑较高的等级关系，将作业单位 7 布置到图中，然后依次布置作业单位 3 和 10。布置中要特别注意作业单位 10 和 5 之间的 X 级关系，应使它们尽量远离。布置结果如图 5-9(e)所示。

在处理过程中可以发现，随着布置完的作业单位增加，需处理的作业单位关系也随之增加。为进一步使布置工作更为简便，应该在综合相关图中“标记”已经考虑的关系，以使之后布置时不再重复处理。

③ 回到“同级别内顺序”，随后处理作业单位 4，已在图上，查阅“辅参照”，与之相关的作业单位对有 1—4、4—7，作业单位 1 与图中已存在的作业单位 4 和 3 关系密级均为 E。由图 5-9(e)可以看出，作业单位 1 难以按其要求布置到作业单位 4 和 3 距离大致相同的位置上，为此必须调整原有布置方案，重新布置方案如图 5-9(f)所示。

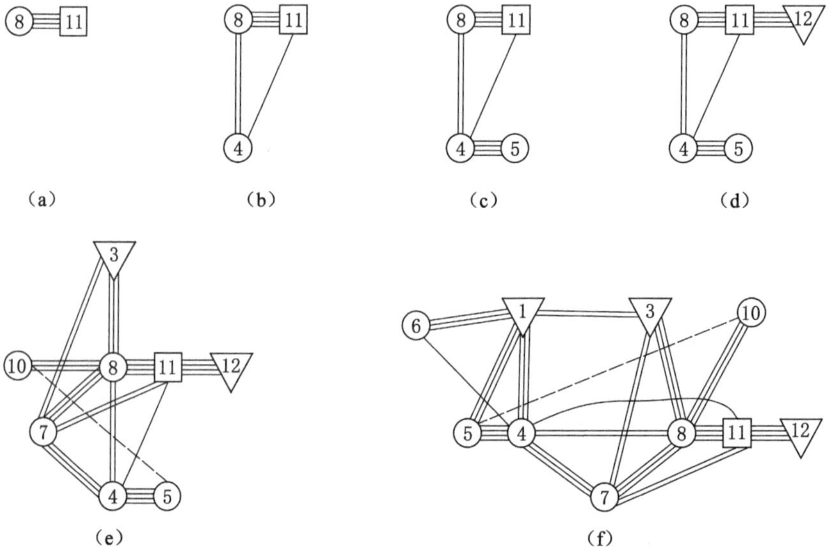

图 5-9　电瓶叉车总装厂作业单位位置相关图绘制过程

④ 按步骤依次处理剩余作业单位，在此不再赘述。

第三、四、五步分别处理位置关系图中仍未涉及的 I、O、X 级作业单位对。

最后重点调整 X 级作业单位对的相互位置，得出最终的位置相关图，如图 5-10 所示。

5.2.8　面积相关图

将各作业单位的占地面积与空间几何形状结合到位置相关图上，就得到了面积相关图。在此之前，首先需要确定各作业单位建筑物的实际占地面积与外形空间的几何形状。

(1) 作业单位占地面积与外形

车间级作业单位的基本占地面积由工作站的空间和服务需求等因素决定，在 4.6.2 节

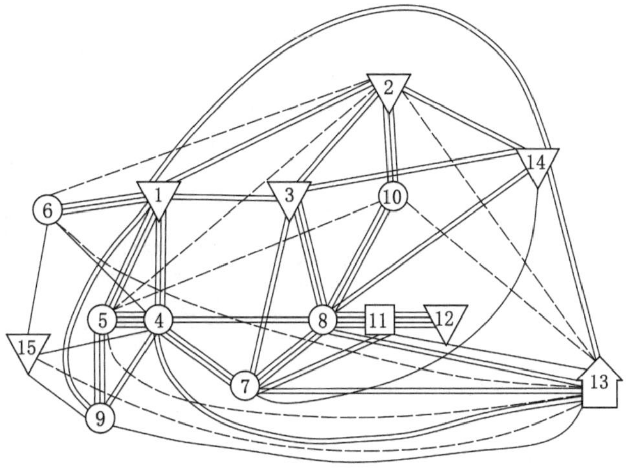

图 5-10 电瓶叉车总装厂作业单位位置相关图

已有论述。这里重点讨论与作业单位建筑物实际占地面积与外形密切相关的建筑物结构形式与物料流动模式。

工厂建筑物一般采用标准化设计与施工，建筑物的柱、梁都是标准的。因此，建筑物的柱距、跨距值一般是标准序列值，通常柱距为 6 m，而跨距为 6 m、12 m、15 m、18 m、24 m 和 30 m 等。若柱数为 m，跨数为 n，跨距为 w，则建筑物的长度外形尺寸为：$6\times(m-1)+$柱长，建筑物的宽度外形尺寸为：$wn+$柱宽。

对于工业企业总平面布置来说，车间级作业单位之间的物料一般沿道路流动；企业与外部的物料通过出入口流出与流入。由于外部运输条件或原有布置的限制，常需要按照给定的入、出口位置来规划流动模式。此外，流动模式还受生产工艺流程、场地、建筑物外形、物料搬运方式与设备、储存要求等方面的影响。5 种基本流动模式在 4.3 节已有论述。通常，工厂的实际流动模式往往是 5 种基本流动模式的组合。新建工厂时，可以根据生产流程要求及各作业单位之间物流关系选择流动模式，进而确定建筑物的外形尺寸及出入口位置。

(2) 作业单位面积相关图绘制步骤

有了作业单位建筑物的占地面积与外形后，手工绘图时可以按以下步骤在坐标纸上绘制面积相关图。

① 选择适当的绘图比例，一般比例为 1∶100、1∶500、1∶1 000、1∶2 000、1∶5 000，绘图单位为 mm 或 m。

② 将作业单位位置相关图放大到坐标纸上，各作业单位符号之间应留出尽可能大的空间，以便安排作业单位建筑物。为了图面简洁，只需绘出重要关系，如 A、E 及 X 级连线。

③ 按综合接近程度分数大小顺序，由大到小依次把各作业单位布置到图上。绘图时，以作业单位符号为中心，绘制作业单位建筑物外形。作业单位建筑物一般都是矩形的，可以通过外形旋转角度，获得不同的布置方案。当预留空间不足时，需要调整作业单位位置，但必须保证调整后的位置符合位置相关图的相对空间关系。

④ 经过数次调整与重绘，得到作业单位面积相关图，如图 5-11 所示。

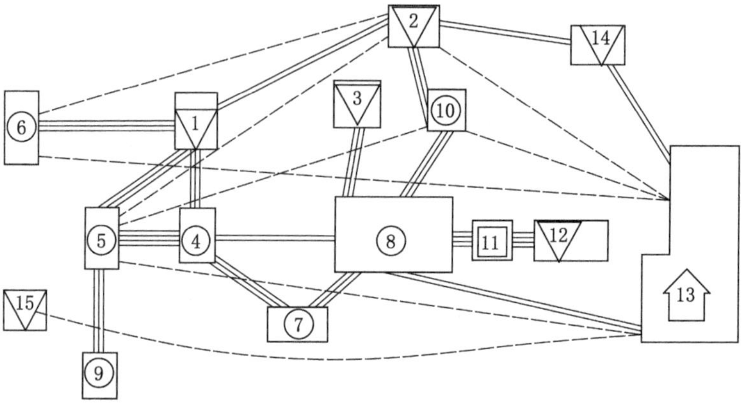

图 5-11 电瓶叉车总装厂作业单位面积相关图

如采用 CAD 等绘图软件，则可按 1∶1 进行面积相关图的绘制，其步骤与操作则大大简化，此处不再赘述。

5.2.9 限制条件分析及方案设计

作业单位面积相关图是直接从位置相关图演化而来的，只能代表一个理论上的理想布置方案，是形成布置方案的中间环节，必须通过调整才能得到可行的布置方案。因此，从前述工厂总平面布置设计出发，考虑除 5 个基本要素以外的其他因素对布置方案的影响。这些因素可以分为修正因素与实际条件限制因素两类。

5.2.9.1 修正因素

(1) 物料搬运方法。物料搬运方法对布置方案的影响主要包括搬运设备种类特点、搬运路线类型以及集装单元容器(箱、盘等)。

在面积相关图上，反映出作业单位之间的直线距离，而由于道路位置、建筑物的规范形式的限制，实际搬运系统并不总能按直线距离及直达方式进行，物料搬运路线有三种基本类型：直线或直角道路的直达型、按规定道路搬运的渠道型以及采用集中分配区的中心型，具体情况在第 6 章进行介绍。

(2) 建筑特征。作业单位的建筑物应采用定型设计，即应保证道路的直线性与整齐性、建筑物的整齐规范以及公用管线的条理性。

(3) 道路。厂区内的道路不但承担着物料运输的任务，还起着分隔作业单位、防火、隔振等作用。厂内道路的布置应满足如下基本要求：① 道路布置应适应工艺流程需要，满足物料搬运要求，力求短捷、安全、联系方便；② 道路系统应适应公用管线、绿化等要求；③ 满足生产、安全、卫生、防火及其他特殊要求；④ 避免货运线路与人流线路交叉，避免公路与铁路交叉；⑤ 厂内道路系统一般应采用正交和环形布置，交叉路口和转弯处的视距不应小于 30 m。

根据工厂生产工艺、物料搬运特点，厂内道路一般有环状式、尽端式和混合式三种基本形式：① 环状式道路布置。指围绕车间布置，各部门联系方便，利于厂内分区，适于场地条件较好的场合。② 尽端式道路布置。当因条件限制不能采用环状式道路布置时，在道路的端头应设置回车场，以便调头。③ 混合式道路布置。指同时采用环状式和尽端式两种道路布置形式，是一种灵活的布置形式，适用于各种类型的工矿企业。

厂内道路应按《厂矿道路设计规范》进行设计。不同道路的宽度是不一样的。另外，道路与建筑物之间应留有一定的距离，供排雨水沟渠、管线布置、绿化等占用。

(4) 隔振防噪声。在实际布置设计中，为减小振动与噪声对生产质量及人身健康的危害，一般采取减振、降噪措施或使人员密集区和精密车间远离振源的方法。

(5) 场地自然地理条件与环境。厂内外的自然地理条件、公共交通现状、环境污染等方面因素都会影响布置方案。

为了便于与外界联系，常把所有职能管理部门包括生活服务部门集中起来，布置在厂门周围，形成厂前区，而厂门应尽可能便于厂内外运输道路的衔接。此外，建筑的美学因素、人员、公共管线、建筑物外形的改变、管理等方面都会对布置方案产生影响。

5.2.9.2　实际条件限制

前述修正因素是布置设计中应考虑的事项，而对设计有约束作用的现有条件则称为实际条件限制因素，包括给定厂区面积、成本费用、现有建筑物等条件的利用及政策法规等多方面的限制。

5.2.9.3　工厂总平面布置图的形成

基于面积相关图，通过考虑多方面因素的影响与限制，在调整与优化的基础上，可能形成众多的布置方案，排除不切实际的方案，保留 2～5 个可行布置方案供选择。形成布置方案的方法可参见 5.3.4 节摆样法。图 5-12 是电瓶叉车总装厂总平面布置的可行方案之一。

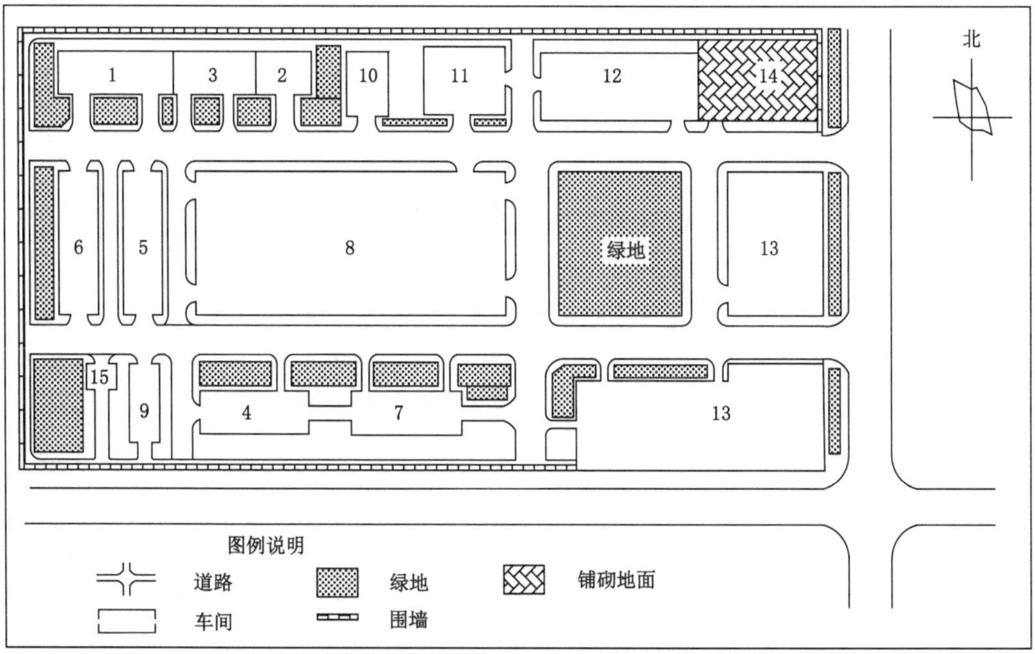

图 5-12　电瓶叉车总装厂总平面布局方案一

图中区域的颜色和填充图例可以采用表 5-19 所示的行业标准。

5.2.10　布置方案评价与选择

通过对作业单位面积相关图的调整和优化，已经取得了数个可行布置方案，应对每个方案进行评价，选择出最佳方案，作为最终的工厂总平面布置方案。可以说，方案评价是系统规划过程中寻求最佳技术、最经济方案的决策手段。设施规划研究的问题是多因素、多目标的问题，既要考虑问题自身所具有的各种因素，又要考虑各种与之相关的因素；既要达到主要技术经济指标要求，又要满足各种其他目标的要求。这就构成了评价与选择的综合性、系统性的特点。在设施规划与设计过程中进行方案评价与选择时，一般分两种情况，一是单项指标比较评价；二是综合指标比较评价。

（1）单项指标比较评价

单项指标比较评价是指多个方案中的某些指标相同，只有某项主要指标不同时，则可比较该项主要指标的优劣情况而取舍方案。在设施布置中，同一工厂的不同总平面布置方案的建设投资一般相差不大，因此，常用物流状况来评价方案的优劣。在项目可行性研究期间，经济评价是决策的重要依据。我国现行的项目经济评价分为两个层次，即财务评价和国民经济评价。

① 量距积(FD，Flow-Distance)分析

当各方案非物流差异小，物流差异性将决定方案的最终选择。常用量距积（亦称 FD）分析来进行方案优劣的比较或者针对选定方案的再优化（图 5-13）。

当忽略不同物料、不同路线上的物料搬运成本的差异，各条路线上物料搬运费用与物流量和距离的乘积成正比，则可以将总的物料搬运费用用 S 表示，见式（5-2）；如果不忽略则近似可用 C 来表示，见式（5-3），这时是指考虑了不同路线、不同物料的搬运方法，也体现出布置设计与物料搬运系统设计相结合的现实需求。

$$\min\left(S = \sum_{i=1}^{n} \sum_{j=1, i \neq j}^{n} f_{ij} d_{ij}\right) \tag{5-2}$$

$$\min\left(C = \sum_{i=1}^{n} \sum_{j=1, i \neq j}^{n} C_{ij} f_{ij} d_{ij}\right) \tag{5-3}$$

式中：f_{ij}、d_{ij}、C_{ij} 表示从 i 作业单位到 j 作业单位的物流量、距离及单位搬运费用。

假设不同作业单位之间的物料搬运量相互独立。为了使总搬运费用最小，则当 f_{ij} 大时，d_{ij} 应尽可能小；反之 d_{ij} 可以大一些。良好的布置方案物流量与搬运距离呈近似反比例函数关系。如图 5-13 中，a_4、a_5 物流量大且距离大，则说明相关布置可能存在着不合理，有待进一步调整优化。

② 财务评价

财务评价就是对项目进行财务可行性分析，主要是对企业获利能力的分析，对各种方案进行经济效益分析、比较，以便从中选出成本低、收效大的最佳方案。

③ 国民经济评价

国民经济评价是项目经济评价的核心部分。通过对比项目对国民经济的贡献和需要国民经济付出的代价，来分析投资行为的合理性。国民经济评价主要内容包括国民经济盈利能力分析和外汇效果分析，主要评价指标是内部收益率、净现值和净现值率。

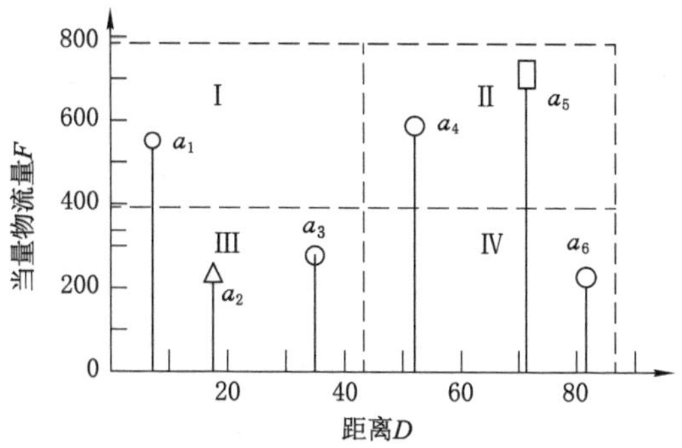

图 5-13　量距积分析图

④ 不确定性分析

项目方案在分析计算时所采用的各项数据，大部分是采用预测、估算办法取得的。因而与未来的客观实际并不完全符合。这就给项目带来了潜在风险。在项目的可行性研究中，不管采用哪种方法，都要分析不确定因素对经济评价的影响程度，以预测项目可能承担的风险，确定财务、经济上的可靠性。不确定性分析包括盈亏平衡分析、敏感性分析和概率分析。

总之，在系统规划过程中，经济评价同样是系统规划方案评价的重要手段。应在系统规划设计人员的帮助下，由工程经济人员承担经济评价工作。

(2) 综合指标比较评价

对于工业企业的设施规划项目，由于影响因素很多，且极为复杂，所以在进行项目决策时，一般应进行综合指标比较评价。综合指标比较评价应根据具体情况和项目的特点确定需要评价的指标体系。

综合评价的指标体系中，有的是定性指标，有的是定量指标，而且定量指标的计量单位又不相同。因此，在综合指标比较评价时，对定性指标应划分满足程度等级，对定量指标也应划分数量级别，以便专家评审时按规定标准针对不同指标具体打分。同时，由于各种指标对方案的重要程度不完全相同，因此，还应对各指标规定其加权值，以便汇总得到最终结论。

在工业企业设施规划中，综合指标比较评价的具体做法有优缺点比较法和加权因素法。

① 优缺点比较法

在初步方案的评价与筛选过程中，由于当前布置方案并不具体，各种因素的影响不易确定，此时常采用优缺点比较法对布置方案进行初步评价，舍弃那些存在明显缺陷的布置方案。

为了确保优缺点比较法的说明力度，应首先确定出影响布置方案的各种因素，特别是有关人员所考虑和关心的主导因素，这一点对决策者尤其重要，一般做法是编制一个内容齐全的评价因素点检表，见表 5-21，供设施规划人员结合设施的具体情况逐项点检并筛选出需要比较的因素。

表 5-21　设施布置优缺点对比点检表

序号	因素	点检记号	重要性	序号	因素	点检记号	重要性
1	初次投资			13	安全性		
2	年经营费用			14	产品质量影响程度		
3	对生产波动的适应性			15	设备可得性		
4	布置的柔性			16	与外部运输的配合		
5	发展的可能性			17	与外部公用设施的结合		
6	工艺过程的合理性			18	经营营销有利性		
7	搬运合理性			19	自然条件适应性		
8	自动化水平			20	环境性		
9	控制检查便利性			21	职工劳动条件		
10	辅助服务适应性			22	实施投产周期		
11	维修维护方便性			23	公共关系效果		
12	空间利用程度						

在确定了评价因素以后，应分别对各布置方案分类列举出优点和缺点，并加以比较，最终给出一个明确的结论——可行或不可行，供决策者参考。

② 加权因素比较法

加权因素比较法，即是 3.4.3 节介绍的分级加权评分法，就是把布置设计的目标分解成若干个因素，并对每个因素的相对重要性评定一个优先级（加权值），然后，分别就每个因素评价各个方案的相对优劣等级，最后加权求和，求出各方案的得分，得分最高的方案就是最佳方案。设施布置过程中一般应该考虑的因素见表 5-22。

表 5-22　设施布置方案评价因素

序号	因素	说明
1	适应性和通用性	如布置方案适应产品品种、产量、加工设备、加工方法、搬运方式变更的能力；适应未来生产发展的能力等
2	物流效率	如各种物料、文件信息、人员按照流程的流动效率，有无必需的倒流、交叉流动、转运和长距离搬运；最大的物流强度；相互关系密切程度高的作业单位相互接近程度等
3	物料搬运效率	如物料运入、运出厂区所采用的搬运线路、方法和搬运设备及容器的简易程度，搬运设备的利用率和维修性等
4	储存效率	如物料库存（包括原材料库、半成品库、成品库等）的工作效率，库存管理的容易程度，存储物料的识别及防护，储存面积是否充足等
5	场地利用率	通常包括建筑面积、通道面积及立体空间的利用程度
6	辅助部门的综合效率	如布置方案对公用、辅助管线及中央分配或集中系统（如空压站、变电所、蒸汽锅炉及附属管路等）的适应能力；布置方案与现有生产管理系统和辅助生产系统（如生产计划、生产控制、物料分发、工作统计、工具管理、半成品及成品库存等）有效协调的程度等
7	工作环境及员工满意程度	如布置方案的场地、空间、噪声、光照、粉尘、振动、上下班及人力分配等对职工生产和工作效率的影响程度

表 5-22(续)

序号	因素	说明
8	安全管理	如布置方案是否符合有关安全规范,包括人员和设备的安全防范设施(如防火、隔离和急救等)、足够的安全通道和出口、废料清理和卫生条件等
9	产品质量	如布置方案中的搬运设备对物料的损伤,检验车间面积、检验设备、检验工作站的设置位置等对质量控制的影响
10	设备利用率	如生产设备、搬运设备、储存设备的利用率,是否过多地采用重复设备而忽略了在布置方案时设法对某一设备的共同利用
11	与企业长远规划相协调的程度	布置方案与企业长远发展规划、长远厂址总体规划、总体系统规划的符合程度
12	其他	如布置方案对建筑物和设备维修的方便程度,保安和保密,节省投资,布置方案外观特征及宣传效果等

上述评分过程中,应由各方面的专家独立进行评分,以保证评价结果的可靠性。

5.3 车间设施布置设计

因为车间、工段/产线级、工作站/工位级作业单位往往在一个建筑物内,故本节对图 5-1 所示其他三个阶段层次的布置设计一起进行阐述,分别是以工段/产线级作业单位为布置对象的车间总体布置、以工作站级作业单位为布置对象的工段(生产线、生产单元)布置和工作站(工位)布置。

5.3.1 车间总体布置内容、要求及方法

(1) 车间总体布置内容

车间总体布置就是确定车间各组成部分(如工段、产线)的相互位置。车间组成部分取决于车间的性质和生产规模。一般大型生产车间可能包括以下 5 部分:

① 基本生产部分,即基本工段/产线的设备(工作地)所占的地点和面积。

② 辅助生产部分,如机修组、工具室、中间库、超市等。

③ 通道及管线部分,如主要通道(搬运线路)、次要通道,汽、水、电等管线。

④ 车间管理部分,如办公室、资料室等。

⑤ 服务部分,如休息室、盥洗室、更衣室等。

(2) 车间总体布置要求

在进行布置之前,必须根据企业的生产纲领和车间分工,明确待规划车间的生产任务,然后编制本车间的生产纲领,制定加工(装配)的工艺规程,确定工艺路线和生产组织形式,确定所需设备的种类、型号及数量。

车间总体布置时应使基本生产部分的作业单位关系符合工艺流向和顺序;辅助生产和服务部门的布置有利于对基本生产部分提供服务;同时要基于企业总体流动模式的规划、车间出入口以及搬运方法等,确定合理的车间内流动模式。车间出入口和搬运方法的不同将影响着车间布置方案及其与之相适宜的车间内流动模式的选择。

(3) 车间总体布置方法

大型生产车间往往是将生产、辅助、管理与服务结合起来形成的综合连贯型部门，其功能区域较多，此时可基于生产流程及服务需求将车间划分为若干个区域，以工段/产线级作业单位为布置对象，采用5.2节所述SLP方法进行车间总体布置。

5.3.2 工段产线级作业单位布置

工段/产线级作业单位布置是按照作业单位的专业化类型(产品型、工艺型、产品族型)进行工作站(工位)的布置。不同专业化类型工段/产线级作业单位布置要点为：

(1) 产品专业化的生产作业单位，即产线，集中了为生产某种产品所需的全套设备、工艺装备和有关工种的人员，使该产品的全部或大部分工艺过程在该生产作业单位内完成。其应按照生产过程的流向和工艺顺序布置工作站，尽量保持生产对象在加工过程中有向流路径最大化，并且生产线物料的进出与车间内的总体流模式相协调。对于典型的装配流水线，布置时应结合产能需求及装配作业时间确定合理的工位数量。

产线布置的形状直接反映流动模式，有直线形、L形、S形、M形、环形等。直线形流水线在工作站的布置上又有单列和双列之分。单列直线流水线，一般在工序数少、每道工序的工作站也少的条件下应用。当工序与工作站数量较多而空间的长度不够大时，可采用双列直线排列。产线内每道工序的工作站为两个或两个以上时，应当考虑同类工作站排列方法的问题。如果有两个、四个同类工作站时，一般将它们分别列在在制品搬运路线的两侧；如果有三个同类工作站时，可考虑采用三角形排列。当几台设备由一名工人看管时，应考虑工人作业的方便和巡回路线最短问题。

(2) 工艺专业化的生产作业单位，即工段，集中了同类型的机器设备和同工种的工人，对企业的各种产品、工件进行相同工艺方法的加工，称之为机群式布置。其布置形式主要结合一人多机看管的可能性，使工人易于照顾各机台，在机床之间走动的路程和时间应尽可能少，而且作业单位区域物料的进出应与车间内的总体流动模式相协调。

(3) 产品族型的生产作业单位，即产品族生产线，集中了生产某族产品(零件)所需的全套设备、工艺装备和有关工种的人，使该族的全部或大部分工艺过程在该生产作业单位内完成。其布置与产品专业化生产作业单位类似，应按照该产品族生产过程的流向和工艺顺序布置工作站，尽量保持生产对象在加工过程中有向流路径最大化，并且产品(零部件)出入与车间内的总体流动模式相协调。关于产品族型作业单位——制造单元的构建与布置可参见4.1.6和4.1.7节内容。

5.3.3 工作站布置

由4.6.2节工作站的空间需求可知，工作站布置的内容包括设备、各种物料和人员活动空间。以下就工作站布置类型及原则进行阐述。

(1) 工作站布置类型

一般来说，工作站的布置类型有三类，分别是单一工作站、组合工作站和并行工作站。

单一工作站适用于工序简单、特定产品生产量较小的情况。操作员在同一个工作站上完成一项或多项任务。

组合工作站：将多个工序的任务集中在一个工作站上完成。适用于工序相对简单、要求配合度高的情况。

并行工作站：多个操作员同时从事相同或不同的任务，可以提高生产效率和灵活性。

(2) 工作站布置原则

工作站布置往往基于人因工程进行考虑，主要体现为以下三个方面：

① 操作者的自然姿势和操作方向：确保操作员在工作站上可以自然地完成操作，并减少不必要的体力劳动。

② 物料方便获取：在工作站上设置合适的物料存放位置，使操作员能够方便地获取所需物料。

③ 工具和设备合理布局：将所需的工具和设备布置在操作员便于操作和接近的位置，减少不必要的移动。

5.3.4 车间相关布置方法

虽然各种不同的设施布置有不同的主要目标，但都有其统一的共性，可概括为：符合生产、服务和工艺或服务过程要求；最有效利用空间；保持系统有效产出最大化基础上的物料搬运费用最少；保持生产灵活性；适应管理方便；为职工提供安全、舒适、方便的工作环境。

明确了各相关作业单位及各单位间的物流和非物流关系以后，就可以按一定的规则和方法，设计出各种平面布置方案。以下就车间相关的一些常用布置方法及其适用情况进行介绍。

5.3.4.1 基于相关图的摆样法

基于相关图的摆样法是通过制作样片基于相关表中作业单位之间的关系等级进行物理模拟布置。该方法的布置依据是相关图和作业单位面积。相关图可以是作业单位物流相关图、非物流相关图或综合相关图。该方法可用于工厂总平面布置、车间总体布置及工段级作业单位布置等。下面通过实例介绍该方法的布置过程。

例 5-1 本案例原始数据见表 5-23 和图 5-14。

表 5-23 案例各作业单位及面积

作业单位代号	作业单位名称	面积/m^2
1	原材料零配件库	120
2	铣削工段	80
3	冲压工段	60
4	车削工段	120
5	装配工段	80
6	涂装工段	120
7	发送库	120

基于相关图的摆样法步骤如下：

(1) 制作样板。用一些形状和大小相同的方块作为样板，每一块代表一个作业单位，样板中央写上作业单位编码、名称，在样板的四角根据作业单位关系写上各种关系代码。如图 5-15 所示。

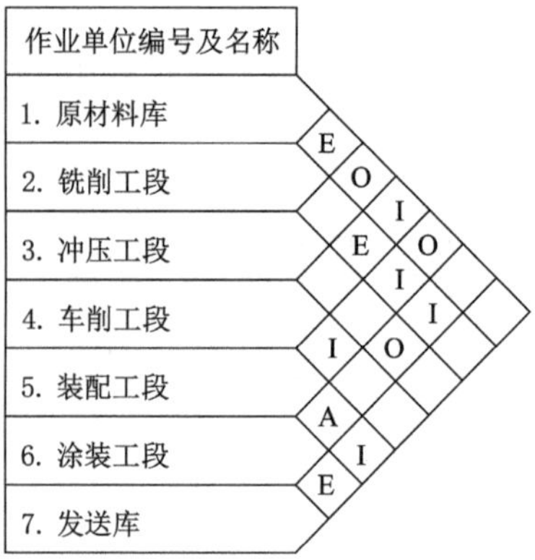

图 5-14　案例作业单位相关图

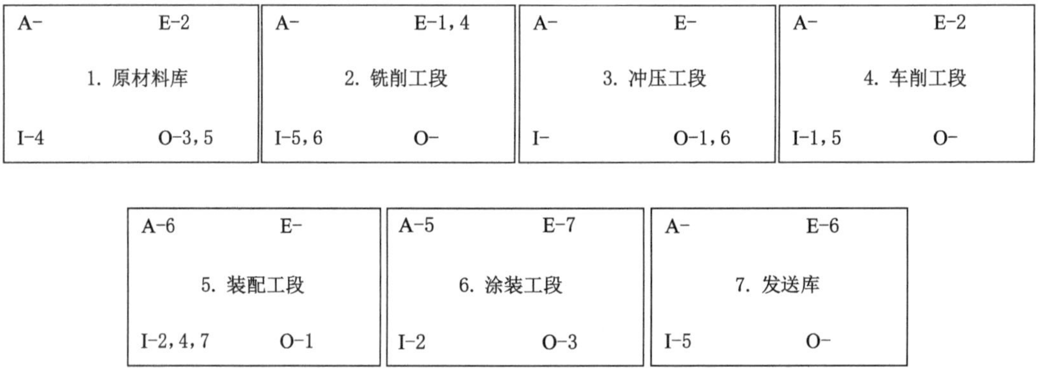

图 5-15　案例样板示意图

(2) 确定作业单位相对位置。

① 首先选出“A”关系数量最多的一块样板(如果有两块样板的“A”关系同样多,即平局时,则取其中“E”关系数量多者;再平局,则取“I”多者。依此类推,如果完全相同,则随机取一块),把这块样板放在平面图的中央。示例应先布置作业单位 6。

② 然后取一块与已选用样板有“A”关系,而与其他样板“A”关系最多(如发生平局,则同上处理)的样板,放在已选用的样板旁边。示例应布置作业单位 5。

③ 选用的下一块样板应该与已选出的几块样板的关系为最高,如此继续进行下去,直至把每一块样板都布置到平面图中去。

示例因 7 与 6 有 E 级关系,故先布置 7;接着与图上 5、6、7 拥有的最高关系为 I 级关系,分别是作业单位 2、4,其作业单位 2 与图上 5、6 均有 I 级关系,故先布置 2;接着布置作业单位 4、1、3。如图 5-16 所示(图中数字下标表示布置的先后顺序)。

(3) 把各部门的具体面积反映到相对位置图中,即可得出最终用与实际面积成比例的样板拼成的最后平面布置图。

① 选择一个基本单位面积,使各作业单位面积大概是其整数倍,并做出相应的基本单位面积样板个数。

② 把各作业单位的实际基本样本块数放入相应的相对位置，然后向外推展。

案例选取 20 m^2 为基本单位面积样板，通过调整得到作业单位面积相对位置图 5-17。

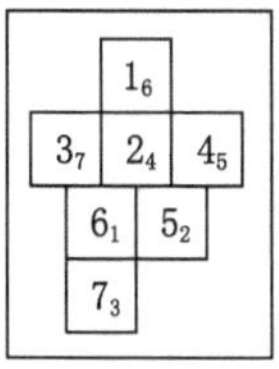

图 5-16　案例作业单位相对位置图

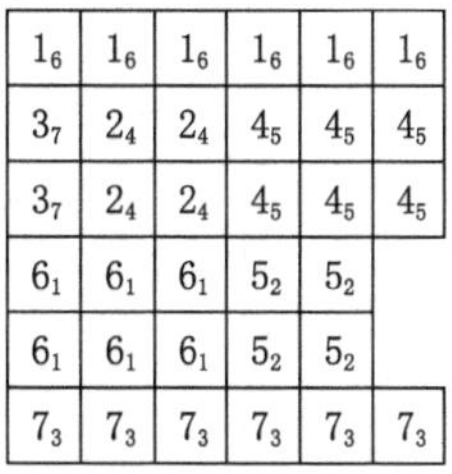

图 5-17　作业单位面积相对位置图

(4) 经第(2)步及第(3)步再考虑通道等其他需求一般可得到多个可行方案，最后需进行评价选择。

5.3.4.2　从至表法

从至表法又称物料运量比较法。它是根据各机器设备间的物料搬运路线和物流量来合理布置设备的一种方法，往往用于确定制造单元设备布置排序。下面结合实例说明其设计过程。

例 5-2　假设某机械加工车间有 8 台设备，另有毛坯库和检验台各 1 个，共 10 个工作地，相邻两工作地的距离大致相等，均为一个单位距离，该车间负责 17 种零件的加工任务，每种零件都由毛坯库出发，经设备加工后检验入库。使用从至表法的步骤如下：

(1) 根据每种零件的工艺方案绘制综合工艺路线图，如图 5-18 所示。

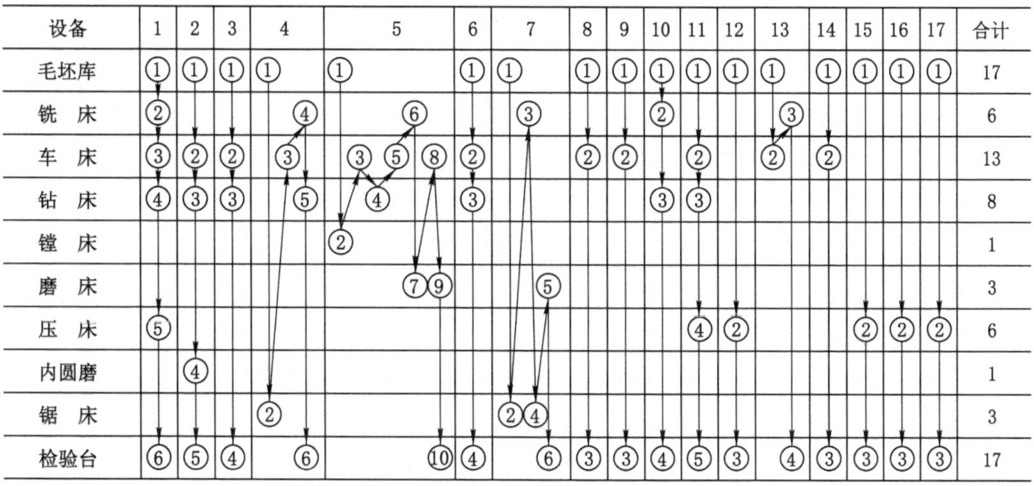

图 5-18　综合工艺路线图

(2) 根据零件的综合工艺路线图编制零件移动次数从至表。所谓零件次数从至表就是零件从一个工作地(设备)到另一个工作地(设备)搬运次数的汇总表。它是按工作地数 n 作一个 $n\times n$ 矩阵，表中纵向为起始的工作地(设备)，横向为到达的工作地(设备)。对角线的右上方表示按当前设备排列顺序前进的搬运次数，对角线的左下方表示按当前设备排列顺序后退的搬运次数。方格内的数字为一工作地(设备)至另一工作地(设备)的零件搬运次数。按图 5-18 所示的综合工艺路线图的顺序来排列工作地(设备),则得初始零件从至表 5-24。

表 5-24 初始零件从至表

布置顺序号			1	2	3	4	5	6	7	8	9	10	顺行		
序号	从＼至	目的地	毛坯库	铣床	车床	钻床	镗床	磨床	压床	内圆磨	锯床	检验台	搬运次数	搬运距离	搬运量
1	毛坯库	17		2	8		1		4		2				
2	铣床	6			1	2		1			1	1	0	9	0
3	车床	13		3		6		1				3	3	8	24
4	钻床	8			1				2	1		4	4	7	28
5	镗床	1			1								8	6	48
6	磨床	3			1							2	0	5	0
7	压床	6										6	5	4	20
8	内圆磨	1										1	9	3	27
9	锯床	3		1	1			1					11	2	22
10	检验台												9	1	9
倒行	搬运次数		0	0	1	1	0	0	2	1	4		合计		178
	搬运距离		9	8	7	6	5	4	3	2	1				
	搬运量		0	0	7	6	0	0	6	2	4		25		203

(3) 分析和改进初始零件从至表,求得较优的工作地(设备)步骤方案。

从表 5-24 的构成可以看出,方格中的数据距对角线的格数就是工作地(设备)之间的距离单位数。在从至表的对角线两侧,可作平行于对角线、穿过各从至数的斜线。如果将所有斜线按距离对角线的远近依次编号[$i=1,2,3,\cdots,(n-1)$],编号为 i 的斜线穿过的从至数为 j,则设备在这种排列顺序下,零件总的搬运量为 $S=\sum ij$。如表 5-24 中斜线 $i=2$ 穿过的从至数则表示搬运距离均为 2 个单位距离,因此,可以求出总的零件移动距离。由表 5-24 知初始零件从至表的总搬运量为 203。

通过以上分析可知,斜线与对角线越靠近,搬运距离越短。可见最佳的工作地(设备)布置方案是从至数越大的工作地(设备),应布置在越靠近对角线的位置上。因此,对初始从至表进行多次调整,就可找出较优的布置方案。由于对由 n 个工作地(设备)的集合来说,可能的排列组合多达 $n!$ 个,当 n 较大时,一个个试排是不可能的。下面介绍的四象限法,可以较方便、迅速地通过有限次数的试排而得出较优的设备布置方案。现以表 5-24 为例说明其调整过程。

① 任意选择两个相邻工作地(设备),如选车床和钻床。

② 以两个工作地在从至表中的邻线为坐标轴作四象限Ⅰ、Ⅱ、Ⅲ、Ⅳ,如图 5-19 所示。

③ 将Ⅰ、Ⅲ 象限的工作地(设备)的从至数求和,记为 S_1。本例 $S_1=16$。将Ⅱ、Ⅳ象限的两个工作地(设备)的从至数求和,记为 S_2。本例 $S_2=19$。将两个工作地(设备)之间的从

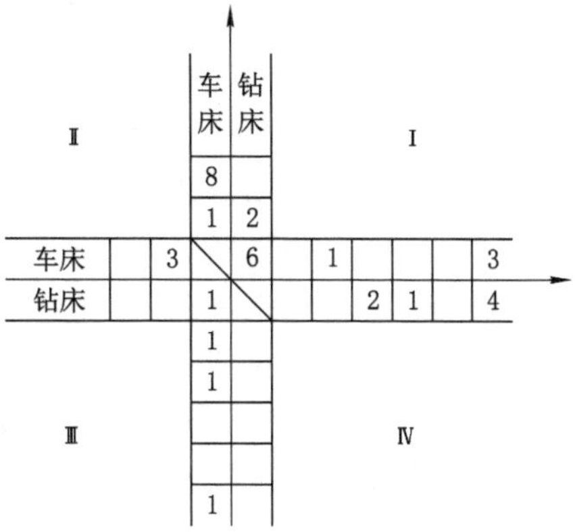

图 5-19 四象限法

至数求和，记为 S_3。本例 $S_3=6+1=7$（从车床到钻床前进为 6，后退为 1）。

④ 计算 $\Delta S=S_2-S_1+S_3$。如果 $\Delta S\geqslant 0$（其值代表两工作地或设备对调后新增的搬运量），则两个工作地（设备）原有顺序合适；如果 $\Delta S<0$（其值代表两工作地或设备对调后减少的搬运量），则两个工作地（设备）原有顺序需对调。本例，$\Delta S=S_2-S_1+S_3=19-16+7=10$，故不需要调换。

应用四象限法经有限次有目的的调换，即可得出较优的设备布置方案。本例改进后的最终从至表见表 5-25。

表 5-25 最终零件从至表

布置顺序号			1	2	3	4	5	6	7	8	9	10	顺行		
序号	从＼至	目的地	毛坯库	铣床	锯床	车床	钻床	磨床	检验台	压床	内圆磨	镗床	搬运次数	搬运距离	搬运量
1	毛坯库	17		2	2	8		1		4					
2	铣床	13			1	1	2	1	1				0	9	0
3	锯床	6		1		1		1					0	8	0
4	车床	8		3			6	1	3				4	7	28
5	钻床	6				1			4	2	1		0	6	0
6	磨床					1			2				2	5	10
7	检验台	3											2	4	8
8	压床	1							6				16	3	48
9	内圆磨	1							1				8	2	16
10	镗床	3				1							12	1	12
倒行	搬运次数			0	0	0	1	0	0	0	5	8	合计		122
倒行	搬运距离			9	8	7	6	5	4	3	2	1			
倒行	搬运量			0	0	0	6	0	0	0	10	8	24		146

5.3.4.3 数学模型和算法结合方法简介

伴随着计算机技术的发展，将计算机强大的计算能力与设施布置设计相融合，产生了计算机辅助设施布置设计的新思路，关于计算机辅助布置模型和算法的研究成为重要的方向之一。同时该方法可用于工厂总平面布置、车间总体布置及工段级作业单位布置等。

在模型的研究方面可分为表 5-26 所示的三类。第一类模型常用于诸如物流费用最小为目标的静态问题，存在较多不符合实际的情况。此后，基于许多现实问题发展出第二类扩展模型，如针对目标间可能存在矛盾或背反现象构造的多目标决策布置模型；考虑经营、发展、需求波动、设备故障以及混合生产等特性的动态与随机布置模型。此外，由于构造通用布置模型困难，存在着针对特定类型制造系统开发的更具体、实用的第三类模型。

表 5-26 设施布置分类模型

第一类	理想的块状布置模型	二次分配模型(Quadratic assignment problem) 二次集合覆盖模型(Quadratic set covering model) 线性整数规划模型(linear integer programming model) 混合整数规划模型(Mixed integer programming model) 图论模型(Graph-theoretic model)
第二类	扩展模型	动态布置模型(Dynamic layout model) 随机布置模型(Stochastic layout model) 多准则/多目标、鲁棒性及柔性的布置模型(Multicriteria/multi-objective, robust, and flexible layout model)
第三类	特定情形模型	流线、行列及环形布置模型(Flow-lines, row, and loop layout model) 机器布置模型(Machine layout model) 单元布置模型(Cell-layout model)

在算法方面，最初计算机辅助设施布置软件所用的算法主要为构建型(从无到有)和改进型等传统启发式算法。构建型的典型代表为 CORELAP(Computerized Relationship Layout Planning)，改进型的典型代表为 CRAFT(Computerized Relative Allocation of Facilities Technique)。这些算法的主要缺陷是易陷入局部最优的困境，并且往往对初始布置敏感，导致最终结果未必最好。近年来，人工智能技术的发展为设施布置提供了功能强大的算法支持，如模拟退火(Simulated Annealing, SA)算法、禁忌搜索(Tabu Search, TS)算法和遗传(Genetic Algorithm, GA)算法以及拉马克(Lamarck)进化算法、元算法等可以有效避免局部最优现象。

5.4 精益布置设计

随着市场需求变化与竞争的加剧，企业逐步认知到基于精益思想消除生产环节中的浪费，实现物料在生产系统中全面、均衡、连续流动来达成有效价值产出的必要性。然而，好的流动是以适宜的布置设计为前提的，布置设计是生产系统流动的“骨骼式”框架，其在实现连续流动的同时，也能消除大量不增值的操作。本节就精益布置的相关知识进行介绍。

5.4.1　精益布置设计目标和五种基本模式

（1）精益布置设计目标

为了适应多品种少批量生产的变化趋势，精益布置设计的目标是以消除生产过程的浪费为目的，以人、机、料、法的基本可靠性为基础，追求系统整体流程的连续性。

因为基于工艺原则形成的机群式布置物流路线长，物料滞留时间长，转运批量大，质量难追溯，易造成生产系统"乱流"现象等原因，往往视其为物流的天敌。故在精益布置中，强调应把呈"离岛、鸟笼"状的水平机群式布置，通过"整流"活动，基于轻量化和易移动设备的选择，使布置更多地呈现基于产品（族）原则的垂直瀑布式短线布置，实现细流且快的效果，如图 5-20 所示。

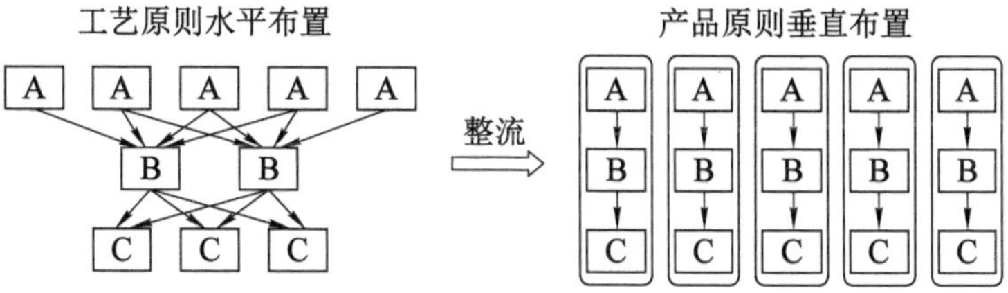

图 5-20　工艺原则向产品原则整流

（2）精益布置设计五种基本模式

具体的精益布置设计通常是以下五种基本模式的组合和灵活运用。

① 串行布置

串行布置，亦称直肠布置，是整条产线工作站（工位）依据工艺路线呈直线或近直线配置，流动模式呈现前流或钝角流。如图 5-21 所示。其优势是物料出入口分离，外围物流清晰；整条产线物流路线清晰；产出量增加时，只需增加新的串行。其缺点是：对人员流动模式、过程（工作站）之间的联系考虑较少；由于产线布置外围通常有通道，场地利用率偏低；产线均衡难，人力配置难，易出现"零头工"现象，人员利用率可能偏低；一人多机操作时，人员无效走动多；产线沿整体流动方向上跨度大。

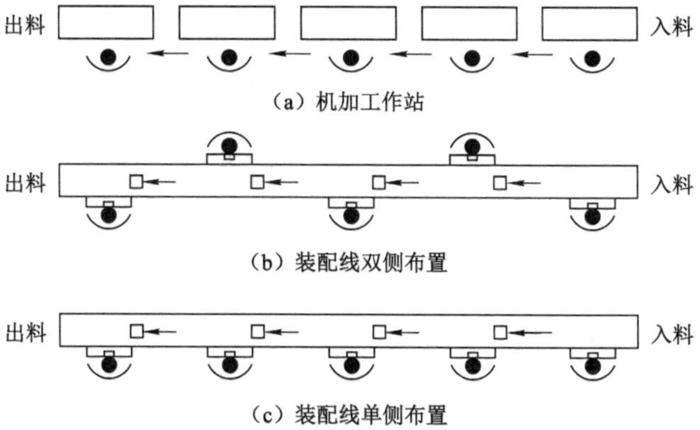

图 5-21　串行布置示例

② 平行布置

平行布置往往是串行布置的变形,整条产线往往呈现背流、之形折返流动模式,线内通道宽度较窄(通常控制在 1.5 m 内),如图 5-22 所示。其优势是物料出入口分离,外围物流清晰;无需值守设备加工时间长时,易于实现一人多机操作,人员走动距离相对较短;可以随时观察设备的运行状态;整条产线沿整体流动方向上跨度小。其缺点是产线均衡难,人力配置难,易出现“零头工”现象,存在人的“回程空返”现象。

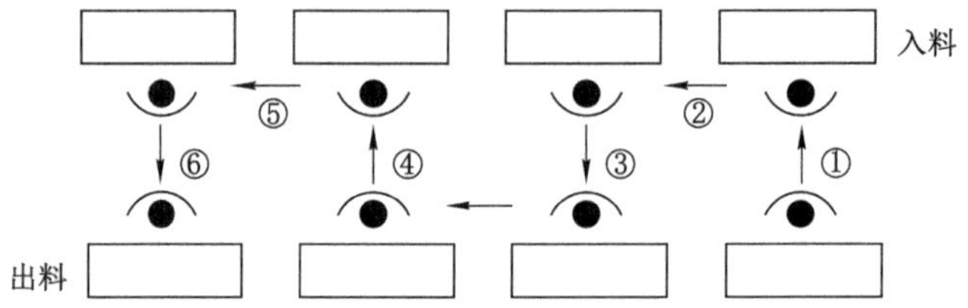

图 5-22　工作站平行布置示例

③ U 形布置

U 形布置产线的出入口一致,工作站基于右利手逆时间方向依次布置(即工作流从右到左),线内通道宽度较窄(通常控制在 1.5 m 内),如图 5-23 所示。其优点是可基于产量需求灵活选用一人作业式、分区式、巡回式等基本作业类型,能更好地适应节拍时间变化(图 5-23);线内物流路线清晰;整条产线占地面积相对于串行布置少;人员走动距离短;可以随时观察设备的运行状态和及时传递异常信息。其缺点是出入口物流相对拥挤;人力要求高,常为多能工。

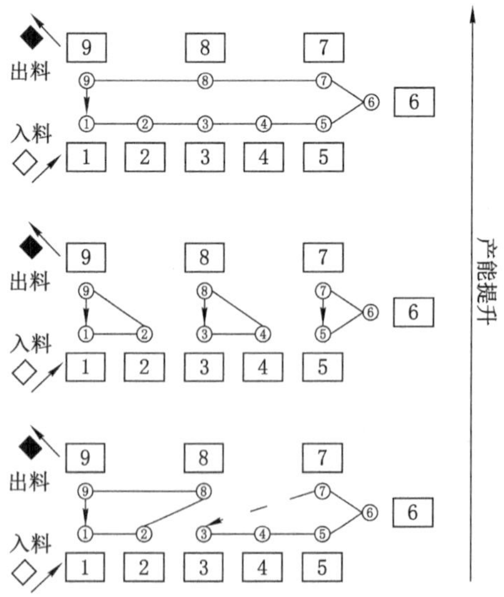

图 5-23　U 形布置产线能力适应性

大多数操作者为右利手,逆时针移动时,能更好地使用自己的身体。左手取回零件,右手做装配工作,发挥右手的优势;同时,因为脑半球控制着人体相反的一侧,右利手操作者对左侧空间洞察能力更强，空间可视性好，作业往往更加舒适和快速。

④ 环形布置

环形布置可看作 U 形布置的变形，往往用于一人作业方式，也可以用于多人巡回作业方式。

⑤ V 形和 L 形布置

V 形布置往往用于一人操作两个工作站的情况，以便减少行走距离和随时观察设备的运行情况，流动模式呈现角流。L 形布置常用在改变物流方向的区域。如图 5-24 所示。

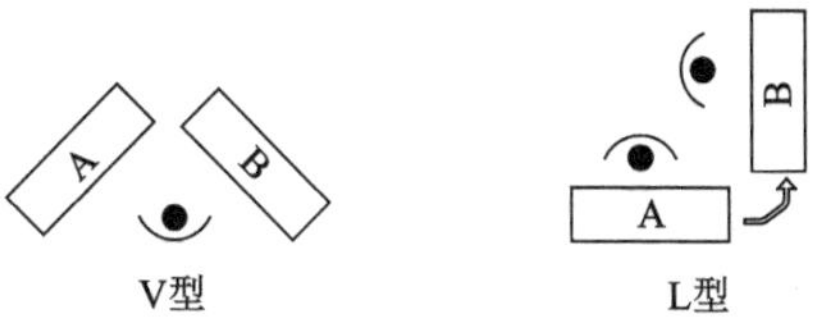

图 5-24 V/L 形布置示例

(3) 一笔画工厂布置阶段

一笔画工厂布置从提高系统整体效率的目的出发，将前后关联的生产线集中布置。用于企业布置改善时，其流程通常分为四个阶段，依次是：第一阶段，由工艺原则水平布置改为产品原则垂直布置；第二阶段，采用 U 形生产线；第三阶段，将长屋型改为大通铺式；第四阶段，在整体上呈一笔画布置。

第一、二阶段的布置形式前面已经叙述。第三阶段采用大通铺式布置形成组合 U 形生产线(如图 5-25 所示)，能有效利用空间，消除产线隔离变集中布置，增强线与线之间的协作；根据生产线产距时间调整作业分配和人员安排，避免单条产线“零头工”现象，达到整体少人化目的；同时也能减少生产线间在制品数量和相应的储存空间占用。

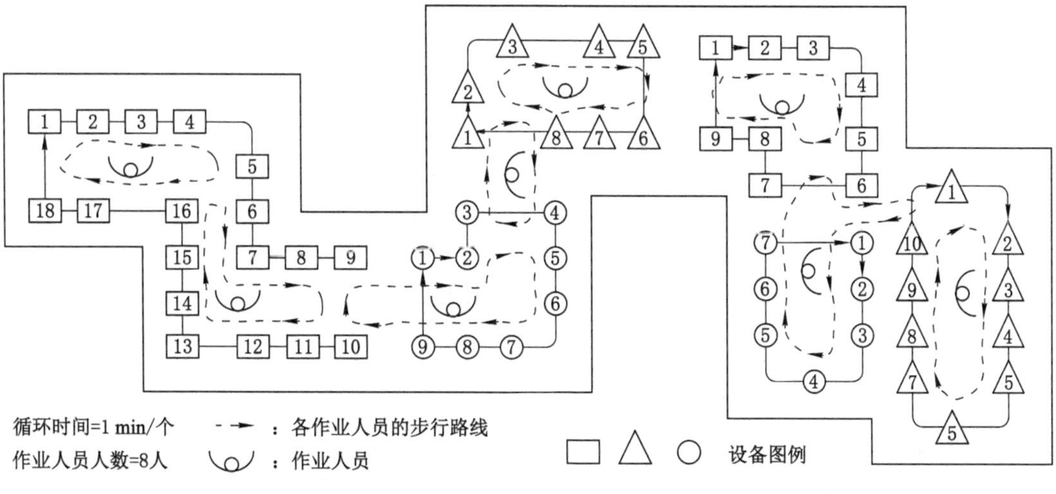

图 5-25 大通铺式布置示例

第四阶段从工厂整体物流角度考虑布置的协调性，最终追求的是使企业整体物流路线能用一笔勾画出来。如图 5-26 所示。

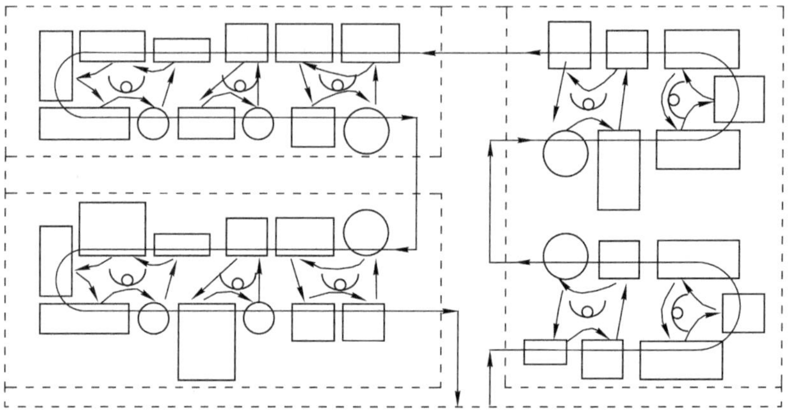

图 5-26　一笔画工厂布置示例

5.4.2　精益布置设计成功实施支撑性要素

要在企业成功实现精益布置预期达到的效果，需要从系统整体运作的角度考虑，把握系统运作过程中的每个要素，提前对实施时可能遇到的各类问题进行预防。主要支撑性要素如下：

(1) 质量保证

质量第一的原则是精益布置系统稳定运作的基础。每个工序应掌握客户(下一工序)的真实需求，坚持“上游改善”思维，将问题解决于源头，防止不良发生、杜绝不良流出。质量部门应该成为精益布置强有力的支持者和拥护者。

保证产品工序质量的措施有：作业人员自主检查；避免生产与检查相分离；设备防错功能；良好的照明；现场 5S。

(2) 标准化作业

作业标准化是精益布置稳定运行的必要条件。标准化是完成一项任务最有效的方式，是当前所确定的最佳过程指导，是应对变动性的利器。无标准则过程存在着更多的变动性，其连续稳定运行则无从谈起。变动性对产品在生产线中经历的时间呈平方增长，而产品通过生产线的时间遵循利特尔法则，即其等于系统中的库存数乘以产出节拍。

人们很容易快速理解基于图片、图样和创造性的文字图片所形成的标准，故应重视目视标准化的建设。保证员工按照标准化作业，维持员工作业的稳定和高效，避免制造过多、步行距离远、手动作业的浪费。

标准化作业的目的：作业顺序一致化；右利手前提下逆时针方向操作；进行适当的作业组合；明确作业循环时间；明确在制品数量。

(3) 物流顺畅

避免物流浪费：先进先出，快速流动。物流流畅管理的目的是推动精益物流，保证生产过程中的物流活动能够以零库存的方式运转。

精益布置往往在一头一尾存货，中间均衡快速流动；优化在制品库存放置、搬运方法和搬运路径;前后生产线尽量紧凑型布置。

(4) 信息流畅

信息流是精益布置运行的指令中心,是企业制造过程流畅运行的前提。其应明确清晰,便于横向和纵向传递,使制造过程更加稳定。

生产信息流畅给企业带来的作用是:助力拉动式生产;生产绩效目视化;便于批量处理。

(5) 少人化

少人化生产不是减员生产,而是能够灵活地应对市场的需求,整合不同的人员达到不同需求条件下的生产要求。同时,少人化生产是指企业能够弹性生产,按照客户的需求数量和要求,灵活设置人员结构和人员数量,人多人少都能生产。

少人化的建立需要有一定的条件限制:U 形布置方式;逆时针摆放;设备间无阻隔;人与设备分工明确:人负责装料、卸料,设备负责加工,启动按钮安装方式适当等。

(6) 方便维护

实现精益布置之前需要考虑布置之后的场地、工装、设备等生产要素的易维护性,在布置之后对于设备的维修和保养、产品的系列化管理、工装的变更等不可预测性要素均有预设方案和措施,实现精益布置之后的弹性和稳定。精益布置需要把设备和工装等硬件实现相对紧促的工序衔接,这样有可能给设备、工装维修带来挑战,包括设备保养空间、设备维修余地、工装转移空间等,需要设备维修部门的大力响应和参与才能够规避布置之后维修可能出现的问题。

方便维护常采取的措施:预留足够的维护空间;优先保证日常维护点空间;不常动部分模块化管理、移开维护。

(7) 安全性

精益布置过程中涉及设备的搬迁和搬运设备的使用,需要考虑专业性,避免布置过程中安全隐患的出现。在布置结束后设备的动力部分、机械运动部分能够满足员工安全作业的所需空间。前期布置模式的策划过程需要一线员工积极参与讨论,一线员工是最熟悉生产现场的,一线员工积极参与讨论可以规避布置之后所带来的安全风险,也让员工能够提前了解布置之后的情况并有心理准备。

精益布置过程中要确保员工的作业安全,由于布局的紧凑和刚性连接,导致员工的工作空间和作业场所发生变化,设计者要站在员工作业的立场上考虑安全隐患,同时对员工具体的作业过程进行分析,消除影响员工安全的隐患因素,需要考虑的要素有:加工点远离双手可达区域;作业时容易步行;去除踏台、突出物;启动按钮的保护盖、距离、位置、防止误启动;蒸汽、油污、粉屑防护;现场照明、换气、温湿度。

(8) 整体协调

布置过程需要整体协调,充分整合企业资源,统一行动才能够提高整体效率,如整体物流、动力供应、线间与仓库间搬运、预备扩充空间等。精益布置的过程可以由制造部门发起,但绝不是一个单一的设备搬迁和工装调整,而是需要各个职能单元通力配合,协同作战并相互支持才能真正产生成效,同时其运行也需要强有力的行政干涉才能完成。精益布置不是一项任务,而是企业变革的先锋。

5.4.3 改善型精益布置设计实施步骤

改善型精益布置设计的实施步骤如下。

(1) 现状布局图绘制

充分尊重和考虑现状布置，在此基础上进行改善。结合企业工艺流程，绘制企业制造现场的设备、工装、模具、电器部分、工位器具、安全通道、员工工作位置等生产要素的布置位置和布置结构，各个要素的绘制尺寸比例统一。

(2) 根据产品族确定分析对象

确定要分析的产品对象，获取一个代表性产品的生产工艺过程，将其作为主线来综合考虑布置结构的合理性和通用性。代表性产品可能是工序最多、产量最大或工艺流程最复杂的型号。

(3) 收集过程块关键信息

获取现场实际存在的最全面的信息，这是实现精益布置的基础条件。这些重要数据的收集可以帮助设计者详细辨别生产过程中的外部信息和内部信息，并通过信息的梳理和结构化，将其作为精益布置实施的依据。如：产品种类清单、周期时间、产品换模/换型时间、设备有效工作时间、生产批量大小、操作工数量、有效工作时间、废品率等。

(4) 生产过程节拍分析及定拍

在布置结构分析的过程中，节拍是一个非常重要的分析信息，其作用是确定生产能力、工作量大小等，从而给各个产品系列设计需求的人机料法环(4M1E)等生产要素。

(5) 各个过程块信息特征分析

对各个过程块的信息进行整理和分析，获取有效的特征信息来支持新的布置结构，新的布置结构与旧的布置结构之间的对比和调整都是依据具体的现场信息进行决策。如：对比工序节拍与生产节拍，实施新布置必须重点解决的瓶颈工序；设备配置数量的确定；换模/换型时间的分析和改善等。根据全年生产计划大纲及每一种产品产量、节拍等数据计算出每一种产品需求的线体数量。

(6) 现场库存状况分析

通过现场观察和与员工沟通来获取库存产生的原因，并与基层管理人员和一线员工共同讨论减少或消除库存的方法以及精益布置结构所带来的影响，探讨出适合当前情况条件下的最佳布置结构和运行方式，降低精益布置设计的风险。

(7) 实际物流路线分析

分析的内容主要包括：物料的补给方式、物料的包装方式、物料的搬运配送方式、工序物料的存放方式、搬运设备与器具和物料搬运人员的资源配置以及物流路线的优化等。分析中依据的主要原则是：根据距离最短原则，确定整体物流方向。

(8) 建立生产现场精益布置结构

通过以上各个环节的分析，以建立单件流为指导，针对每个工序的设备、工装、模具、人员、信息等生产要素进行重新排布，根据产品族特点、物流距离最短、作业面积最小原则设计精益布置结构。

(9) 对比新旧布置结构

通过对比，寻找新旧布置的差异，获取布置过程中需要克服的问题和寻找需要解决的办法。

(10) 制定详细的搬迁实施计划

在实施新布置之前应由项目总指挥制定详细的搬迁实施计划;在实施精益布置的过程中综合调配资源,各负其责,严格按照既定的精益布置方案实施。

在实施精益布置的过程中如果遇到特别需要重新考虑的环节,需要紧急召集搬迁的相关人员共同寻找解决办法,减少精益布置对生产过程的影响。

(11) 布置后应满足柔性生产要求

IE 部门需要根据价值流分析混合作业,以使新布置的生产线适应柔性生产要求,即多品种少批量的生产要求。

(12) 超市管理与运作

在连续流动无法向上游扩展时采用超市控制方式。精益布置要实现的目标是一个流的过程,但在流动的道路上一直都没有平坦的大道,工艺结构、工序分配或设备及工装等原因都可能导致单件流不能如愿。有时一个流是相对的,也可能是小批量的流动,在没有条件完全实现单件流的情况下可以借助超市化管理实现。

6 物料搬运系统设计

物料搬运系统的设计是设施规划的一个重要组成部分。设施布置设计和物料搬运系统的设计是不可分割的，而且二者不可偏废。尤其在新设施的设计时，综合考虑这两个系统的同步设计更为关键。

通常，物料搬运系统设计不止一种“最优”解决方案，这就要求设施规划人员拥有全局的意识，要考虑到“整体效果”。

6.1 物料搬运系统概述

6.1.1 物料搬运系统含义

物料搬运系统(Material Handling System，MHS)是指基于生产需求及一定的管理理念，由各种设备、设施、器具和技术组合而成的逻辑动作系统，用于协调、合理地将物料在供需地之间进行移动、保护、储存和控制。

每一个物料搬运系统都是经过专门设计的，服务于特定的物流系统环境。它涉及整个生产过程的物流管理，以确保生产的顺畅进行。当前物料搬运系统的发展方向是自动化、智能化、无人化和绿色环保，以满足现代工业企业高效、柔性和环保的要求。

6.1.2 物料搬运系统功能活动

工业企业物料搬运系统在生产过程中扮演着至关重要的角色，它涉及从原材料输入到成品输出的整个过程。一个高效的物料搬运系统不仅能提高生产效率，降低成本，还能提升产品质量和生产安全性。通常，人们认为物料搬运系统主要有以下四个功能活动。

(1) 移动：移动物料可以产生空间效用。所有的物料移动要考虑可运性影响因素，并且需要对移动的路径和频率加以分析，以维护作业流程的顺畅。

(2) 保护：物料保护措施应该包括防碰、防损或防盗的包装和装运等一系列作业方面的设计考量。同时，在信息系统方面应有避免误装、误置、误用和加工顺序错误等预防功能。

(3) 储存：储存物料不仅可以起到各项作业间的缓冲作用，更有助于人员与设备的有效利用，以及提供有效的物料组成。物料储存需考虑的因素有：大小、尺寸、重量、可否堆叠放置、所需的产量，以及地面负荷量、地板条件、立体空间和净高度等建筑上的限制。物料搬运系统中的储存可能位于搬运设备上，也可能位于供应地和需求地，这取决于对物料搬运系统边界的界定。但无论其在何处，从精益生产的角度来说，控制数量是不变的改善目标。

(4) 控制：物料的控制需同时兼顾物料实体作业和信息状态的控制。实体作业包含物料的位置、流向、顺序和空间等控制；信息状态控制则是有关物料的数量、来源、去处、所有者以及流程等信息可以被及时确认。物料搬运系统通常与生产计划和控制系统紧密集成,共同作为制造执行系统 MES(Manufacturing Execution System)的关键功能子系统。

6.1.3 物料搬运系统目标

物料搬运系统的目标往往可以简单地用高效、环保、柔性和稳定等来进行概括,但该表述相对笼统,不利于指导具体的设计工作,而九个"正确"的表述对于规划工作来说更有意义。

(1) 正确的物料。该目标体现了物料搬运系统在发挥其移动、保护、存储和控制的功能时,应做好物料的精确识别。人工拣货最常见的两种错误是拣错数量和拣错物料。这两类错误表明要有一个精确的识别系统。当前,基于条形码和二维码的自动识别技术已经得到了广泛运用;基于物料外观的机器视觉等人工智能技术也取得了长足发展。

(2) 正确的数量。在生产系统中,正确的数量反映的是加工作业与搬运作业考虑能力、成本等因素后协调的结果,表现为每次搬运的数量或存储数量等。JIT 理念追求"零"库存和连续流,前后加工能力不均衡时采用拉式生产控制物流,生产批量越小越好。随着各生产环节调整转换时间的减少,生产批量的匹配使得"正确的数量"在物料搬运方面做得更好。

(3) 正确的状态。正确的状态是指顾客(常为内部顾客)期望收到的物料的状态,顾客收到的货物必须无破损。顾客可以指定物料交付状态,如是包装的还是不包装的,是漆装的还是非漆装的,是否按成套技术要求来分类,或是以顾客指定的可回收容器来交付等。

(4) 正确的顺序。制造和配送作业的效率要求物料搬运要有正确的顺序,如多品种混合生产情况。工作简化有助于消除不必要的动作并改进剩余的动作,有时将不同的步骤进行组合并改变操作顺序会使物流更高效,如配送的送取结合。

(5) 正确的方向。正确的方向是指物料放置取向要便于搬运和加工。对机器人搬运等自动化系统,方向尤为重要,零件的取向必须明确限定。如果在零件设计时也考虑到搬运问题将有助于减少搬运时间。采用四向进叉的托盘而不是两向进叉的托盘能消除取向问题。

(6) 正确的地点。正确的地点在搬运和存储过程中均有要求。在搬运过程中涉及搬运路线的决策,正确的地点指的是最终目的地,也有可能是中间汇集地与最终目的地的结合。在存储过程中涉及企业采取的集中与分散存储决策结果,以及存储区的空间规划与设计。

(7) 正确的时间。正确的时间指的是在需要的时候准时交付给需求地。减小交付时间的变化幅度是物料搬运的关键要素。如工人操作叉车这样的灵活物料搬运系统在运输时间上变化很大,而自动导引车(Automated Guided Vehicle,AGV)系统的搬运时间则是可控的。物料搬运系统的设计应有助于产品生产提前期变得更短,而不是物料搬运的交付时间更短。

(8) 正确的成本。这里正确的成本并不是最低成本。针对生产系统中的物料搬运系统,其成本应是系统有效产出最大化基础上的物料搬运系统运作成本,即以最合理的成本来保持系统的最高效。物料搬运系统仅发挥辅助性功能,准时交货才会提高顾客的满意度,反过来又会增加顾客对产品的需求,从而提高收入。物料搬运作业应当支持公司对更高盈利能力的追求。

(9) 正确的方法。正确的方法主要指的是物料从供应地到需求地的移动方法,该移动方法是在考虑物料自身特性及数量、状态、顺序、方向、地点、时间、成本等目标基础上综合抉择的结果。

6.1.4 物料搬运原则

物料搬运原则在实际工作中很重要。通常没有哪种数学模型能对整体的物料搬运问题提供普遍适用的解决办案。

国际物料管理协会物料搬运研究所总结数十年物料搬运专家的经验，提出了物料搬运的 20 条原则，美国物料搬运教育大学与产业联系理事会将其浓缩为 10 条原则，见表 6-1。物料搬运原则是对物料搬运工作实践的总结，是专家智慧的凝练，为物料搬运系统设计人员提供了指导。当然，采用这些原则并不意味着要抛弃经验和判断。一些原则之间甚至可能彼此冲突，所以要根据具体设计环境来决定具体原则的使用。

表 6-1 物料搬运原则

序号	原则	解释说明
1	规划原则	在设计之初，定义拟建系统的需求、战略绩效目标和功能规范以及支持性技术。规划工作应以团队方式开展，其中包括供应商、顾问（如有需要）和最终用户以及管理、工程、信息系统、财务和运营等相关部门
2	标准化原则	物料搬运方法、设备、器具、控制和软件应标准化，以达成整体工作目标，且不应牺牲必要的灵活性、模块化和吞吐量的要求，并且应结合未来的需求
3	工作量原则	应维持最低的物料搬运量，但不应牺牲工厂的生产力和生产水准。通过减少、消除或组合不必要的移动或设备来达到简化，即 ECRS 在物料搬运中的应用。可能的话，利用重力搬运物料或作为助力，尽可能采用直线运动
4	人体工学原则	在设计物料搬运工作及设备时，应清楚并重视人类的能力及极限，减少重复和繁重体力作业，确保作业环境的安全及效率
5	集装单元化原则	尽可能采用标准容器与装载工具集装物料，以利于搬运过程的标准化、集装化。小容器比较符合工厂的生产策略（包括作业目标），例如灵活性、持续生产流和及时交货
6	空间利用原则	最有效地利用设施内的空间。物料搬运考虑的是三维立体空间，而不仅仅是平面。在存储区最大化存储密度的同时，应不失可达性和适宜性
7	系统化原则	尽可能广泛地把各种搬运活动当作一个整体，使之组成相互协调的搬运系统。其范围包括收货、储存、生产、组装、包装、组合和订单选择、发货、运输和反向物流。如设备、容器等在各个环节的匹配；在适应生产及客户变化情况下的最低库存量安排；将信息流与物料流加以整合并视为同步活动；提供有效的物料识别方法，以高效判断其位置与状态，并控制其移动
8	环境原则	在设计或选择设备及物料搬运系统时，应当考虑能源消耗和潜在的环境影响。在可能的情况下实施重复性利用和回收过程，以及建立危险性物料处理的安全防范措施
9	自动化原则	应当尽可能地和有意义地采用作业机械化和/或自动化技术，以提高作业效率、响应能力、一致性和可预测性，减少作业成本并降低人力操作的重复性及危险性。安装自动化设备时，应运用 ECRS 原则对搬运流程及方法进行审视与重新设计，删除不必要的搬运步骤。如果能大幅简化搬运流程，也许不需要自动化流程。自动化和机械化搬运意味着物料的标准化和集装单元化
10	生命周期成本原则	对于物料搬运系统中的所有设备及系统本身，应从整个生命周期角度分析其经济性。生命周期成本包括资金投入、安装、设置、训练、系统测试、操作、保养与维护、重复使用及最终处理等

6.1.5 物料搬运方法

物料搬运方法是物料搬运路线、搬运设备和搬运单元的结合，是物料搬运系统设计的主要成果要素。

6.1.5.1 搬运路线类型及选择原则

(1) 搬运路线类型

搬运路线通常分为三种类型(图 6-1)，分别是直达型、渠道型和中心型，有时又将直达型称为直接型，渠道型和中心型称为间接型。三种路线类型常用字母 D、K、C 作为代号进行表述。

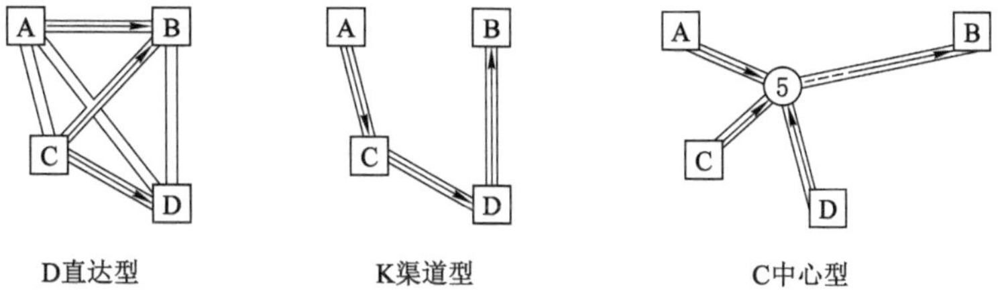

图 6-1 物料搬运路线分类

直达型：路线上各种物料从起点到终点经过的路线最短。适用于物流量大、距离短或距离中等的情况，或者物料有一定的特殊性而时间又较紧迫的情况。有时将采用直达型搬运路线的物料搬运过程称为“出租车模式”。

渠道型：指一些物料在预定路线上移动，收集来自不同地点的其他物料一起运到同一个终点；或者是同一起始点的物料沿预定路线在不同地点进行分发；或者是沿预定路线在不同地点进行收、发的结合。适用于物流量为中等或少量而距离为中等或较长的情况，以及不规则的分散布置情况。企业内部物流以及外部物流中常采用的循环取货(Milk Run)配送模式采用就是该路线类型。有时将这种物料搬运过程称为“地铁/公交车模式”。

中心型：指各种物料从供应起点分别移动到一个中转点进行汇集，然后再一起运往远处的需求终点，或者是从远处的供应始点一起运到一个中转点，再转运到各个需求终点。适用于单个供应点和需求点物流量小而距离中等或较远的情况。在社会物流中，快递企业的转运中心往往采用这种模式，以降低整体物流成本。

(2) 搬运路线类型选择原则

依据物料搬运原则中的工作量原则，若存在物流量大而距离又长的情况，则说明当前的布置不合理。距离与物流量指示图有助于根据不同的搬运活动来确定搬运路线的类型。图 6-2 说明直达型适用于距离短而物流量大的情况，间接型(渠道型或中心型)适用于距离长而物流量小的情况。

6.1.5.2 搬运设备选择原则

通常主要依据物料搬运原则中的工作量原则，同时兼顾其他原则，并结合物料特点来确定设备的类别和型号。如图 6-3 所示，简单的搬运设备适合于距离短、物流量小的搬运需求；复杂的搬运设备适合于距离短、物流量大的搬运需求；简单的运输设备适合于距离长、物流量小的运输需求；复杂的运输设备适合于距离长、物流量大的运输需求。

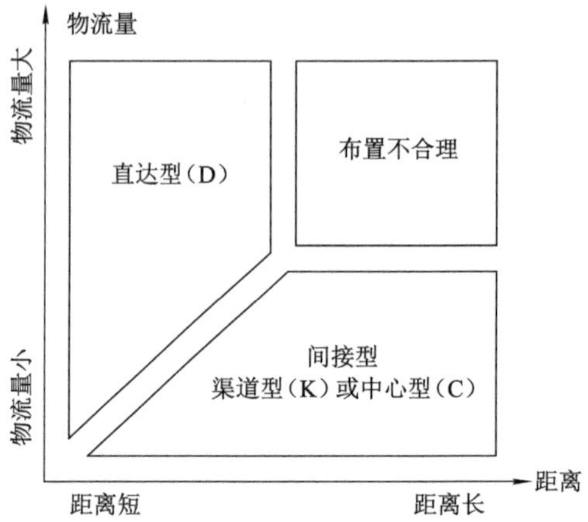

图 6-2　搬运路线选择指示图

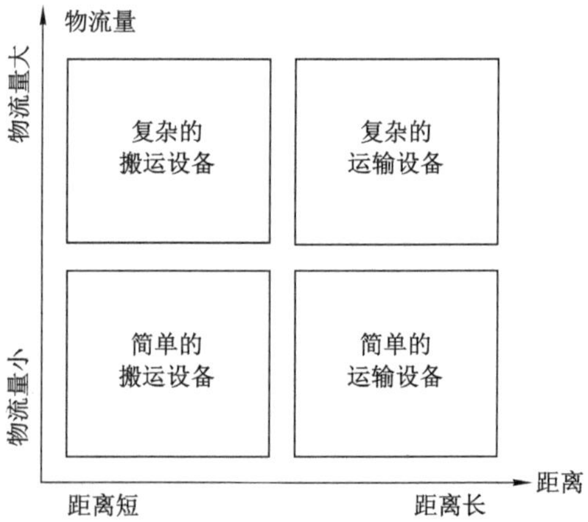

图 6-3　搬运设备类型选择指示图

设备按技术或性能分类时，可分为起重机、输送机、无轨搬运车辆和有轨搬运设备。例如无轨搬运车辆按费用分类可分为简单的搬运设备（如二轮手推车）、复杂的搬运设备（如窄通道带作业夹具的叉车）、简单的运输设备（如机动货车）、复杂的运输设备（如 AGV）。

6.1.5.3　搬运单元

搬运单元是指物料搬运时的基本装载方式，是一次搬运的物料量单位。通常除体积较大、重量较大的 A 类物料外，线边和超市中的物料，以及物料员（在精益生产中形象地俗称为水蜘蛛，也称转运工、配送员等）转运的物料都是放在容器中形成搬运单元，以容器为最小单位进行存储和转运，因此搬运单元或容器设计是企业物流系统设计的基础。这种容器可以是不同型号或颜色的盒子或专用容器，也可能是各种形式的工装车等，如 4.6 节流动容器的内容。容器设计是根据物料的可运性影响因素、需求特性（消耗速度、配送频次等）及接收、存储、移动和回收要求等综合考量的结果。

(1) 容器设计原则

① 标准化可重复使用原则

尽量使用可重复使用的标准塑料容器，减少纸质包装物的使用。容器最好是标准规格和颜色，便于采购和补充，同时型号不宜太多，增加通用性，便于管理。若供应商未使用标准容器，可能造成倒装浪费。容器设计与改善的过程中往往需要供应商的参与，共同改善。

② 裸体上线原则

裸体上线是指员工拿取物料时，可直接从容器中取出并使用，不需要拆包装、分选、判断等动作，以取消使用时的动作浪费及现场包装垃圾再清理的浪费。此原则可以结合低成本自动化（Low Cost Automation，LCA）延伸为单件供料。

③ 发挥小容器优势原则

在设计生产系统中的容器时，要设计小的、轻的、可前端供料的小型化容器。避免使用重的、需要叉车搬运的大容器。从员工使用角度：线边大容器占用的空间大，员工使用物料时将产生走动、转身、弯腰等动作浪费；而小容器可直接放到员工增值区内，避免操作过程中的动作浪费，减少了线边空间的占用。从物流角度：防护上，小容器的零件质量防护会更容易；运输上，大容器需要叉车等专用物流设备，装载率可能低且不安全。小容器可以手工搬运或小型周转车搬运，实现小批量、多频次的 JIT 物料配送。

对精益内部物流而言，若没有小容器设计，后续的线边、超市和水蜘蛛配送就很难实现，因此可以说小容器是水蜘蛛 JIT 配送形式和精益内部物流的前提条件。

④ 带轮原则

一般将小且轻的 C 类物料设计成小型标准容器的形式，对于 B 类物料，若也设计成标准容器，则在容器数量和重量上可能超出要求。一种情况，可将多个同种物料容器放置在工装车上；另一种情况，直接将 B 类物料容器设计成带轮的工装车形式，不是人工搬运，而是推动和牵引。

在实际容器设计过程中，工装车的设计较标准容器的设计要复杂一些，需要根据零件特点进行针对性的定制化设计。设计工装车时，要注意以下几点：A. 整体重量：工装车加物料整体重量一般控制在 500 kg 以内，以便推动和周转。B. 结构强度和灵活性：结合重量、路面情况，考虑结构强度和脚轮选择。C. 层数和层高：基于物料特点设计，要符合人机工程学，避免弯腰、磕碰等。D. 现有工装车改进：尽量考虑在现有的工装车上进行改进，以减少成本。E. 成套设计原则：将两种或两种以上的物料以成套的形式放在一个容器中，作为一种物料进行配送，可以是完全成套，也可以是部分成套。F. 特殊物料特殊设计：对于大、重、异形等特殊物料的工装车要结合其他工装车设计，尽量使各种类型工装车在长度和宽度上相同，为后续水蜘蛛运行做好准备；对于有防护要求的物料，设计专用的防护措施，如隔衬、防护模板、胶皮等。

（2）容器使用范围

基于客户（使用者）设计的容器，最终的使用点是生产线的线边使用点。逆流而上，配送容器到线边的水蜘蛛、暂存物料的超市、配送物料到客户处的循环配送、供应商成品库及至供应商生产线末端，都应使用同样的容器，以减少重复包装的浪费。

理论上，在整个供应链上使用相同的容器是最佳选择。但在实际过程中，由于使用流程长、使用单位多，会面临容器的投入、管理和补充等问题。如不能很好地进行管理，将很难长期运行，并且维护成本会越来越高。一种可行的方式是采用第三方物流。由第三方物流进行容器的全过程管理，包括投入、维护、跟踪，这种方式已有许多应用，特别是在汽车整车厂供应链中。

在整个供应链中使用同样的容器是物流的目标之一，但是在实际的操作中，当涉及外部供应商时，短时间内可能难以实现。因此，可建立临时再包装区，在工厂内部先使用，再逐步向供应商处发展。容器设计是物流搬运系统设计的第一项内容，在精益生产中，其结合线边、超市、水蜘蛛、信息流等一系列关联性内容协调顺畅地运行时，物流会显现出最佳的效果。

6.1.6 成套设计

成套配送是线边物料配送的方式之一。成套方式在企业内部物流中的应用越来越广泛，是应对多品种、小批量生产的一种有效方式。

6.1.6.1 成套优点与不足

成套优点：① 将某一工位或多个工位所需物料（全部或部分）以成套的形式放在一个容器中，相应工位加工完一个产品后，物料也全部用完，能避免漏装、错装等失误，实现质量内置；② 由于将多种物料放在一个容器中，减少使用员工的寻找、选择等浪费，也便于物料员的快速盘点，从而避免漏配、漏送；③ 成套物料在线边通常为顺序形式，线边物料较少、占用空间较少；④ 成套配送迫使生产以单件流进行操作，能弱化批量操作的可行性，有利于标准作业的实施；⑤ 将一套零件作为一个零件，可减少看板数量，相应地减少信息传递的工作量和复杂度。

成套不足：① 需要设置配套区和配盘人员，在配套区将不同零件按配盘清单进行配盘操作；② 零件质量要求100%合格，任一零件不合格都将导致后续作业暂停待料；③ 需要建立快速响应机制，物料发生问题时能快速响应。

6.1.6.2 成套方式适用条件

因成套方式既有优点也有不足，故是否采用此方式应根据实际情况分析确定。通常，以下情况可以考虑成套方式：

(1) 工位使用零件种类较多，存在混用、错用、多用或漏用等可能时；

(2) 产线换型频繁，不同型号需要物料不同时，如通用件少、专用件多；

(3) 产线线边空间不足，存在取料动作浪费时；

(4) 多品种小批量产品或定制化产品，产品间部件型号、数量等有差异时；

(5) 人员流动较大，新员工认识物料时间较长或容易出错时。

6.1.6.3 成套设计内容与步骤

进行成套设计时，可参照以下步骤开展工作：

(1) 确定成套零件。结合成套优缺点和适用条件，根据零件规划表(Plan for Every Part，PFEP)，见表6-2，从每一工位入手，根据零件特点和相关数据，了解零件在产品中的作用、零件在线边使用方式、配送方式、超市的取料方式，判断哪些零件适合成套。成套零件通常是B类件，在某些情况下也可以是C类件或两者皆有。零件可能是完全成套，也可能是部分成套，依据实际情况确定。

(2) 成套工装设计。将成套配送零件实物收集在一起，设计成套工装。根据零部件特性、数量、种类等不同，成套工装可以是容器，也可以是工装车。设计工装时要考虑标准化、人机工程学、相似零件的区分、零件质量保护、零件的预组装、零件使用顺序、成套数量等。

表 6-2 PFEP 零件信息表示例

区域	序号	物料基本信息									数量信息							储存信息	配送信息		线边信息	
		料号	名称	机型	供应商	分类	到货频次	包装容器	容器数量/个	建议容量	单位	单台消耗	箱号	每箱数量	最大库存	最小库存	箱数	超市地址	产线名称	接收地址	线边箱数	存放量
装配一区	1	8850170159	OIL FILTER	37cc cs	RIXING	A	每周一次	箱	2 500	500 个一包	个	1	3	400	1 600	400	4	10-1	37cc cs	10-1	2	800
	2	8850170160	GRID (filter)	37cc cs	YOULIAN	A	每月一次	箱	500	500 个一包	个	1	2	500	2 000	500	4	10-2	37cc cs	10-2	2	1 000
	3	8850170059	PIPE	37cc cs	HOPEFUL	A	每周一次	箱	100	100 个一包	个	1	4	300	1 200	300	4	10-3	37cc cs	10-3	2	600
	4	0049000061	RING ANELLO	37cc cs	EMAK SPA	B	两月一次	箱	2 500	500 个一包	个	2	2	500	2 000	500	4	10-5	37cc cs	10-5	2	1 000
装配二区	5	8809400006	BEARING	37cc cs	HUATONG TAI	A	每月一次	箱	600	100 个一包	个	2	3	100	400	100	4	10-6	37cc cs	10-6	2	200
	6	8800330015	PISTONRING	37cc cs	HUNAN ZHENGYU	A	每月一次	箱	4 000	300 个一包	个	2	3	300	1 200	300	4	10-7	37cc cs	10-7	2	600
	7	8800400015	PISTONRING	37cc cs	HUNAN ZHENGYU	B	每月一次	箱	4 000	300 个一包	个	2	3	300	1 200	300	4	10-7	37cc cs	10-7	2	600

(3) 制作或购买成套工装。根据成套工装的设计方案,结合线边和搬运需求,制作并试用、改进。内部无法制作时,如有强度或特殊形状等要求,选择外部购买。如为改善设计,应尽量利用现有的、廉价的材料,快速搭建、尝试和改进。

(4) 标准化并目视化。对应成套工装,编制配盘表和成套标准作业;目视化各种标准,便于人员操作。配盘表基本信息应包括:成套物料基本信息(名称、所属产线、工位、线边地址、成套数量等)、配盘实物照片等。

(5) 建立成套区及成套预警机制。超市中的成套物料,最好放在一起,便于成套识别和成套操作。在成套区域附近,建立目视化的成套预警机制,并结合平衡箱,根据齐套情况进行生产计划安排,不齐套不安排生产。

(6) 优化物料异常响应机制。成套配送物料均是按需配送,一旦物料出现问题,将会很快影响到生产。成套预警可以借用现有的安灯系统,或者根据历史数据建立物料方面的快速响应计划。在出现问题时,根据响应计划快速解决问题。

物料的成套与否会影响到企业内部物流设计的各个方面,如线边空间、物料员工作量、超市布局、看板的形式和数量等,因此其是内部物流设计的基础工作。在容器设计时,就要开始考虑物料的成套性,为后续其他方面的设计做好准备。

6.1.7 物料搬运系统程式

为设计物料搬运系统的可行方案,可以采用物料搬运系统程式,如图 6-4 所示。通过物料搬运系统程式,设计者同样可以寻求物料搬运问题的解决办法。程式中,“何物(What)”定义了要移动物料的类型,“何处(Where)”和“何时(When)”分别确定空间和时间需求,“如何(How)”和“何人(Who)”提出物料搬运方法和搬运任务承担者。对这些问题的回答将有助于得到推荐的系统(Which)。

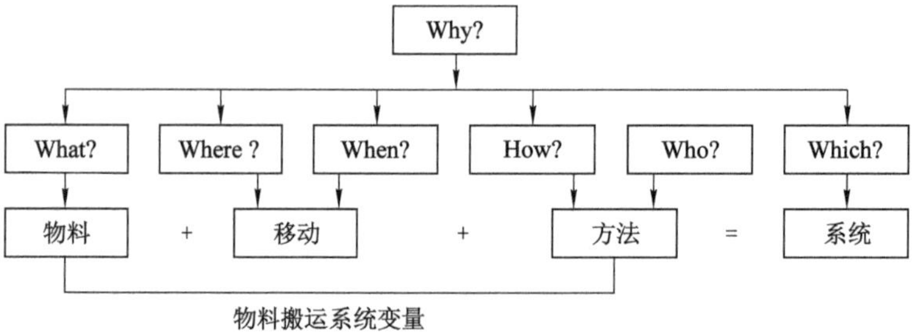

图 6-4 物料搬运系统程式

物料搬运简单来说是对各种物料进行空间位置的移动变换。要完成这种移动变换,需要知道被移动的对象,明确移动出发地与目的地及时间方面的需求,确定与移动对象及时间地点需求相适宜的移动方法。因此,物料搬运系统的基本内容有三项:物料、移动和方法。这三项内容是进行任何搬运系统分析的基础。

表 6-3 是 5W1H 问题详细清单。对每一个问题再问一个为什么(Why),看它是否真正必要。

表 6-3　物料搬运程式 5W1H 问题详细清单

问题类型	问题清单
何物	① 要移动的物料类型是什么？② 它们的特征(形状、大小)是什么？③ 移动和存储的数量是多少？
何处	① 物料从哪里来？应当从哪里来？② 物料交付到哪里去？应当交付到哪里去？③ 物料在哪里存储？应当在哪里存储？④ 哪里的物料搬运工作可以取消、合并或者简化？
何时	① 什么时候需要物料？它应当在什么时候移动？② 什么时候应用机械化或自动化？③ 什么时候进行物料搬运工作情况检查？
如何	① 物料是如何移动或存储的？物料应当如何移动或存储？物料移动存储的其他方式是什么？② 应维持多大的库存？③ 如何跟踪物料？物料应如何跟踪？④ 问题应当如何分析？
何人	① 谁来搬运物料？进行这些工作需要什么技能？② 谁应接受培训，以服务和维护物料搬运系统运作？③ 谁应参与到系统的设计工作中？
何种	① 哪种搬运作业是必需的？② 如需要，应当考虑哪类物料搬运系统？③ 哪一种物料搬运系统是成本效率比更加突出的？④ 哪一种方案更优？

6.2　系统搬运分析方法

系统搬运分析(System Handling Analysis，SHA)是缪瑟提出的一种有条理的搬运系统分析方法。它是一种解决搬运系统设计问题的方法，是一系列依次进行的步骤，拥有一整套关于记录、评定等级和图表化的图例符号；是适用于一切物料搬运项目的结构化方法或称模式。

6.2.1　SHA 的程序

由前所述，物料搬运系统的基本内容是物料、移动和方法。因此，系统搬运分析就是分析所要搬运的物料，分析需要进行的移动和确定经济实用的物料搬运方法。系统搬运分析的程序就是建立在这三项基本内容基础上的，如图 6-5 所示。

系统搬运分析方法的过程描述如下：

(1) 物料分析(分类)。制定搬运方案时，首要的工作就是分析物料(原材料、零件、部件、产成品)，并对其进行分类，依据是物料的物理性能、数量、时间或特殊控制要求等。

(2) 布置。在对搬运活动进行分析或图表化之前，先要有一个布置方案，后续的移动分析是以当前既定的布置为基础。

(3) 各项移动的分析。各项移动的分析主要是确定每种物料在每条路线(起点到终点)上的物流量和相应的移动特点。

(4) 各项移动图表化。把分析结果转化为直观的图形。通常用物流图或距离与物流量指示图来体现。

(5) 物料搬运方法的知识和经验。在找出一个解决办法之前，需要先掌握物料搬运方法的知识，运用有关的知识和经验来选择各种搬运方法。

(6) 确定初步搬运方案。在这一步，要提出包括搬运路线类型、搬运设备和搬运单元(或容器)的初步搬运方案；也就是把收集到的全部资料数据进行汇总，从而求得具体的搬运方法。实际上，往往要提出几个合理的、有可能实行的初步方案。

(7) 修改和限制。在考虑一切有关的修正因素和限制条件以后，对这些初步方案进一

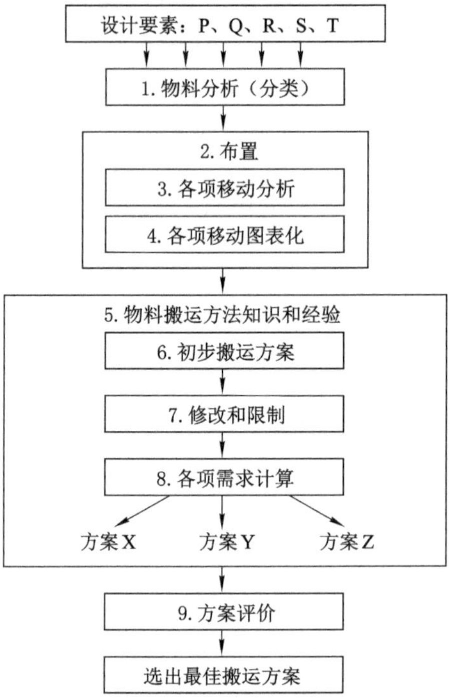

图 6-5　搬运系统分析程序

步调整。在这一步，要修正和调整每一个方案，把可能性变为现实。

（8）各项需求计算。对初步方案进行调整或修正是为了消除所有不能实现的设想。但是在选择最佳方案之前，还需要算出每个方案所需设备的台数、搬运单元的数量、投资及其运营费用等情况。

（9）方案评价。对几个方案进行比较评价。评价的目的是要从几个方案中选择一个较好的方案。不过，在评价过程中，有可能会把两个或几个方案结合起来又形成一个新的方案。

（10）选定物料搬运方案。经过评价，从中选出一个最佳方案。

6.2.2　SHA 的四个阶段

每个搬运项目都有一定的工作过程：从最初提出目标到具体实施完成，SHA 方法的分析过程分为四个阶段，即外部衔接、编制总体搬运方案、编制详细搬运方案及方案实施与试运行，如图 6-6 所示。每个阶段的工作内容如下。

第一阶段：外部衔接，确定位置。这个阶段要搞清整个拟规划系统（工厂）或分析区域所需的物料搬运活动，包括物料的输入、输出方式及数量、频率等。在这之前，先要考虑所分析区域以外的物料搬运活动，就是把区域内具体的物料搬运问题同外界情况或外界条件联系起来考虑，这些外界情况有些是能控制的，有些是不能控制的。这样，可以使内外衔接更加相互协调，以利于确定衔接设施的具体布置地点。这里的衔接设施可以是作业单位、活动区域等。例如，对区域的道路入口、停车场、仓库收发货码头等进行必要的修改以便与外部条件协调，使工厂或仓库内部的物料搬运与外界的大运输系统结合成为一个整体。

第二阶段：编制总体搬运方案。这个阶段要确定布置区域的基本物流模式，根据作业单

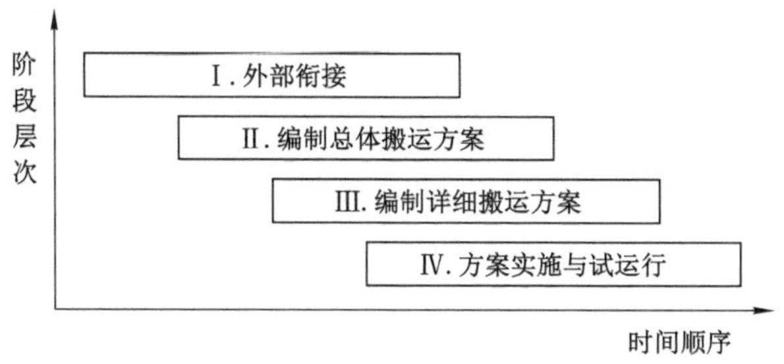

图 6-6　SHA 阶段结构

位、部门或区域的相互关系及外形，基于各项移动分析，确定区域间物料搬运方案，对搬运路线类型、搬运设备类型与型号、搬运单元或集装容器作出总体决策。

第三阶段：编制详细搬运方案。这个阶段要考虑每个主要区域内部各工作地点之间的物料搬运。例如，基于每台机器设备、通道、仓库或服务设计的位置，结合各项移动的分析，确定各工作地点之间的搬运路线类型、搬运设备和搬运单元(集装容器)，完成详细的物料搬运系统设计。

注意总体搬运方案与详细搬运方案是相对的。如果说第二阶段是分析整个工厂内部各车间(厂房)之间的物料搬运问题，那么第三阶段就是各车间(厂房)内部的物料搬运问题。如果是大型车间(厂房)，其包含很多工段(产线)级的作业单位，则该大型车间(厂房)内部的物料搬运问题就属于工厂角度的详细搬运方案设计阶段，也是下一级工段(产线)级作业单位搬运问题的总体搬运设计阶段。

第四阶段：方案实施与试运行。任何方案都要在实施之后才算完成。这个阶段要进行必要的准备工作，包括订购设备与集装容器，完成人员培训，制定并实施具体搬运设施的安装计划。然后对所规划的搬运方法进行调试，验证操作规程，并对安装完毕的设施进行试运行等阶段验收，确定整个物料搬运系统能够正常运转。

上述四个阶段是按时间顺序依次进行的，为了取得最好的效果，各阶段在时间上通常会有所交叉，即通常情况下物料搬运系统分析与设计工作也是按照“顺序交叉”的方式进行操作。

需要说明的是，系统搬运分析方法对第二阶段(总体搬运方案)和第三阶段(详细搬运方案)都适用。也就是说，两个阶段的工作深度有所不同，但分析步骤所依据的模式却是一样的，即总体方案设计和详细方案设计都遵循同样的程序模式。

6.3　搬运系统分析与设计

6.3.1　物料分析

人的认知是一个由不知到知、由浅入深、由表象到实质的过程。SLP 和 SHA 程序同样均遵循着这种认知规律，设计过程的阶段结构都按照从总体设计到详细设计的顺序。原有 SHA 在此阶段称为物料分类，采用的方法是基于物料的分类方法，分类的目的是简化物流分析的过程，便于确定搬运方案。但也正因为该方法是根据物料主导特征的归类分析，难以体现同类物料之间的个体差异性，对于搬运工作量和搬运方案的计算与确定是相对粗糙的。该方法更适用于 SLP 和 SHA 前期总体或初步方案的形成。对于精益工厂来说，希望系统设计之初就按精益思想开展设计工作。故本处导入 PFEP 精益工具用于指导物流搬运系统详细设计工作的物料分析阶段，通过搬运单元的标准化简化物料分类，从而减少搬运设备的数量及种类。当然，在进行新建工厂的搬运系统设计时，PFEP 信息不可能完善，但对于任何企业 PFEP 的构建本就不是一蹴而就的，需要不断地迭代完善，让其始于设计也是一种不错的尝试。

6.3.1.1　基于物料主导特征的分类法

在选择搬运方法时，最有影响的因素通常是所要搬运的物料。对任何物料搬运问题，先要解决的问题是搬运什么？如果需要搬运的物料只有一种，也就是单一物料或单一产品，唯一要做的就是弄清楚这种物料的特性。如果要搬运多种不同的物料，则可按照“物料类别”对它们进行分类，对同一类的物料采用同一方式进行搬运。

对所有的物料进行分类，归并为几种物料类别，可简化分析工作，并有助于把整个问题划分成若干部分逐个解决。生活中，物料分类的基本方法有：按物料本身的物体形态分为固体、液体和气体；按物料重量、尺寸与搬运活性的结合分为单独件、包装件和散装物料。在工业系统的实际设计过程中，SHA 是根据影响物料可运性（即移动的难易程度）的各种物理特征和其他特征进行分类的。区分物料类别的主要特征如下。

（1）物理特征

物理特征包括① 尺寸：长、宽、高。② 重量：每个搬运单元重量或单位体积重量（密度）。③ 形状：扁平的、弯曲的、紧密的、可叠套的、不规则的等。④ 损伤的可能性：易碎、易爆、易污染、有毒、有腐蚀性等。⑤ 状态：不稳定的、热的、湿的、脏的、配对的等。

（2）其他特征

其他特征包括① 数量：较常用的数量或产量（总产量或批量）。② 时间性：经常性、紧迫性、季节性。③ 特殊控制：政府法规、工厂标准、操作规程。

物理特征通常是影响物料分类的最重要因素，也就是说，物料的类别通常是按其物理性质来划分的。数量也特别重要，不少物料是大量的（物流较快的），有些物料是小量的（常属于“特殊订货”）。搬运大量的物料与搬运小量的物料一般是不一样的。另外，从搬运方法和技术分析的观点出发，适当归并产品或物料的类别也很重要。对时间性方面的各项因素，一般急件的搬运成本高，而且要考虑采用不同于搬运普通件的方法。间断的物流会引起不同于稳定物流的其他问题。季节的变化也会影响物料的类别。同样，特殊控制问题往往对物料分类有决定作用。麻醉剂、弹药、贵重毛皮、酒类饮料、珠宝首饰和食品等都是一些受政府法规、市政条例、公司规章或工厂标准所制约的典型物料。

物料分类通常按以下程序进行：

（1）列表标明所有物料或分类归并后物料类的名称，见表 6-4。

表 6-4　物料特征表

产品与物料名称	物料的实际最小单元	单元物料的物理特征							其他特征			类别
		尺寸			重量	形状	损伤的可能性（对物料、人、设备）	状态（湿度、稳定性、刚度）	数量（产量）或批量	时间性	特殊控制	
		长	宽	高								

(2) 记录其物理特征或其他特征。

(3) 分析每种物料或每类物料的各项特征,并确定哪些是主导的或特别重要的。在起决定性作用的特征下面画红线(或黑的实线),在对物料分类有特别重大影响的特征下面画橘黄线(或黑的虚线)。

(4) 确定物料类别,把那些具有相似主导特征或特殊影响特征的物料归并为一类。

(5) 对每类物料写出分类说明。

值得注意的是,这里主要起作用的往往是装有物料的容器。因此,要按照物料的实际最小单元(瓶、罐、盒等)分类,或者按最便于搬运的搬运单元(瓶子装在纸箱内、衣服包扎成捆、板料放置成叠等)进行分类。在大多数物料搬运问题中都可以把所有物料归纳为 8～10 类,一般应避免超过 15 类。

6.3.1.2 基于 PFEP 的分析法

(1) PFEP 介绍

PFEP,译为零件规划表,也称零件信息表(表 6-2),它记录着生产系统中每一种零件的所有详细计划,并注明所有与生产过程相关的信息,是企业内部物流设计与改善的基础数据源,也是精益物流系统的一个关键工具。

(2) PFEP 基本内容

PFEP 中的信息栏目不是固定不变和统一的,每个企业可以根据自身情况进行增补和删减,也有可能随着内外部条件的变化进行改变,常见信息内容见表 6-5。

表 6-5 PFEP 常见信息内容

序号	信息栏目	内容解释	序号	信息栏目	内容解释
1	零部件编号	用来确定 BOM 中每个零件的编码	13	单位重量	每个零部件的重量
2	零部件名称	零部件名称	14	总包装重量	每个零部件包装中零部件的总重量
3	产品用量	每个产品的标准零部件用量	15	包装长度	包装的长度
4	使用地点	零部件使用的工序/地点	16	包装宽度	包装的宽度
5	存储位置	零部件存储的地点	17	包装高度	包装的高度
6	订购频率	从供应商处订购该零件的频率	18	每小时零部件用量	每小时该零部件的使用量
7	供应商	供应商的名称	19	包装中零部件标准数量	每个包装中的该零部件数量
8	供应商所在城市	供应商位于哪个城市	20	每小时包装使用量	每小时包装的最高使用量
9	供应商所在州	供应商所在的州/省/地区/区	21	装运类型	标准装运天数(1 周装运＝5 天)
10	供应商所在国家	供应商所属国家	22	承运人	提供零部件运输服务的公司
11	包装类型	零部件的包装类型	23	运输时间	从供应商到工厂的要求天数(天)
12	包装重量	每个零部件的包装重量	24	供应商表现	对供应商的业绩进行评级,包括准时交货、质量等。

汇总整理后,通常分为以下六类内容:① 基本信息类;② 供应商信息类;③ 包装信息类;④ 存储信息类;⑤ 配送信息类;⑥ 线边信息类。

(3) PFEP 用途

PFEP 是企业内部物流设计与改善的基础，其主要用途如下。

① 用于容器设计：从小容器、合适数量、合适总量、可重复利用、防护、裸体上线等方面对每一个零件进行容器的设计。容器设计中会用到的信息有：物料型号、数量、重量、外形尺寸、小时需求、当前包装形式、最小包装容量、供应商等级等。

② 用于线边设计：根据不同线边形式，计算容器数量，再根据容器尺寸、区域大小设计线边料架的高度、层数和层高等。线边设计中会用到的信息有：配送时间、容器容量、消耗速度、容器尺寸、满容器重量、物料型号数量、使用位置等。

③ 用于超市设计：根据上游工序的循环时间、换型时间、水蜘蛛时间等计算超市的大小，确定超市区域。根据零件的重量、消耗量等设置零部件区域。超市设计中会用到的信息有：容器容量、补充时间、补充批量、配送时间、容器尺寸、满容器重量、供应商信息等。

④ 用于配送设计：结合线边进行配送设计，确定每次配送的容器数量、配送次数、时间、路线等。延伸到外部物流时，根据供应商的情况进行循环取货的设计。配送设计会用到容器、线边和超市设计中的大部分数据。

⑤ 用于构建精益物料供应系统，支持生产单元连续稳定运转。随着越来越多地了解价值流和连续流生产单元，制造企业都在高效地控制自己的生产单元，但企业仍然受大规模生产与大批量零部件供给的影响，缺乏一个为支持零部件供应的门到门的精益物料供应系统，以支持连续的生产单元，而这个系统的核心就是 PFEP。PFEP 为每一个零件提供了物料供应计划，能够妥善定位和管理零部件供应的超市，给出了严格的物料配送路线和标准的物料配送流程，可以通过信号拉动，紧密联系各工位的连续物料流，进行零部件的即时供应。

(4) PFEP 在物料搬运系统设计中的应用

记录每一种物料的基本信息和可能的包装信息，在此基础上，对每个物料进行逐项分析，并基于后续移动分析和设计者的经验逐步明确每一种物料的存储信息、配送信息和线边信息，作为物料搬运系统设计方案比较的记录单及最后方案的结果性支撑文件。

基于物料主导特征的分类法体现的是归纳法思想，有助于规划人员从总体上对系统内的物料分类进行认知，从而有助于把握物料搬运系统设备、容器和路线等决策问题的大方向；基于精益的 PFEP 分析法体现的是详细分析思想，有助于规划人员从生产系统日常运作层面来查明物料间的差异，从而对物料搬运系统设备、容器和路线等决策问题进行调整与修正，使其更加适合生产运作过程的需求。两种方法结合使用，总体与细节并重，有助于设计得到的系统就是精益物流系统。

6.3.2 物料系统布置

对物料进行鉴别并分类后，根据 SHA 的模式，下一步是分析物料的移动。在对移动进行分析之前，首先应该对系统布置进行分析。布置决定了起点与终点之间的距离，这个移动的距离是选择任何一个搬运方案的主要因素。

(1) 布置对搬运的影响

根据现有的布置制订搬运方案时，距离是已经确定了的。然而，只要能达到充分节省费用的目的，就有可能要改变布置。所以往往要同时对搬运和布置进行分析。当然，如果项目本身要求考虑新的布置，并作为改进搬运方法规划工作的一部分，那么规划人员就必须把两者结合起来考虑。

(2) 对系统布置的分析

对物料搬运分析来说，需要从布置中了解的信息主要包括四个方面：

① 每项移动的起点和终点(提取和放下的地点)具体位置在哪里。

② 哪些路线及这些路线上有哪些物料搬运方法，是在规划之前已经确定了的，或大体上作出了规定的。

③ 物料运进运出和穿过的每个作业区所涉及的建筑特点是什么样的(包括地面负荷、厂房高度、柱子间距、屋架支承强度、室内还是室外、有无采暖、有无灰尘等)。

④ 物料运进运出的每个作业区内进行什么工作，作业区内部分已有的(或大体规划的)安排或大概是什么样的布置。

当进行某个区域的搬运分析时，应该先取得或先准备好这个区域的布置草图、蓝图或规划图，这是非常有用的。如果是分析一个厂区内若干建筑物之间的搬运活动，那就应该取得厂区布置图；如果分析一个加工车间或装配车间内两台机器之间的搬运活动，那就应该取得这两台机器所在区域的布置详图。

总之，最后确定搬运方案时，选择的方案必须是建立在物料搬运作业与具体布置相结合的基础之上的。

6.3.3 移动分析

6.3.3.1 移动分析前需掌握的资料

在分析各项移动时，需要掌握的资料包括以下内容。

(1) 物料

明确基于物料主导特征分类的结果或基于 PFEP 的物料容器设计阶段成果。

(2) 路线

每条路线的起点、终点及相应的距离与路线具体情况。其中路线具体情况包括以下内容。

① 衔接程度和直线程度：水平、倾斜、垂直；直线、曲线、折线。

② 拥挤程度和路面情况：交通拥挤程度，路面情况。

③ 气候与环境：室内、室外、冷库、空调区；清洁卫生区、洁净房间、易爆区。

④ 起讫点的具体情况和组织情况：取货和卸货地点的数量和分布，起点和终点的具体布置，起点和终点的组织管理情况。

(3) 物流

物料搬运系统中，每项移动都有其物流量，同时又存在某些影响物流的条件。

① 物流量。对于物流量来说，可以采用类似 t/h 或 t/d 等典型计量单位来衡量。但如果物料可运性差异大时，就应该选用当量系数法或玛格数法来进行修正计算，或借助 PFEP 中容器设计的阶段成果进行计算。

② 物流条件(或搬运活动条件)。包括：数量条件，即每次搬运的件数，批量大小；管理条件，指控制各项搬运活动的规章制度或方针政策以及其稳定性；时间条件，对搬运快慢或缓急程度的要求(紧急的还是可以在方便时搬运的)及其规律性。

6.3.3.2 移动分析方法

(1) 流程分析法

流程分析法是每一次只观察一类产品或物料，并跟随它沿整个生产过程收集资料，必要时要跟随从原料库到成品库的全过程。在这里，需要对每种或每类产品或物料都进行一次分析，见表 6-6。该方法适用物料种类较少、沿程作业活动较多的情况。

表 6-6　流程表结构框架示例

表列单元与最终单元的关系		
表列单元	大小或质量	表列单元数/最终单元数
瓶	100 g	1/1
纸箱(空)	1.7 kg	1/12
托盘(空)	47.2 kg	1/192
纸箱(空)	3.5 kg	1/12
托盘(实)	76 kg	1/192

厂名　：××医药公司　　项　目：68-29
制表人：John　　参加人：
日　期：2022.9.10　　第 1 页　共 1 页
起　点：进厂
终　点：发运
□现有的　■建议的　方案号　A
方案摘要：从进厂直到成品库及发运

本表所列流程描述：片剂装瓶和装箱从空瓶进厂直至成品发运
单位时间的最终单元数量：　　　　生产线速度：48 瓶/min

表列单元和每次荷载的单元数	作业符号	作业摘要	荷载的重量/kg	每小时次数	距离/m	备　注
1. 纸箱(空)1	D1	在载重卡车上	1.7			
2. 纸箱(空)1	○1	装到托盘上	1.7	ⓐ		ⓐ每托盘 0.25 人时
3. 托盘(空)1	⇨1	到验收站	47.2	15	50	
4. 托盘(空)1	D2	在验收站				
5. 托盘(空)1	▣1	验收及过磅	47.2			
6. 托盘(空)1	D3	在验收站				
7. 托盘(空)1	⇨2	至装箱材料库	47.2	15	50	
8. 托盘(空)1	▽1	在装箱材料库储库				
9. 托盘(空)1	⇨3	至装瓶及装箱	47.2	15	100	
10. 瓶 12	○2	瓶从纸箱取出，至装瓶生产线	0.1	ⓑ		ⓑ生产线速度是每分钟 4 纸箱
11. 瓶 1	○2	把药方装瓶		ⓑ		
12. 瓶 1	○3	装入纸箱		ⓑ		
13. 纸箱(实)1	○3	装到托盘上	3.5	ⓑ		
14. 托盘(实)1	⇨4	至成品库	76	15	200	
15. 托盘(实)1	▽2	在成品库储存				
空——未装成品　　实——装有成品					400	

（2）起讫点分析法

起讫点分析法又有两种不同的方法，一种是搬运路线分析法，另一种是区域进出分析法。

搬运路线分析法是通过观察每项移动的起讫点来收集资料，编制搬运路线一览表。每次分析一条路线，收集这条路线上移动的各类物料或各种产品的有关资料，每条路线要编制一个搬运路线表，见表 6-7。该方法适用于每条路线上物料种类较多的情况。

表 6-7　搬运路线分析表框架结构示例

厂　名 ________　项　目 ________

起点 ________　制表人 ________　参加人 ________

终点 ________　日　期 ________　第___页　共_____页

物料		路线状况 距离______			物流或搬运活动		标定等级依据
名称	类别代号	起点	路程	终点	物流量 单位时间的数量	物流要求 数量要求、管理要求、时间要求	
备注	表中每一行填写该路线上的一种物料；路线状况分别填写起点、路程及终点的状况；标定等级一列给出物流量等级，并给出必要的依据，以便了解与其他路线表所列数据的关系						

区域进出分析法，每次对一个区域进行观察，收集运进、运出这个区域的一切物料的有关资料，每个区域要编制一个物料进出表，见表 6-8。该方法适用于区域进出物料种类较多的情况。

表 6-8　区域进出分析表框架结构示例

厂　名 ________　项　目 ________

制表人 ________　参加人 ________

区域 ________　日　期 ________　第___页　共_____页

运进→						操作内容及子区域	运出→					
物料名称	类别代号	每__(单位时间)数量			来自		去往	每__(单位时间)数量			物料名称	类别代号
		单位	平均	最大				单位	平均	最大		
备注	(此处填写进一步解释表中数据的有关资料)											

6.3.3.3　搬运活动一览表

为了达到全面了解情况和指导后续搬运方法的选择，把所收集到的资料进行汇总，编制搬运活动一览表是一种实用的方法。表 6-9 为搬运活动一览表框架结构。

在表 6-9 中，需要对每条路线、每类物料和每项移动的相对重要性进行标定。一般使用 A、E、I、O、U 等级字母进行标定。

搬运活动一览表是 SHA 方法中的一项主要文件，因为它把各项搬运活动的所有主要情况都记录在一张表上。简要地说，搬运活动一览表包含下列资料：

（1）列出所有路线，并排出每条路线的方向、距离和具体情况。

表 6-9　搬运活动一览表框架结构示例

公　司 ________________　厂　名 ________________　项　目 ________________

制表人 ________________　参加人 ________________

日　期 ________________　第____页　共____页

路线				物料类别								每条路线合计		
单向运输 ■ 双向运输 □		距离/m	具体情况	空桶 a		实桶 b		袋 c		其他物品 d				
				物流量/(t/d)	物流等级	物流量/(t/d)	物流等级	物流量/(t/d)	物流等级	物流量/(t/d)	物流等级	物流量/(t/d)	运输工作量/(t·m/d)	物流量等级
起	止			物流条件	运输工作量/(t·m/d)	物流条件	运输工作量/(t·m/d)	物流条件	运输工作量/(t·m/d)	物流条件	运输工作量/(t·m/d)			
1. 铁路车辆	空桶库	76	1	2.7	O							2.7	205.2	O
				b,e	205.2									
2. 铁路站台	化工厂	15	1	5.8	O							5.8	87	O
				b,c	87									
3. 化工厂	铁路站台	15	1			52.5	A					52.5	787.5	E
						b	787.5							
4. 铁路站台	原料库	91	1			4.5	O	78	A	19	I	101.5	9 236.5	A
						b	409.5	b	7 098	b	1 729			
每类物料合计	物流量			8.5		57		78		19		162.5		
	运输工作量			292.2		1 197		7 098		1 729		10 316.2		
	标定等级			O		I		A		E				

代号	线路的具体情况
1	水平直达运输
2	垂直运输

代号	物流条件、状况或其他说明
a	良好、特定、物流量变化小
b	间歇流动，随外部条件

（2）列出所有的物料类别。

（3）列出各项移动（每类物料在每条路线上的移动），包括：① 物流量；② 运输工作量；③ 搬运活动的具体状况（编号说明）；④ 各项搬运活动相对重要性等级（用等级字母标定）。

（4）列出每条路线，包括：① 总的物流量及每类物料的物流量；② 总的运输工作量及每类物料的运输工作量；③ 每条路线的相对重要性等级（用等级字母标定）。

（5）列出每类物料，包括：① 总的物流量及每条路线上的物流量；② 总的运输工作量及每条路线上的运输工作量；③ 各类物料的相对重要性等级（用等级字母标定）。

（6）在整个搬运分析中，总的物流量和总的运输工作量填在右下角。

（7）其他资料，如每项搬运中的具体件数。

6.3.4　移动图形化

做了各项移动的分析，并取得了具体区域布置图后，就要把这两部分综合起来，用图形来表示实际作业的情况。一张清晰的图形比文字说明更容易表达清楚。移动图形化通常有以下三种方法。

(1) 物流流程简图

物流流程简图用简单的图形描述整个物流流程,但是它没有联系到布置,因此不能表达出每个工作区域的正确位置,它也没有标明距离,所以不可能选择搬运方法。传统物流流程简图如图 6-7 所示,这种类型的图只能在分析和解释中作为一种中间步骤。实际使用时,对标示内容也可根据需要适当增加或改变,如增加距离。

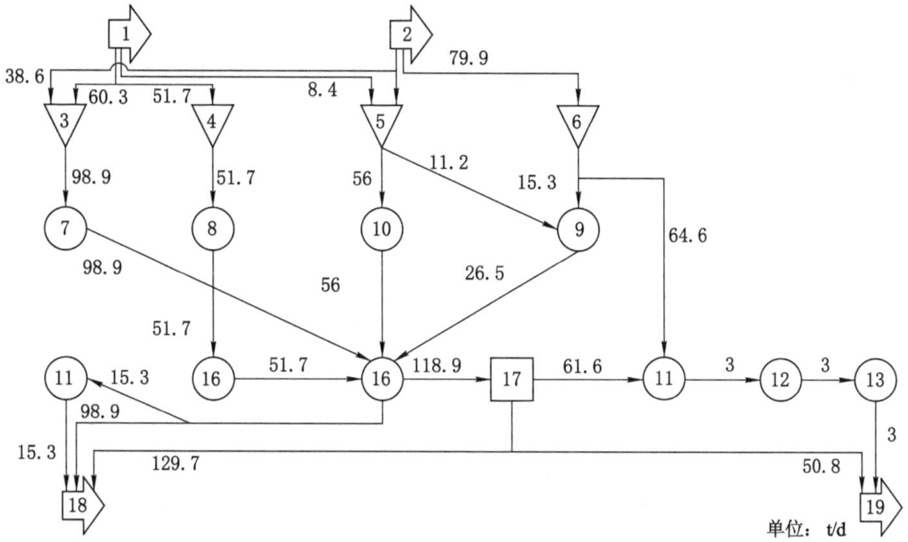

图 6-7 某车间物流流程图

(2) 在布置图上绘制物流图

在布置图上绘制的物流图是画在实际的布置图上的,图上标出了准确的位置,所以能够表明每条路线的距离、物流量、物流方向、线路条件和物流条件,可作为选择搬运方法的依据。如图 6-8 所示。

虽然流向线可按物料移动的实际路线来画,但一般仍画成直线。除非有特别的说明,距离可按直线距离、直角距离和路径距离等来计算,但距离采用的方式及物流量是否按当量来核算,都应在文字说明中加以明确。

(3) 坐标指示图

坐标指示图是距离与物流量的指示图。图上的每个点代表一个具体作业单位,每个作业单位的坐标均为相对于某个固定原点的距离。两个点的连线标明两点的距离和规定时间内的物流量。

制图时,可以绘制单独的搬运活动,此时同一路线上的每类物料在两点间均绘制一条连线;也可绘制每条路线上所有物料的总搬运活动,此时两点间只有一条连线。图 6-9 为坐标指示图示例。

在布置图上绘制的物流图和坐标指示图往往要同时使用。但是,对比较简单的问题,采用物流图就够了。当设计项目的面积较大、各种问题的费用较高时,就需要使用坐标指示图,因为在这种情况下,物流图上的数据会显得太零乱,不易看清楚。

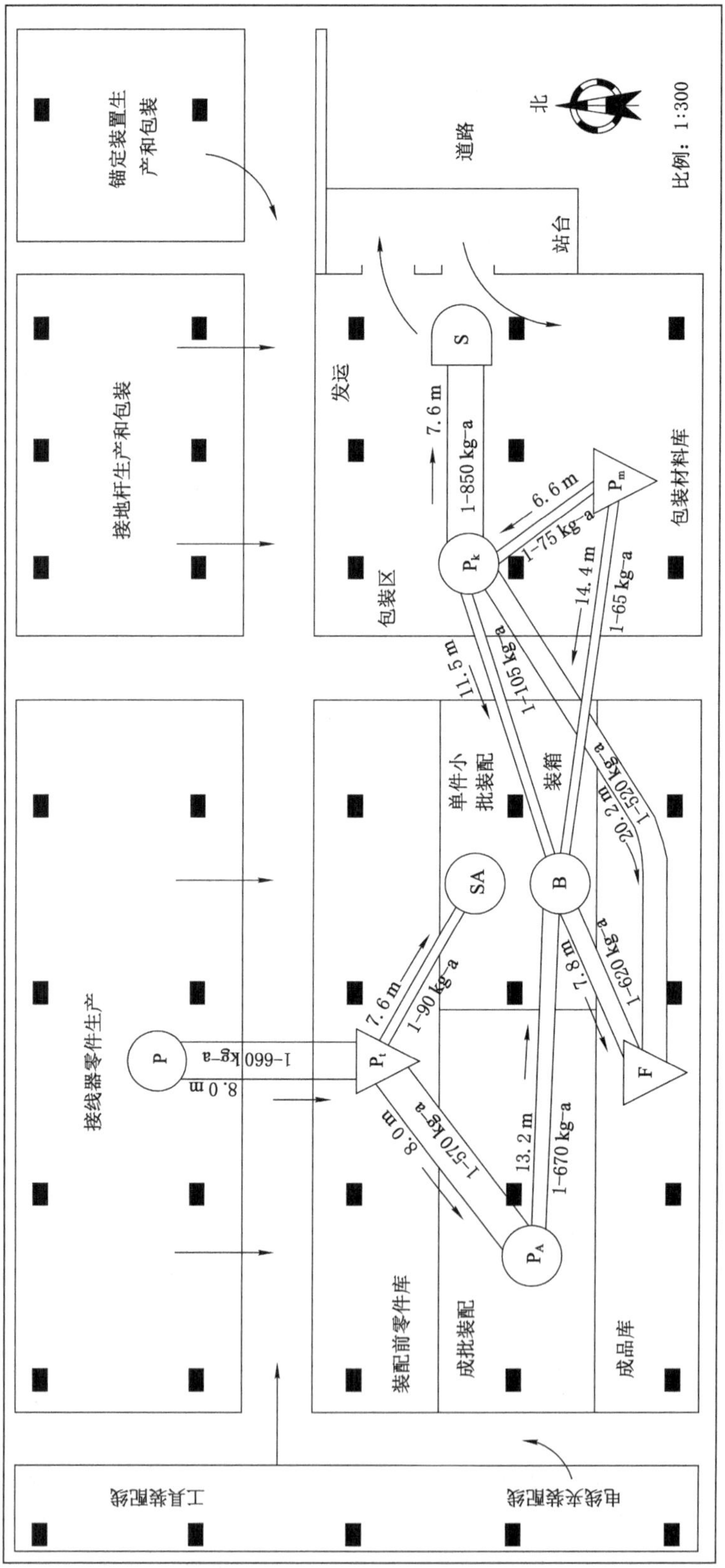

图6-8　在布置图上绘制物流图

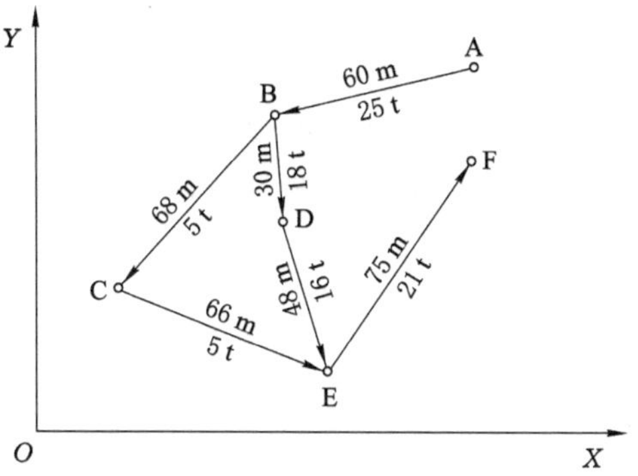

图 6-9　坐标指示图

6.3.5　物料搬运方法选择

从 SHA 模式可以看出，到这一步骤之前，已收集分析了所需要的资料。下面将确定每种物料的搬运方法，即确定每一种物料的搬运路线、搬运设备及搬运单元三部分内容。其依据分别是：6.1.4 节物料搬运原则；6.1.5 节搬运路线类型与选择原则、搬运设备选择原则、搬运单元容器设计原则；及 6.1.6 节成套设计。

搬运方法中三部分的选择一般以搬运单元的确定为基础，它是企业物料搬运系统设计的基础。搬运单元就是一次搬运的物料量单位。随着工业企业生产组织规范化和标准化意识的逐渐增强，减少一切环节的不增值作业，易于现场使用、物料裸体上线、细流而快的理念逐渐成为现代企业物料搬运系统设计的共识。在生产中，生产流（流水线、单元线）尽量做到单件流；企业内部物流中，体积较大、重量较大的 A 类物料通常采取单件搬运；小而轻的 C 类物料进行容器的设计和选择，以集装容器进行搬运；介于中间的 B 类物料，则采用集装容器或工装车形式进行搬运。同时，容器设计是根据物料的可运性影响因素（形状、体积、密度、易损性和状态等）、需求特性（消耗速度、配送频次等）及接收、存储、移动、保护和集装容器回收要求等综合考量的结果。即在搬运单元确定的同时也兼顾搬运设备及搬运路线类型的选择。实践来看，搬运单元、搬运设备及搬运路线的确定在很大程度上取决于设计者对规划系统整体信息的驾驭能力以及必要的认知与经验。

一个企业内部不同物料的搬运方法可以不相同，但整个系统内搬运设备和搬运容器的类型不宜太多，需要整体协调和控制。

6.3.6　初步搬运方案确定

在前述物料分析、移动分析及图形化的基础上，结合对搬运方法的认知和理解，就可以确定若干初步搬运方案。任何一个方法都是使某种物料在某一路线上移动。几条路线或几种物料可以采用同一种搬运方法，也可以采用不同的方法。不管是哪种情况，每个搬运方案都是系统内物料搬运方法的组合。

为了更好地表达一个搬运方案，SHA 给出了常用的图例符号及建议的表达方法。

（1）SHA 方法用图例符号

在 SHA 中，除了各个区域、物料和物流量用的符号外，还有一些字母符号用于搬运路线系统、搬运设备和搬运单元。

搬运路线系统的代号在 6.1.5 节已经介绍。使用图 6-10 所示的符号或图例来表示设备和搬运单元。值得注意的是，这些图例均较形象。图例中的通用部件(如动力部分、吊钩、车轮等)也是标准化的。图例只表示设备的总的类型，使用时还可以加注其他字母或号码来说明。

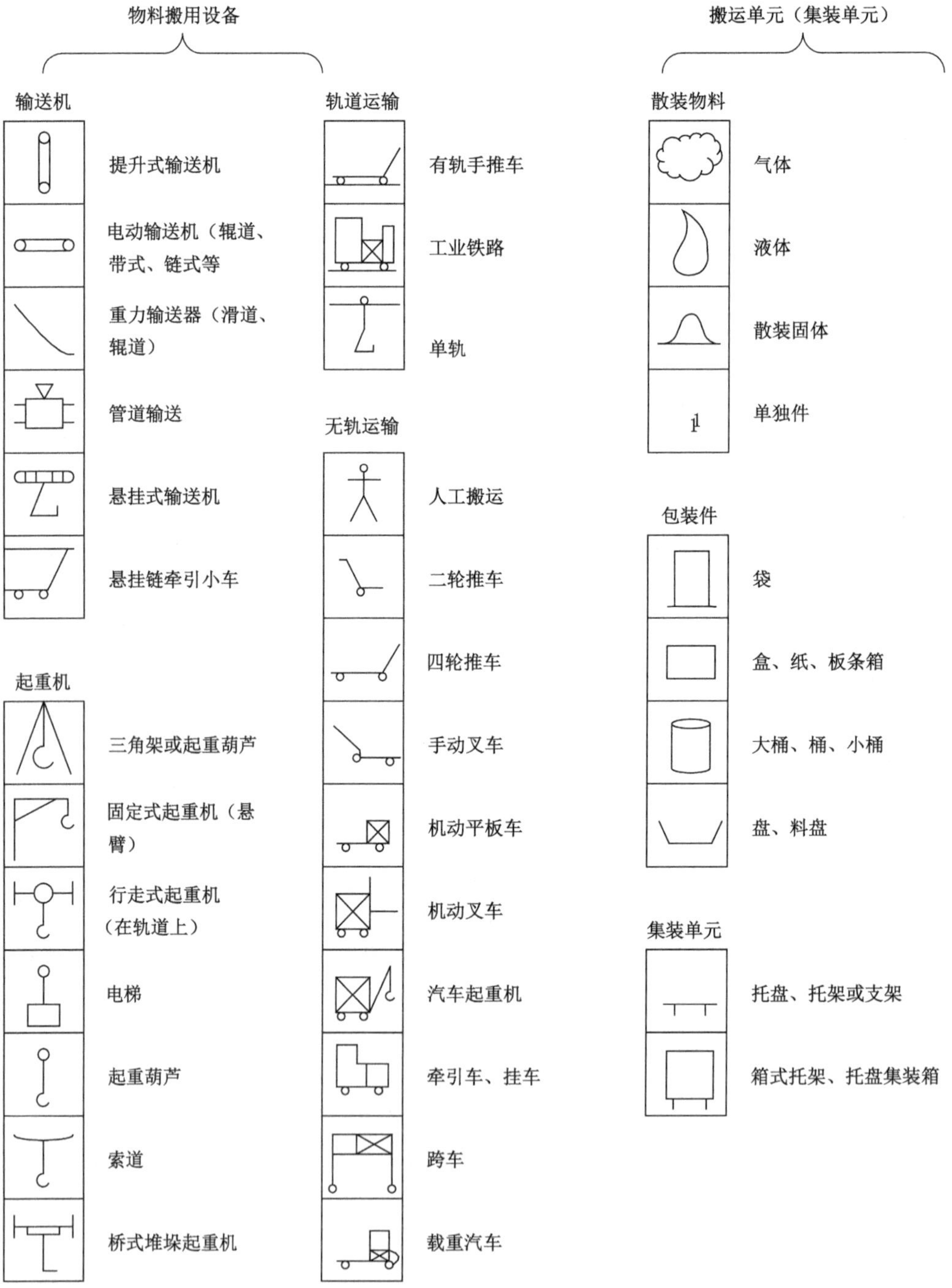

图 6-10　物料搬运设备和搬运单元图例符号

利用这些设备和搬运单元的符号，连同代表路线形式的三个字母代号，就可以用简明的“符号语言”来表达每种搬运方法。

(2) 物料搬运方案表示方式

方式一：填写物料搬运方法工作表，列出每条路线上每种(或每类)物料的路线系统、搬运设备和搬运单元。如果物料品种是单一的或只有很少几种，而且在各条路线上是顺次流动而无折返的，那么这种表格就很实用。见表 6-10。

表 6-10　物料搬运方法工作表框架示例

厂　名 ____________　　项　目 ____________

制表人 ____________　　参加人 ____________

日　期 ____________　　第____页　共____页

路线		物料类别		建议的搬运方法		备注
		物料类名	代号	路线类型、搬运设备	搬运单元	
进厂	原材料库	桶 袋 贵重物料	a b d	直达型—叉车 直达型—叉车 直达型—人工	托盘 托盘 纸箱	重建卸货站台
原材料库	造粒车间	桶 袋 贵重物料	a b d	直达型—叉车 直达型—叉车 直达型—人工	托盘 托盘 盒	主管人搬运
造料车间	药水车间	桶	a	渠道型—双轮手推车	桶	
药水车间	片剂车间	桶	a	渠道型—双轮手推车	桶	
……	……	……	……	……	……	……
装瓶有装箱车间	成品库	纸箱	c	直达型—叉车	托盘	堆放在货架上
成品库	发送	纸箱	c	直达型—叉车	托盘	

方式二：直接在以前编制的流程表上记载建议采用的搬运方法，如图 6-11 所示。

方式三：把每项建议的方法标注在以前编制的物流图(或其复制件)上。一般说来，这种做法使人看起来更易理解。如图 6-12 所示。

方式四：编制系统方案汇总表。同编制搬运活动一览表一样，就是每条路线填一横行，每类物料占一竖栏。在搬运活动一览表上记载的是每类物料在每条路线上移动的“工作量”。而系统方案汇总表只是用“搬运方法”来取代“工作量”。适用于项目的路线和物料类别较多的场合。如图 6-13 所示。

采用前面规定的代号和符号，把每项移动(一种物料在一条路线上的移动)建议的路线类型、搬运设备和搬运单元填写在系统方案汇总表中相应的单元格内。汇总表上还有一些其他空格，供填写其他资料数据之用，如其他的搬运方案、时间计算和设备利用情况等。

从一张系统方案汇总表上，可以全面了解所有物料搬运的情况，还可以汇总各种搬运方法，可以整合各条路线和各类物料的同类路线类型、搬运设备及搬运单元。这样，就能把全部搬运规划记在一张表上，并把它连同修改布置的建议提交审批。

6.3.7　修改和限制

当有了几个初步搬运方案后，按照严谨的物料搬运观点来判断这些方案是否符合实际、

表列单元与最终单元的关系			厂　名：××医药公司	项　目：68-29
表列单元	大小或质量	表列单元数/最终单元数	制表人：John	参加人：
瓶	100 g	1/1	日　期：2022.9.10	第：1 页共 1 页
纸箱（空）	1.7 kg	1/12	起　点：进厂	
托盘（空）	47.2 kg	1/192	终　点：发运	
纸箱（实）	3.5 kg	1/12	□现有的 ■建议的	方案号：A
托盘（实）	76 kg	1/192	方案摘要：从进厂直到成品库及发运	

本表所列流程描述：片剂装瓶和装箱从空瓶进厂直至成品发运

单位时间的最终单元数量：　　　　生产线速度：48瓶/min

表列单元和每次荷载的单元数	作业符号	作业摘要	荷载的质量/kg	每小时次数	距离/m	备　注
1. 纸箱（空）1	D 1	在载重卡车上	1.7			
2. 纸箱（空）1	○⇨ 1	装到托盘上	1.7	ⓐ		ⓐ每托盘0.25人时　D　人　箱
3. 托盘（空）1	⇨ 1	到验收站	47.2	15	50	D　1 000 lb　4×4W
4. 托盘（空）1	D 2	在验收站				
5. 托盘（空）1	▣ 1	验收及过磅	47.2			
6. 托盘（空）1	D 3	在验收站				
7. 托盘（空）1	⇨ 2	至装箱材料库	47.2	15	50	D　1 000 lb　4×4W
8. 托盘（空）1	▽ 1	在装箱材料库储存				
9. 托盘（空）1	⇨ 3	至装瓶及装箱	47.2	15	100	D　1 000 lb　4×4W
10. 瓶 12	○⇨ 2	瓶从纸箱取出，至装瓶生产线	0.1	ⓑ		ⓑ生产线速度是每分钟4纸箱　D　人　箱
11. 瓶 1	○ 2	把药片装瓶		ⓑ		
12. 瓶 1	○ 3	装入纸箱		ⓑ		
13. 纸箱（实）1	○⇨ 3	装到托盘上	3.5	ⓑ		D　人　箱
14. 托盘（实）1	⇨ 4	至成品库	76	15	200	D　1 000 lb　4×4W
15. 托盘（实）1	▽ 2	在成品库储存				
空——未装成品　实——装有成品					400	

图 6-11　搬运方法在流程表上表示示例

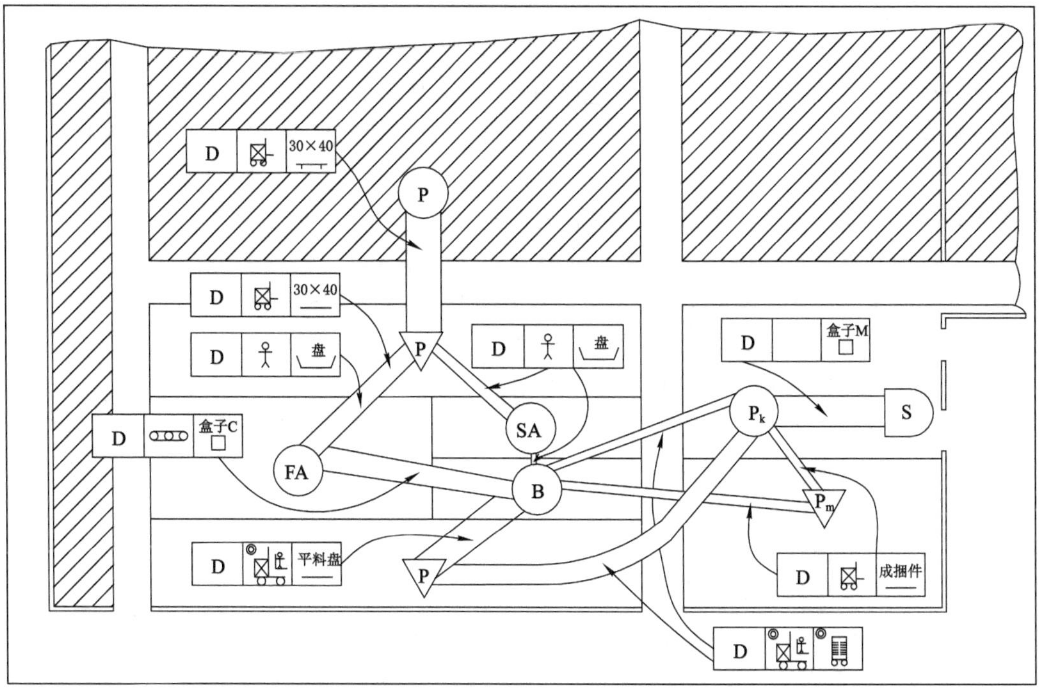

图 6-12 搬运方法在物流图表示示例

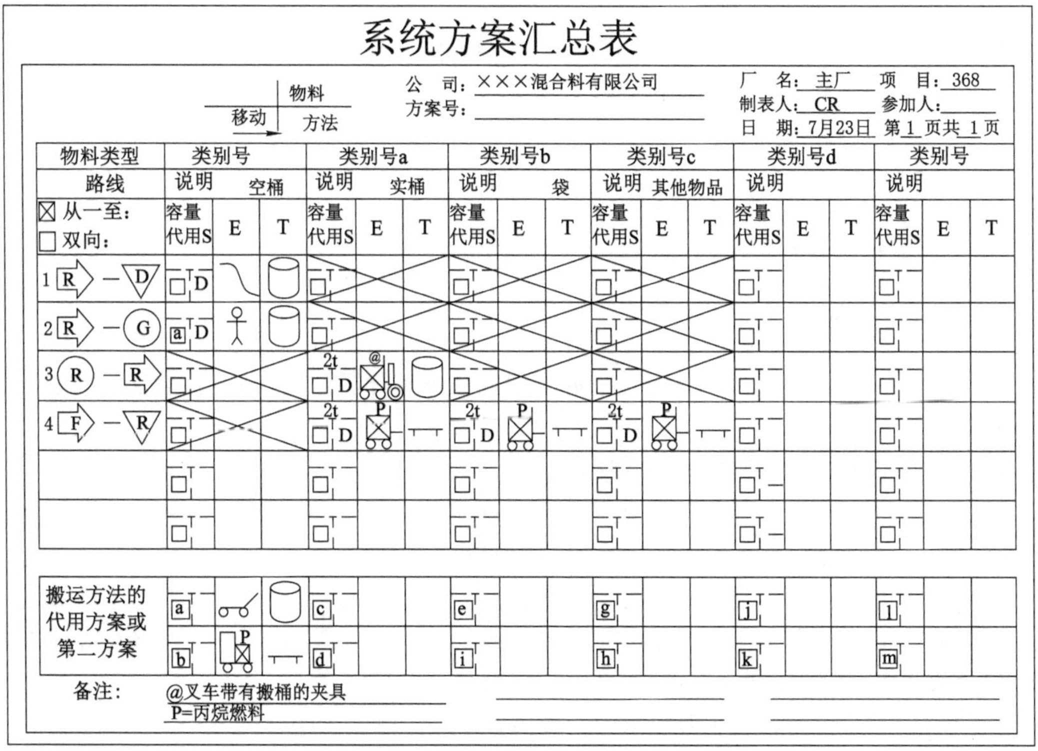

图 6-13 搬运方法通过系统方案汇总表表示示例

切实可行，必须考虑实际的限制条件并进行一些修改。

物料搬运也就是物料位置的移动，从广义上讲是一项必要的工作，但在成形、加工、装配或拆卸、储存、检验和包装等整个生产过程中，它只是其中的一部分，甚至是属于第二位的。具体的搬运活动仅仅是整个工业企业设施规划和大的经营问题中的一个部分。但是，为了有效地进行生产和分配，必须有物料搬运，有许多因素会影响搬运方法的选择。各物料搬运方案中经常涉及的一些修改和限制的内容有：

(1) 在前面各阶段中已确定的同外部衔接的搬运方法；

(2) 既满足目前生产需要，又能适应远期的发展和(或)变化；

(3) 和生产流程或流程设备保持一致；

(4) 可以利用的现有公用设施和辅助设施；

(5) 布置或建议的初步布置方案，以及它们的面积、空间的限制条件；

(6) 建筑物及其结构的特征；

(7) 库存制度以及存放物料的方法和设备；

(8) 投资的限制；

(9) 设计进度和允许的期限；

(10) 原有搬运设备和容器的数量、适用程度及其价值；

(11) 影响工人安全的搬运方法。

6.3.8 需求说明和计算

对初步搬运方案进行修改和调整后，就开始逐一说明和计算那些被认为是最有现实意义的方案。一般要提出 2～5 个方案进行比较。对每一个方案需作如下说明和计算：

(1) 说明每条路线上每种物料的搬运方法。

(2) 说明搬运方法以外的其他必要的变动，如更改布置、作业计划、生产流程、建筑物、公用设施、道路等。

(3) 计算搬运设备和人员的需要量，见表 6-11。

(4) 计算投资额和预期的经营费用。

6.3.9 方案的评价

方案的分析评价常采用三种方法：成本费用或财务比较法、优缺点比较法、因素加权分析法。

6.3.9.1 成本费用比较或财务比较法

成本费用是经营管理决策的主要依据。因此，每个搬运方案必须从成本费用的观点来评价。即对每个方案，都要明确其投资和经营费用。

(1) 需要的投资。投资是指方案中用于购置和安装的全部费用。这包括基本建设费用(物料搬运设备、辅助设备及改造建筑物的费用等)，其他费用(运输费、生产准备费及试车费等)以及流动资金的增加部分(原料储备、产品储存、在制品储存等)。

(2) 经营费用。经营费主要包括固定费用和可变费用。

① 固定费用：包括资金费用(投资的利息、折旧费)、其他固定费用(管理费、保险费、场地租用费等)。

表 6-11　叉车托盘搬运方法需求计算框架示例

厂　名 ______________　项　目 ______________

制表人 ______________　参加人 ______________

日　期 ______________　第____页　共______页

搬运方法说明：用 1 t 叉车和 1 200×1 000 托盘，司机从物料搬运小组长处接收命令。所有运件直接由起点到终点。

路线	搬运单元	每日次数	平均每次往返时间 /min	路线日时长 /min	搬运设备需求说明	人员需求说明
2 到 3	托盘	10	4	40	叉车每日工作时长：8 h 基于发展考虑 40%富余量。 叉车每天总工作时长＝771×(1＋0.4)＝1 079.4 min 叉车需求量＝1 079.4/(8×60)≈2.25，取 3 台。 投资(万元)： 3 台叉车 9 万元； 叉车附具 2.1 万元； 合计：11.1 万元	每台叉车采用司机 1 人，3 名叉车司机。 年人工费用 10 万元/人
2 到 7	托盘	35	3	105		
2 到 11	托盘	10	5	50		
2 到 14	托盘	15	7	105		
2 到 17	托盘	12	6	72		
3 到 5	板条箱	11	3	33		
1 到 7	托盘、板条箱	14	5	70		
5 经由 7 到 34	托盘、板条箱	9	7	63		
11 经由 5 到 7	托盘	15	7	105		
9 经由 14 到 2	托盘	10	8	80		
7 经由 14 到 2	托盘	6	8	48		
注：固定费用包括折旧、利息和杂项；可变费用包括：电力、维护和修理		147		771	设备年使用费： 固定费用 2.45 万元，可变费用 1.82 万元，合计 4.27 万元。未包括托盘费用	人工费 30 万元
		共计投资：11.1 万元；年经营费用：34.27 万元				

② 可变费用：包括设备方面的可变费用(电力、维修、配件等)、工资(直接工资、附加工资等)。

通常需要分别计算出各个方案的投资和经营费用，然后进行分析和比较，从中确定一个最优的方案。

6.3.9.2　优缺点比较法

优缺点分析时所要考虑的因素除了可计算的费用因素外，还可包括表 6-12 中所示内容。

6.3.9.3　因素加权分析法

多方案比较时，一般来说，因素加权法是评价各种无形因素的最好方法。其程序主要有以下几个步骤：

(1) 列出搬运方案需要考虑或包含的因素(或目的)；

(2) 把最重要的一个因素的加权值定为 10，再按相对重要性规定其余各因素的加权值；

(3) 标出各比较方案的名称，每一方案占一栏；

(4) 对所有方案的每个因素进行打分；

表 6-12　优缺点比较时考虑的内容

序号	内容	序号	内容
1	与生产流程的关系及为其服务的能力	15	对生产流程时间的影响
2	产品、产量和交货时间每天都不一样时，搬运方法的通用性和适应性	16	人事问题：可否招聘到熟练工人，能否培训，多余人员安排，工种变动，工龄合同或工作习惯
3	搬运方法是否便于今后发展	17	能否得到所需要的设备
4	灵活性（确定的搬运方法是否易于变动或重新安排）	18	同搬运计划、库存管理和文书报表工作是否联系密切
5	布置和建筑物扩充的灵活性是否受到搬运方法的限制	19	自然条件的影响，如土地、气候、日照、气温等
6	面积和空间的利用	20	与物料搬运管理部门的一致性
7	安全和建筑物管理	21	资金或投资是否落实
8	工人是否对工作条件感到满意	22	对辅助部门的要求
9	是否便于管理和控制	23	仓库设施是否协调
10	可能发生故障的频繁性及其严重性	24	同外部运输是否适应
11	是否便于维护并能很快修复	25	施工、培训和调试所需的时间
12	施工期间对生产造成的中断、破坏和混乱程度	26	由于生产中的同步要求或高峰负荷可能造成的停顿
13	对产品质量和物料有无损伤可能	27	对社会的价值或促进作用
14	能否适应生产节拍的要求		

（5）计算各方案加权值，并比较各方案的总分。

总之，正确选定搬运方案可以根据费用对比和对无形因素的评价，应同时考虑这两方面的问题。

6.3.10　详细搬运方案的设计

总体搬运方案设计确定了整个工厂的总的搬运路线系统、搬运设备、搬运单元。搬运方案详细设计是在此基础上制定一个车间级作业单位内部的搬运方案，如果为大型车间，可能是工段产线级作业单位之间物料搬运方法，然后再一次详细到工段产线级作业单位内部从工作地到工作地，或者从具体取货点到具体卸货点之间的搬运方法。总之，各级作业单位之间的搬运方案必须协调一致。

实际上，SHA 在方案初步设计阶段和方案详细设计阶段使用的是同样的程序模式（图 6-14），只是在实际运用中，两个阶段的设计区域范围不同、详细程度不同。详细设计阶段则需要大量的资料、更具体的指标和更多的实际条件。

（1）物料的分类。在方案详细设计中，首先要核对每个区域是否还有遗漏的物料类别。某些物料只是在某个区域才有，或是进入某个区域以后它的分类才有所变化，而且经常要把已分好的物料类别再分成若干小类，甚至还要增加一些新的物料类别。

（2）系统布置。在详细搬运方案设计阶段，考虑的往往是对应层级的布置，大型车间涉及工段产线级作业单位的布置、工作通道、主要通道及相关设施，小型车间直接涉及每一台

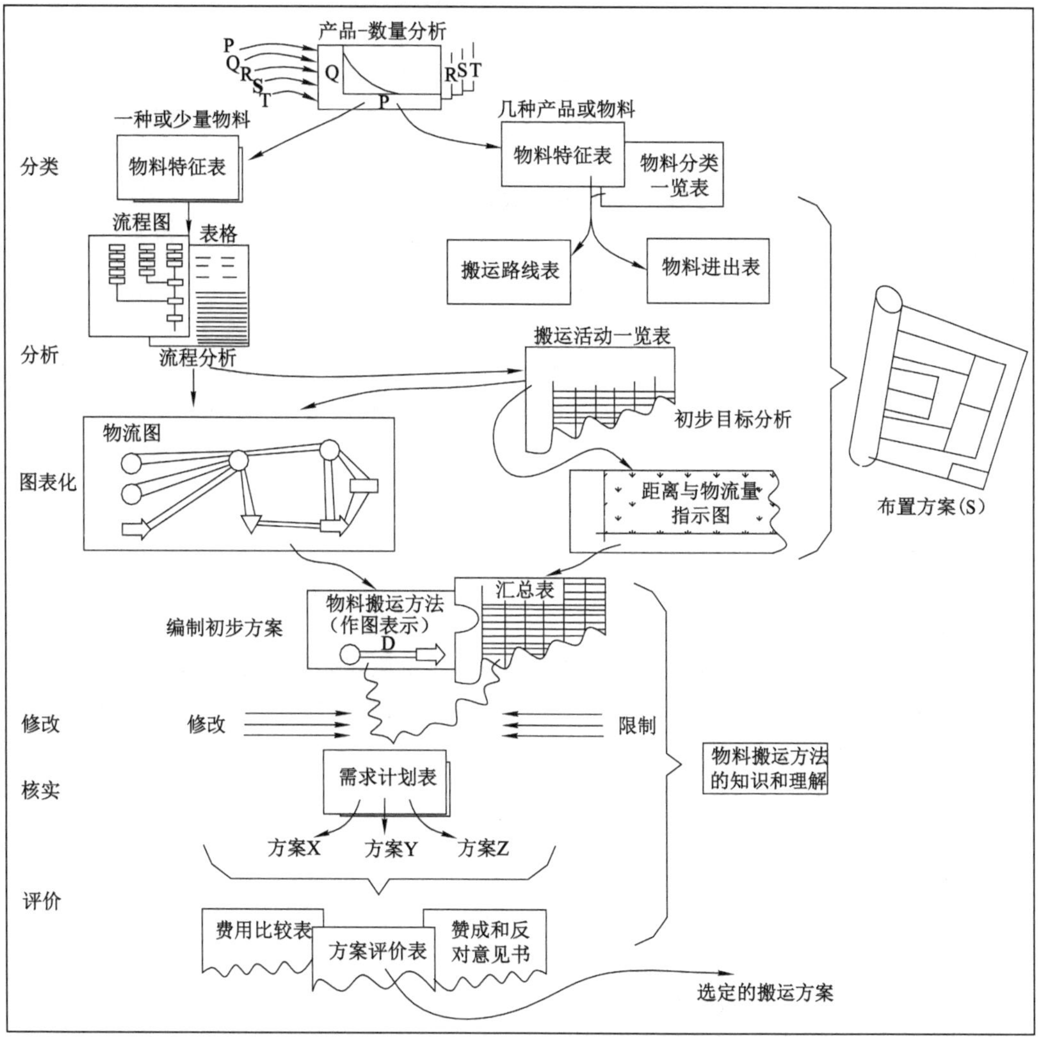

图 6-14　SHA 模式程序图

机器和设备、工作通道和主要通道以及相关设施等。

(3) 移动分析。由于这个阶段遇到的问题通常只是少数几种物料和比较具体的移动，因此可用物料流程图表和从至表表示。

其余部分也都与总体方案设计阶段相同，只是更具体、更详细，这里不再单独叙述。

6.4　系统布置与搬运系统分析

6.4.1　SLP 和 SHA 的相互关系

SLP 和 SHA 具有密切的关系。

(1) 二者具有共同的目标，出发点都是力求物流合理化

SLP 重点在于空间的合理规划，使得物流路线最短，在布置时位置合理。尽可能减少物流路线的交叉、迂回现象。

SHA 重点在于搬运方法的合理化，即根据所搬运物料的物理特征、数量以及搬运距离、速度、频度等，确定合适的搬运方法，使搬运系统在保证企业有效产出综合指标上达到最优。

(2) SLP 和 SHA 具有相互制约、相辅相成的关系

如前所述，良好的设施布置和合理的物料搬运系统相结合才能保证物流合理化的实现。

在进行设施布置设计时，必须同时考虑到物料搬运系统的要求，如采用输送带作为主要物料搬运手段，则各种设施应该按输送带的走向呈直线分布；如果采用叉车，则应考虑有适当的通道和作业空间。

在进行设施布置设计时，如果对物料搬运系统中的临时储存、中间库、成品包装作业场地等未给予足够的考虑，则可能造成投产后生产系统物料拥挤混乱的现象。

总之，设施布置设计是物料搬运系统设计的前提，而前者则只有通过完善搬运系统才能显示出其合理性。所以说，设施布置设计和物料搬运系统设计是一体的。

6.4.2 SLP+SHA 的方法

一般 SLP 根据产品的工艺设计开展布置工作，即根据产品加工工艺流程的顺序、所选定的加工设备规格尺寸进行布置设计。而物料搬运系统则以布置设计为前提选择适当的搬运设备，以及确定搬运路线和搬运单元。由于两者之间的相辅相成关系，这两个步骤不应孤立地进行，必须注意以下两点：

(1) 进行 SLP 时，尽可能考虑到 SHA 的需要

SLP 的主要依据虽然是产品加工工艺流程和加工设备的规格尺寸，但是对尚未进行设计的物料搬运系统仍应有相应的估计，如：

① 采用连续输送或是单元输送；

② 采用传送带、叉车或是其他起重运输机械；

③ 作为物流缓冲环节的临时储存，中间仓库的数量和规模；

④ 进料以及产品包装、存放的场所；

⑤ 切屑、废料的排除方法等。

要通过对这些因素的考虑尽可能为 SHA 创造一个良好的前提条件。

(2) SLP 和 SHA 交叉进行、互相补足

SLP 是 SHA 的前提，往往 SLP 先于 SHA，在设计中可以根据加工设备的规格尺寸和经验数据为物料搬运系统留出必要的空间。但是由于搬运设备尚未选定，还存在一定的盲目性。当进行 SHA 设计时，可以对 SLP 的结果进行修正，相互补足，使这两部分的工作能够得到较为完善的结合，实现比较理想的物流合理化。

7 拉式物流系统设计

从整体上来看,SLP 和 SLA 设计模式体现的是企业纵向层面从总体阶段到各层级详细阶段的设计与安排,而企业实际的运作与横向层次各生产环节间的流动密切相关。基于精益的全面流动管理关注的正是横向层次流动的协调与稳定性,它基于流程与流动识别生产运作中的浪费,通过落实各生产环节作业的规范化与标准化,消除异常波动,提升系统的整体运作效果。因此,将 SLP 和 SLA 这种纵向层面的设计方法与基于全面流动管理模型展开的横向设计方法相结合,有助于更加详细地开展工业系统的规划与设计,使系统设计之始就源于精益。

SLP 和 SLA 出发点都是力求工业系统内的物流合理化,全面流动管理通过消除客户订单到回收资金这条流动时间线中不产生附加价值的浪费来创建物料流和信息流,两者具有异曲同工之处。因此,本章引入全面流动管理模型,通过拉式物流系统设计进一步丰富和完善工业系统的规划与设计工作。

全面管理模型中的流动既包括物料流,也包括信息流。由于两者具有的相互依赖性,故进行企业物流系统设计时,也应包含信息流系统的设计。

7.1 全面流动管理概述

全面流动管理模型在 1.3.4 小节已经给出,主要包括五大支柱,以下就其主要内容进行整体介绍。

7.1.1 生产流概述

生产流指生产线的流动,包括流水线、单元线或工作站等内部的流动。生产流设计与改善的目标如下。

(1) 消除浪费:减少和消除作业员工的浪费,使其只进行最增值的作业。

(2) 单件流:整个生产能实现顺畅的单件流,一次只生产一个产品。

(3) 定制化:柔性生产,能高效灵活地实现多品种、小批量生产。在尽可能地简化工序后,使某些操作自动化以提高工效,或使某些操作机械化代替手工操作。

生产流设计包括五个方面,分别为布局与生产线设计、线边设计、标准作业、快速换型和低成本自动化。各方面的基本内容如下:

(1) 布局与生产线设计:主要内容是生产线布局原则的应用,是精益工具和精益思维的集合运用,以实现一个流为目标。

(2) 线边设计:生产与物流的边界设计,目标是减少生产员工动作浪费、减少线边库存,适应多品种、小批量及定制化产品需求,灵活高效地支撑操作者进行增值作业。

(3) 标准作业:对生产中的每一个工位进行浪费识别和消除,进行工位平衡、人机结合、稳定性建设等设计与改善。

(4) 快速换型:采用经典快速换型步骤,减少时间损失,减少库存,增加柔性。详见7.2.3节。

(5) 低成本自动化:使操作者的动作更有效率,同时改善操作中超出人员能力范围的任务。往往基于减轻人员劳动强度、防错、自动退出等方面的设计,进一步减少和消除生产线中的浪费。

该支柱的五个方面中,线边设计是与物流直接相关的部分,有时也将其归于内部物流。

7.1.2 内部物流概述

内部物流指工厂内部的物料与信息流动,包括产线与产线之间、超市与产线之间及与客户拉动订单相关的信息传递等,企业内部物流流动往往采取的是小容器搬运。

内部物流设计也包括五个方面的内容,分别是:物流超市、水蜘蛛、同步化、平准化和拉式生产计划。其中超市、水蜘蛛是物流的载体,同步化、平准化和拉式生产计划三个方面是通过看板与物流箱、平衡箱、批量管理器、顺序器等信息流载体结合达成的生产组织效果。看板之外的其他信息流载体均是看板的集结点,水蜘蛛通过看板和其他信息流载体实现物料的流动和信息的流动。各方面的基本内容与信息流载体简介如下。

(1) 物流超市:用于简化和提升分拣生产物料的效率。

(2) 水蜘蛛:物料搬运人员的形象称呼,也是一种工作机制,用于简化和提升搬运物料到使用点的效率。

(3) 同步化:用于简化生产流不同环节之间的物料供应与生产的协调。

(4) 平准化:将生产线和机器进行有效安排,同时减少供应链中的牛鞭效应。

(5) 拉式生产计划,简称拉式计划,根据客户拉动原则安排生产订单。

(6) 物流箱:控制日别生产计划的信息流载体,进行每日的数量和种类均衡,是实现均衡化生产的第一步;物流箱中放置的是产品装配生产看板。

(7) 平衡箱:控制水蜘蛛循环时间别的生产计划信息流载体,进行小时别的数量和种类均衡,是更具体的均衡化,也是落地的均衡化。平衡箱中放置装配生产看板和对应的顺序看板。平衡箱是信息流载体设计的重点。

(8) 批量管理器:控制上游工序生产批量的信息流载体,不到批量不生产,批量管理器中放置的是物料生产看板。批量管理器是信息流载体设计的难点。

(9) 顺序器:控制生产按照一定顺序生产的信息流载体,先来先生产,后来后生产。顺序器一般位于生产线的初始处,根据产线的不同,放置不同的生产看板。

7.1.3 外部物流概述

外部物流流动是指企业与上游供应商以及下游客户之间的流动。其目标是寻求在供应链上进行改善,使整个价值流更加顺畅。

同样,外部物流设计也包括五个方面,分别是存储和仓库设计、循环取货、入库与外包、出库与交付、拉式物流计划。各方面的基本内容如下。

(1) 存储和仓库设计:为仓库创建出高效的基础物理设施。

(2) 循环取货:通过过程设计,在外部运输操作中创建流动。

(3) 入库与外包:在原料仓库的入库操作中创建托盘和小容器的物理流动。

(4) 出库与交付:在成品仓库的出库操作中创建托盘和小容器的物理流动。

(5) 拉式物流计划:根据客户拉动规则来安排领料单,共同改进,寻求企业供应链上的全面流动。

7.1.4 基本可靠性概述

基本可靠性亦称基本稳定性,是一个关于人力、机器、物料和方法的可靠性程度和管理者对员工(操作者、维护和供应商)和流程的信任度问题。创建一个流的前提是4M(人、机、料和法)方面的基本稳定性要达到一定的水平。人员不遵守时间、机器可用性低、物料供应不及时、作业无标准波动大等问题都将影响着一个流的创建。在进行拉式物流系统设计与实施时,对基本可靠性进行评估是必要的。基于评估,制定必要的改善措施,有助于拉式流物流系统真正的落地实施。

为了获得持续的基本可靠性,主要观点和做法如下:

(1) 构建并提倡成长型思维的企业文化。增强全员改善意识,培养与提升改变的能力,建立积极主动的改善心态,并在实践中不断学习与成长。从简单易行的事情做起,防止员工对变化的抵制。如5S常被作为实施拉式流项目所必需的基础步骤。

(2) 识别与把握关键的浪费变量。浪费变量即浪费的度量指标,如换型时间、不良品数量、库存数量、工时等。对于关键的浪费变量,在生产流中,表现为在制品数量,其通常与批量有关,而批量又与提前期相关;就物流而言,最重要的浪费变量是拉式物流循环中总提前期的组成部分,其关键驱动因素是信息流的提前期和物料流的提前期;就基本可靠性来说,其关键浪费变量是操作者的缺勤率和准时性、机器设备的可用率、缺货比率(或服务水平)和废品率。

(3) 现场主管和人力资源相关人员应及时了解缺勤和不准时的根本原因,设定工作目标,并采取措施实现这些目标。良好的可视化标准和SDCA(即标准Standardize、执行Do、检查Check、调整Act的集合简称)循环的贯彻实施是提高员工基本可靠性问题的一个有效途径。

(4) 保证稳定且较好的OEE水平是设备基本可靠性的关键,尤其是与定拍点相关的设备。5Why技术和PDCA方法是实用的改善工具。关于OEE的知识见2.6.4节介绍。

(5) 物料的基本稳定性往往涉及企业内部与外部整个供应链系统的流动。多数情况下,系统的改变有助于解决长期性问题,这也体现了企业物流系统设计的重要性。实际生产中,切实存在的物料问题可基于PDCA方法进行改善也是必要的;经常检查任何有关供应商和内部的或外部的物流过程中的主要配送问题也是一个好的做法。

(6) 方法的基本可靠性与所有其他问题有关。方法的变动会影响其他3M的稳定性。如消除一些安全库存或缓冲区并开始创建一个严密的流动时,人、机、料等出现的问题可能阻碍或者打断物料和信息的流动。新产品的引进需要特别认真的评估,导入初期直接实施拉式流可能不是最佳时间。通常认为,开展拉式流项目的最好时机是人力、机器、物料和方法都很稳定和可靠。

7.1.5 供应链设计概述

供应链设计致力基于企业基本可靠性的历史与文化，充分发掘和融合生产流、内部物流和外部物流，形成企业特有的整体供应链最佳解决方案。

在 TFM 五大支柱中，最核心的是生产流、内部物流和外部物流。考虑到外部物流（供应物流和交付物流）涉及企业与外部供应商及外部客户在整体供应链上的协作问题，超出了本教材的覆盖范围，在此不做介绍。仅在第 8 章仓库设计中涉及部分内容。

7.2 生产流设计

生产流涉及整个生产系统主要的增值环节。其既是内部物流服务的对象，也是内部物流设计与改善的依据。生产流中的一些指标，如循环时间、换型时间、平衡率、质量损失、可用性损失等，是内部物流设计的基础数据。因此在开始内部物流设计之前，应首先进行生产流的设计。

7.2.1 生产线和布局设计

生产线中很多浪费是由于不合理布局造成的，改变布局能直接减少很多浪费，而且线边设计、标准作业等都与产线布局紧密相关。

(1) 生产线和布局设计目标

① 创建单件流：小批量、多品种是发展的趋势，进行布局与生产线设计要适应这种趋势需求，实现柔性生产。

② 消除浪费：消除员工操作过程中的各种浪费，根据标准作业，进行增值操作。产品线相对于工艺专业化布置具有提前期短、搬运路线短、质量与成本易管控、更好的柔性和物料流。

(2) 生产线和布局设计重要原则

生产线和布局设计有许多原则，原则的选用应结合实际布置约束进行恰当选用。以下介绍 8 条常规设计原则：

① 基于产品类型、数量及生产周期设计生产线。根据 PQ 和 PR 分析确定拟建的产品流水线或产品族单元线，对于种类少数量大的产品采用自动化程度高的生产线，对于种类多数量少的产品采用手动生产线或单个工作站，居中的可以采用自动化程度低的或手动生产线。

② 以单件流设计为目标。设计之初，即考虑单件流或小批量流。改善工装，平衡工位能力，优化工位衔接，在确保流动的情况下，保留最少的在制品。

③ 尽量采用多条小型长周期生产线取代单条大型短周期生产线。单条大型生产线周期短、速度快。但小型长周期生产线则具有准备时间短、平衡容易、转换时间短、产品和产量变更影响小、易于实现少人化作业的优点，更适于多品种、小批量生产的趋势。

④ 生产设备小型化。使用单位增值成本进行生产设备选择。小型化生产设备易与小型长周期生产线相适应，采用适合的速度，实现均衡生产。丰田公司为了整合实现一个流生产，工厂的机器数量通常是一家普通工艺专业化设计工厂机器数量的 3 倍。当计算附加于

小型设备的投资回报时，公司发现在不到一年的时间里就能收回成本。

⑤ 设备与工作台紧凑布置，使预装支线接近主线。减少空间占用，减少走动浪费，减少中间在制品积压和搬运浪费，利于一人多机，利于单件流实现，利于即装即用，利于工序间交流。

⑥ 尽量实现外围前端小容器供料。物料直接配送到操作者增值区内，员工伸手可取，即取即用，减少物料取放的非增值作业。生产与物流分开，减少干扰。

⑦ 使用重力、杠杆和其他机械方式简化操作者的人工移动。

⑧ 基于可靠性对机械设备或电子设备进行审慎选用。

7.2.2　线边物料设计

(1) 线边定义与设计内容

线边(Border of Line，BOL)，本义是生产线与物流的边界，现通常指操作人员和物流人员的衔接机构或装置。线边料架形式如图 7-1 所示。

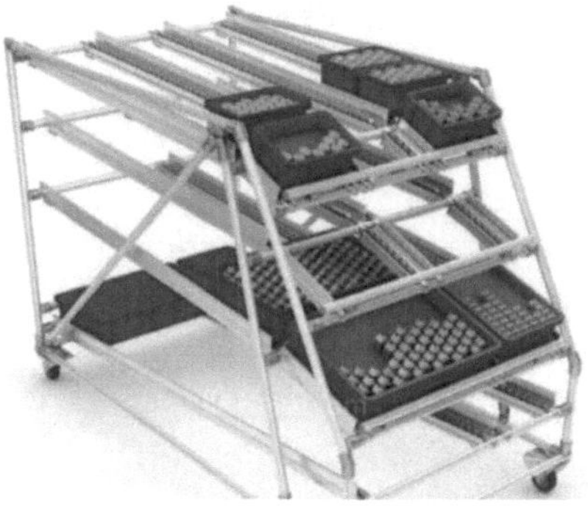

图 7-1　线边料架形式示例

线边设计是指对生产线各个工位的线边进行设计，其内容包括容器设计、补充方式设计、容器数量设计、线边料架设计、线边布局设计和目视化设计等。

① 容器设计和成套设计内容已在 6.1.5 节和 6.1.6 节介绍。物料应以容器为最小单位在线边布置。在线边实际设计中，有可能结合线边要求对容器进行适当修正，以满足线边要求。

② 补充方式设计。线边物料补充有拉动和顺序补充两种方式，需要根据物料特点、线边特点等进行选择。补充方式对线边布局、水蜘蛛配送方式和看板形式都有直接影响。

③ 容器数量设计是指要计算线边物料容器的数量。容器数量的基本要求是在满足正常生产的情况下，线边物料数量最少。这一指标与水蜘蛛循环时间、容器容量、物料消耗速度等有直接关系。

④ 线边料架设计是指要设计放置容器的货架尺寸(长、宽、高、层数、层高、倾斜角等)，从而实现减少动作浪费，降低操作时间的目的。

⑤ 线边布局设计是指线边物料料架与容器、工装车空间和位置的布局规划，使之更有利于减少员工的动作浪费。如供料位置的选择，前端供料或后端供料，也包括线边料架容器或工装车的放置顺序等。

⑥ 目视化设计是指在线边设计完成后，为让物料配送人员和操作人员能够更便捷、高

效地工作，同时也为防止物料配送和取用错误的发生而进行的一系列目视化标准设计，让现场管理更容易、更便捷。

（2）线边增值区域

操作人员的增值（最小动作浪费）区域（Value Added Area，VAA）一般为：身体中心前方 60 cm、左右手之间 70 cm 之内，如图 7-2 所示。因此最好采用前端供料的方式，物料摆放在操作员工的前方，伸手可及的范围内。有时因数量和产品体积、重量等原因，确实不能进行前端供料时，可以采用后端供料。

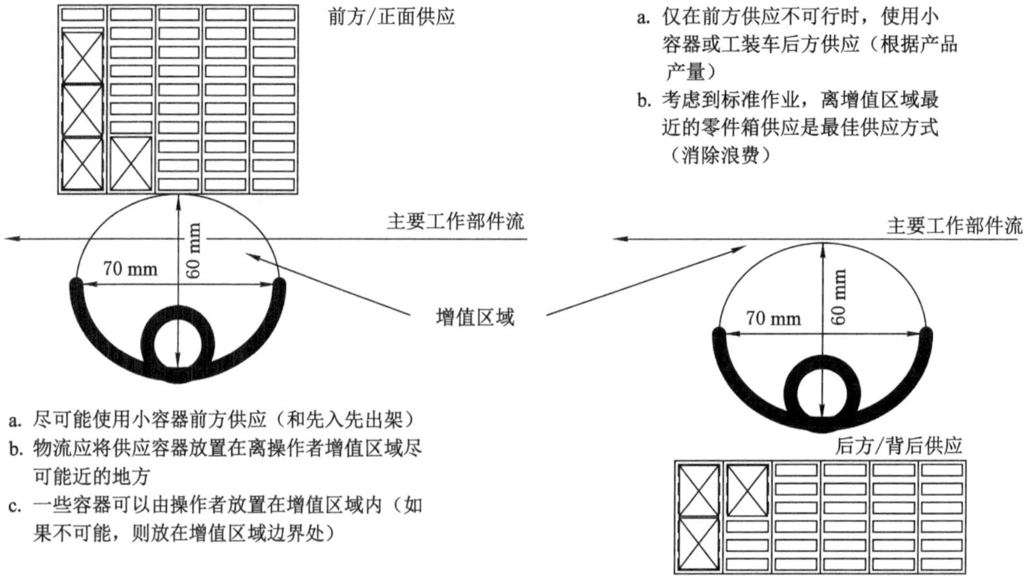

图 7-2　线边增值区域

将物料配送到增值范围内，是线边设计的目标之一。应根据生产线及零件特点，尽可能地将物料配送到增值范围内，减少操作人员伸臂、转身、弯腰等动作浪费。

（3）线边设计目标

① 减少生产操作员工的浪费，特别是动作浪费和等待的浪费。后端上料也要考虑尽可能减少动作浪费；物料裸体上线，即拿即用，防止二次拆包及判断、选择等小停顿出现。

② 减少物料人员的浪费。设计的容器不能太重和太大，便于物流人员搬运，尽量使用工装车推动或牵引；线边每种物料位置固定并有良好的目视化；料架高度符合人机工程学，便于物流人员根据标准作业完成配送工作。

③ 最少的线边库存。其他库存向上游转移，减少空间和资金占用。

④ 生产人员和物流人员作业区域不交叉，各行其道，各负其责。

（4）线边设计原则

线边设计要遵循一定的原则，基本出发点是减少人员浪费和减少库存浪费，具体来说包括以下六个原则：

① 小容器与工装车原则。小容器与带轮化能够减少动作浪费；小批量、多频次补充，满足可能快速换型的需求；工装车的使用，可减小劳动强度，减少叉车使用，通道空间小。

② 裸体上线原则。在确保物料有效保护的前提下实施裸体上线原则，减少动作浪费。

③ 配送到使用点(Point of Use，POU)原则。物料配送到线边操作者伸手可及之处，充分发挥增值区的价值。线边容器和工装车较多时，顺序或阶梯式的物料供给布置有利于减少走动；流利式滑道、配有液压升降机及小型升降电机的线边供给料架形式也多为常见。

④ 线边物料最少原则。在保证生产线不缺料的情况下，线边物料数量最少。对应水蜘蛛循环时间，通常线边物料最大库存为 1～2 h。补充方式、物料价值、补充频次、成套形式等都会对线边数量产生影响。

⑤ 人机工程学原则。料架本身的设计、摆放位置等既要考虑物流人员，也要考虑线上操作者，使其产生最少的动作浪费。如工装车与线边料架高度一致，利用手工推动对接即可完成物料补充等。

⑥ 目视化原则。通过目视化便于生产、物流和管理人员使用。通常应对线边容器、料架的前后端及料架本身等进行标识。可结合安灯系统快速响应物料问题，工位上方设置显示器，直观显示线边物料相关信息。

每个线边需求存在差异，在实际设计时，应结合物料和产线特点，对上述原则进行充分考虑后予以采用。

(5) 线边补充方式与容器数量确定

① 线边补充方式与定义

线边物料的基本补充方式有两种：看板方式和顺序方式，如图 7-3 所示。在此基础上，扩展方式包括：成套方式、定时不定量配送、定量不定时配送等。采用不同的补充方式对线边物料数量、布局方式、水蜘蛛补充方式、看板形式等都有直接影响。

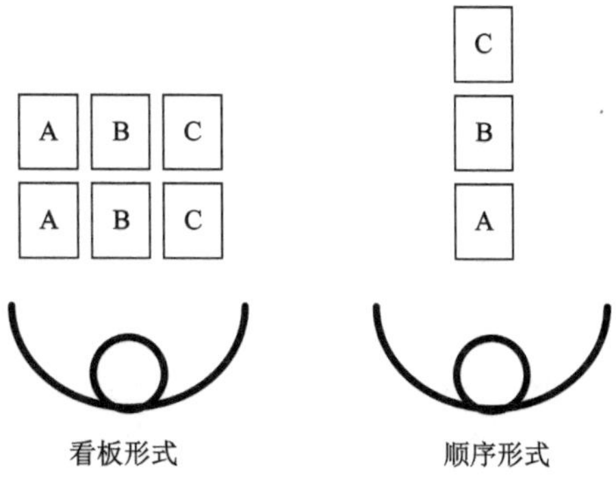

图 7-3 线边两种物料基本补充方式

看板方式，有时也称为双盒拉动方式或持续供应方式，是指在线边至少有两个容器，一个容器用完后，水蜘蛛根据空容器和取货看板进行物料补充。看板方式补充的物料亦称为看板物料。

顺序方式，也称为配送方式，是指线边没有固定的物料放置，水蜘蛛根据生产计划，根据顺序清单或顺序看板(可看作特殊的取货看板)从超市取料并配送到线边的方式。顺序方式补充的物料亦称为顺序物料。顺序清单是顺序看板的整合，在零件较多时用于减少顺序看板数量和降低管理复杂度。

成套方式，是指将两种及以上的物料放在一个工装中，作为一个零件进行补充(见 6.1.6 节相关内容)。在其配送方式上可以是看板方式也可以是顺序方式，多数情况下为顺序方式。

② 不同补充方式的适用条件

根据物料的特性、容器大小、产线空间、使用速度、容器容量、质量要求等的不同，线边的补充方式也不同。表 7-1 是对不同方式的适用条件、优势和劣势进行的分析。

表 7-1 线边补充方式分析

类别	看板	顺序	成套
适用条件	物料型号少； 循环时间较短； 物料体积不大，能保证人机工程学	线边空间不足时； 物料比较大，占用较大空间时，节省空间； 物料比较贵重，减少数量； 物料质量 100%合格； 换型频繁时； 成套配送时； 有防错需求时； 物料型号较多时	物料数量不是很多，体积不大； 物料拿取能保证人机工程学； 使用物料型号较多； 换型频繁，不同产品使用物料数量、型号不同，存在多用或少用的可能性； 循环时间较长； 物料质量 100%合格
优势	前端供料，POU，符合人机工程学； 水蜘蛛完全根据看板(空容器)补充物料，规划简单	前端供料，POU，符合人机工程学； 空间利用率高； 减少物料数量	防止多用或少用物料(防错)； 原材料数量最低； 占用面积少
劣势	原材料数量较高(可控)； 存在物料错用风险	水蜘蛛工作量较大； 物料质量有问题时需要紧急补料	水蜘蛛工作量大； 物料质量有问题时需要紧急补料

根据不同行业的实践经验，可总结出不同补充方式的适用情况：体积小、数量大、价值低的通用件多用看板方式；产线不成熟时多用看板方式，因线边库存较大，缓冲时间长，可应对一些异常，避免断线；批量产品多用看板方式，因换型较少，型号较单一，可连续使用，变化较少；体积与重量较大、型号较多时，可用顺序或成套方式；体积大时多用顺序方式，因占用空间大，易造成走动浪费；成套方式多用顺序方式，因为它占用空间小、型号多；频繁换型时多用顺序方式；以工装车作为容器的多用顺序方式；多品种小批量定制化产品多用顺序方式。

不同方式各有利弊，不同条件下也会发生变化。在线边设计时，需根据情况确定。不同的补充方式对应不同的取货看板，在看板数量和使用方式上不同。

③ 看板方式与顺序方式的对比

看板方式与顺序方式在线边物料数量、组织形式、补充方式、水蜘蛛操作等方面都有所不同，其对比分析见表 7-2。

表 7-2 看板方式与顺序方式对比表

对比项	看板方式	顺序方式
线边物料	一直存在，循环补充	开始没有，生产时才有
组织形式	按型号放置，主要型号线边都有位置	按使用顺序放置
补充方式	根据空容器和看板补充；取了就能补充到线边	根据顺序清单/看板补充；取了不一定能补充

表 7-2(续)

对比项	看板方式	顺序方式
水蜘蛛操作	循环过程中取空容器和取货看板，到超市取满容器、放空容器	根据顺序清单/看板首先到超市取满容器，循环后放空容器
换型时	无须特殊备料，常用型号都是双盒，对于非常用型号，则类似顺序方式补充	需配送新型号物料，收回前产品剩余物料
使用方式	看板物料与取货看板同步使用。线边至少放置两个容器物料，依次顺序使用，水蜘蛛在循环时间内取回空容器及取货看板，根据看板信息到超市领取满物料容器，下一循环将其放置线边	顺序物料与顺序看板同步使用。水蜘蛛从平衡箱中取与生产计划(装配生产看板)对应的顺序看板；根据顺序看板到超市取对应满物料容器，并返回上一循环空容器；然后将满物料容器放置于线边，把装配生产看板置于线边顺序器，并收取空容器，返回平衡箱，拿取下一循环的装配生产看板和顺序看板，重复循环
信息传递方式	空容器及其对应的取货看板代表客户需求，双盒根据客户需求拉动。取货看板仅在线边与超市间循环重复使用，不涉及其他区域	顺序看板代表客户需求。顺序方式根据顺序看板到超市取料，然后配送到线边。顺序看板信息和线上操作者从顺序器中同时拿到的装配生产看板对应一致，因此配送到线边的顺序物料正是要装配生产所需物料。顺序看板使用后由水蜘蛛收回至平衡箱处，不循环收用

由于看板形式和顺序形式在使用上的差异性，导致线边物料数量的计算方法也有不同。

看板形式的线边实际上并非全部都是两个容器，需要进行计算，其容器数计算公式为：

$$N_k=\left(\frac{2W_t}{C_t}\cdot N_u\right)\Big/C_n+1 \tag{7-1}$$

式中，N_k是双盒拉动容器数；W_t是水蜘蛛循环时间；C_t是装配生产的周期时间；N_u是单台耗量，即一个产品的使用的零件数；C_n为容器容量。

顺序形式线边容器数量的计算公式为：

$$N_j=\left(\frac{2W_t}{C_t}\cdot N_u\right)\Big/C_n \tag{7-2}$$

看板方式计算示例见表 7-3，顺序方式计算示例见表 7-4。在实际线边设计中，每个线边储位上不足 2 盒的要调整到 2 盒，即至少 2 个容器。从公式(7-1)和式(7-2)可知，顺序方式较看板方式少一个容器(少加 1)，这也是顺序物料线边库存少的原因之一。看板方式加 1 的目的是防止线边缺料的异常机制。

表 7-3 看板方式计算示例

序号	水蜘蛛循环时间/min	2 个水蜘蛛循环时间/min	装配生产周期时间/min	单台消耗量/个	容器容量/个	顺序方式容器数量/盒	调整后容器数量/盒
1	30	60	0.5	1	240	0.5+1	2
2	30	60	0.5	1	120	1+1	2
3	30	60	0.5	1	60	2+1	3

表 7-4 顺序方式计算示例

序号	水蜘蛛循环时间/min	2个水蜘蛛循环时间/min	装配生产周期时间/min	单台消耗量/个	容器容量/个	顺序方式容器数量/盒	调整后容器数量/盒
1	30	60	0.5	1	240	0.5	2
2	30	60	0.5	1	120	1	2
3	30	60	0.5	1	60	2	2

通过计算得出的值是同一类型物料在线边的容器数量，据此可以进行线边物料架的设计。但顺序方式与看板方式不同，看板方式如果线边有三种物料，那么每种物料都要在线边预留一个位置（线边库存单位），而顺序物料由于是按顺序配送的，所有的物料型号只要留一个位置即可，一个位置可放多盒物料。注意表 7-4 中的调整是保证顺序补充方式线边物料的位置中不低于两盒物料。顺序补充方式往往根据需求量进行供料，需要多少供应多少。

需要特别说明一下，如果容器容量过大，看板方式根据公式至少需要两个容器，会导致存在线边的物料量非常多。这种情况下，通常会考虑其他方式的补充方式，如定时不定量，或者改变容器规格，以减少线边物料数量。

④ 生产异常情况时补充方式

看板方式是拉动的补充，从超市取到的物料必然可以放置到线边，而顺序方式的物料是推动方式，每一个循环水蜘蛛都将拿取顺序物料。正常情况下，送满容器的同时，会有空容器用完，可以放下；但生产异常的情况下，如之前的顺序零件还没有用完，造成没有空间放置的情况时，水蜘蛛可将满容器的顺序零件带回，下一个循环时，不再拿取顺序看板。

⑤ 换型时的补充方式

看板方式的几种型号在线边都有放置，因此看板物料在换型时对水蜘蛛没有影响（若换型后，物料型号为非常用型号，在线边没有，则需同顺序物料类似进行配送）。顺序物料换型时，水蜘蛛根据新的顺序看板拿取物料后，配送到线边，如果线边有上一个型号未用完的顺序物料，则需将其收回，退回超市，放在超市的最前端，下次最先使用。

因此，理想情况下，顺序零件的容器容量最好与水蜘蛛循环时间对应，为一个循环时间内的需求量，这样每次换型时就不会有多余的物料剩余在容器中。

(6) 其他补充方式

线边物料补充方式除看板方式、顺序方式、成套方式外，根据零件特点，还有定时不定量方式、定量不定时方式等。配送主体上可以是水蜘蛛，也可能是自动导引车（Automated Guided Vehicle，AGV）等其他方式。

以上各种补充方式，其异同、利弊、适用条件等并非一成不变。具体设计时，需要根据物料的特性进行针对性设计，确定适合物料特点、空间需求、操作方便的补充方式。

(7) 线边设计的步骤

为生产线每个工位设计线边，其步骤通常包括以下 8 个。

① 确定物料补充方式：根据物料特点，确定哪些是看板物料，哪些是顺序物料。

② 计算线边容器的数量，公式见式(7-2)。

③ 设计货架尺寸：根据容器的数量及外形尺寸（参考 PFEP，或直接用实际容器），设计每种零件线边货架的尺寸。

④ 整合线边料架：将每个工位的所有线边物料进行整合，调整货架的层数、层高、容器放置方向和倾斜角度。当物料较多、跨度较大时，可考虑设计成弧形，尽量使料架宽度在增值范围内。

⑤ 确定各物料的摆放位置：根据使用顺序和物料的轻重、大小等确定料架中物料位置，通常按拿取的左右手和使用顺序布置物料位置。

⑥ 确认现场空间是否合适，基于模拟使用进行必要的调整，可能涉及容器形式、补充方式或水蜘蛛循环时间等内容。

⑦ 料架应预留空容器的返回层，通常为料架最上面一层或最下面一层。实际使用中，由于空容器较轻，使用上面一层的情况偏多。

⑧ 设计整体布局：各个工位都基于以上步骤设计，最后绘制整体线边布局图，基于整体美观性，避免异常突出或超出定置线等情况，进行优化调整。

线边设计应结合现场需求，采用各种灵活形式，体现 POU 原则，如基于线边延伸思想使用的随身口袋、随身工装、工位工装；同时应考虑线边设计的低成本自动化方面，如上料与下料的对接、空容器的自动退出、工装车直接作为线边、可移动的线边小车或线边工装等。

7.2.3　标准作业、快速换型与低成本自动化

（1）标准作业

标准作业中主要内容为操作者的作业动作和时间标准，这些基本内容一般在基础工业工程教材中涉及，这里不再赘述。但工厂规划设计人员在生产流的设计中要有标准作业意识和创建标准作业的能力（尤其对于新建工厂或新建生产线），而且在涉及人员作业的环节都应有标准作业，这不仅是生产流规划与设计的基础，也是整个企业物流规划与设计的基础。

创建标准作业意味着获得工人作业动作中的流动状态。我们期望的是：在最优线边设计的配合下，一个流生产线上工作的操作者基于最短时间和最容易的方式，形成流畅且极有效的移动作业流，作业期间完全专注于增值的操作。因此，生产流的线边设计应与标准作业结合起来，设施规划人员应通过个人对实际作业场景的体验式思考，确定合理的标准作业与线边设计。

（2）快速换型

快速换型（Single Minute Exchange of Die，SMED）是快速换模称呼的泛化，是指通过应用工业工程的方法，将模具（现在也包括各种生产线上的工装夹具等）的更换时间、开机设置时间、生产启动时间等转换时间尽量减少的一种过程改进方法。由日本工业工程师新乡重夫提出，该方法有助于减少设备有效作业时间损失，减少多品种小批量生产物料等待时间，创造更好的物料流动。设施规划与设计人员应掌握快速换型的相关知识，因为换模时间对物料搬运、存储、生产线节拍、生产敏捷性和生产流将产生很大的影响。根据威尔逊经济订货批量模型（Economic Order Quantity，EOQ），可以把一个生产环境中持有的在制品库存成本看作全部库存持有成本，把全部的因换型时间而导致的机器设备效率损失成本看作订货成本，这里可称为转换成本。转换成本可以随着转换时间的减少而减少。此时全部库存成本随着 EOQ 的减少而降低，如图 7-4 所示。如果达到零转换时间，其 EOQ 相当于 1，则

物料等待时间接近于零，流动更加顺畅，从而形成理想的单件混合流。由此可见，转换过程的敏捷性越高，混流生产的平衡效果会更好，将大大提高生产的流动性。

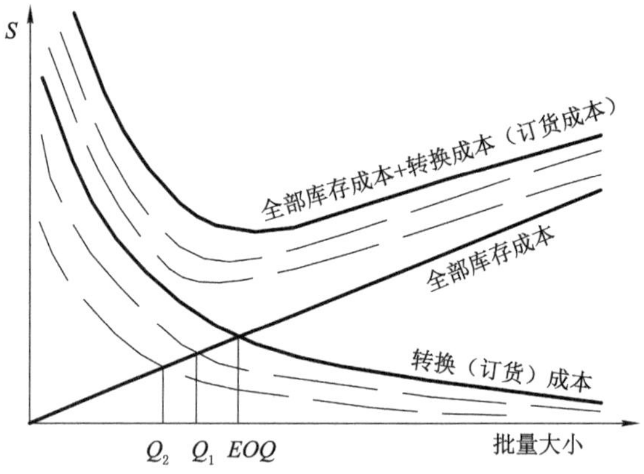

图 7-4　快速换型对在制品数量的影响

快速换型已经是一个相对成熟的方法。它涉及两个重要的概念，分别是：内部工作和外部工作。内部工作指的是只有在设备停止时才能进行的工作；外部工作指设备不必停下也能进行的工作。两种工作对应的时间分别称为内部时间和外部时间。进行 SMED 活动，主要是针对这两个时间进行分析和改善。实施 SMED 有五个典型步骤，如图 7-5 所示。进行改善时，换型时间观测表的基本框架参见表 7-5。

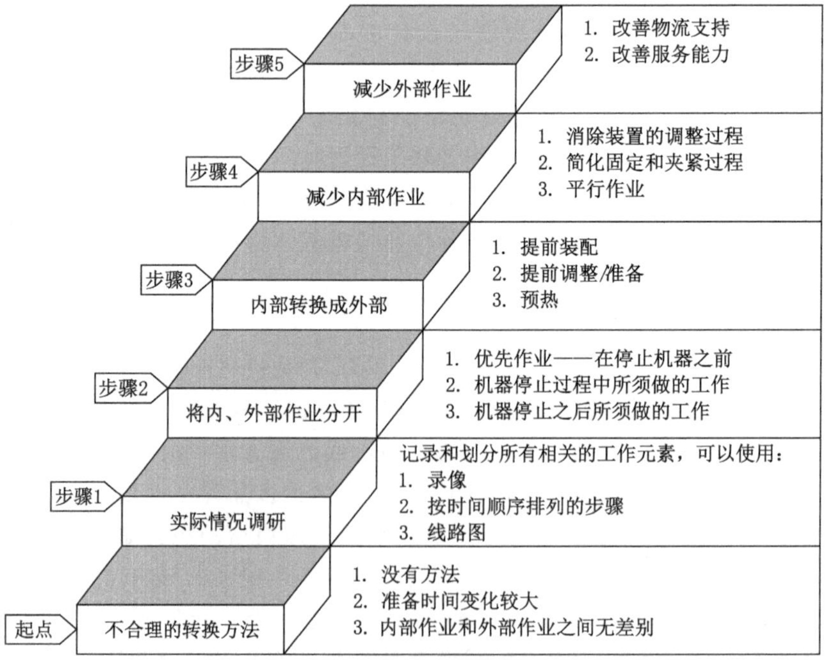

图 7-5　快速换型基本步骤

表 7-5 换型时间观测表基本框架示例

机器/设备：__________　　日　期：__________

流程名称：__________　　观测者：__________

作业序号	作业描述	记录时间	作业时间	内部	外部	初步行动计划	备注

注："记录时间"为秒表读数，后期据此整理出作业时间。

(3) 低成本自动化

低成本自动化(Low Cost Automation，LCA)用于解决由操作者手工作业完成有成本效益的机械化问题，是标准作业概念中更深入的步骤。它旨在通过减少手工作业内容来提高生产率。低成本自动化与完全自动化之间的差别是：在低成本自动化中，对于工作周期中涉及的简单、线性的动作，通过使用杠杆、凸轮、斜槽、引导和重力等机械设备实现自动化。

低成本自动化与传统自动化的主要差别见表 7-6。在生产流的设计中，线边、换型等均应考虑可采用低成本自动化的环节，以促进一个流生产的创建。

表 7-6 低成本自动化和传统自动化之间的主要差别

比较项目	低成本自动化	传统自动化
成本	非常低的成本	高成本
尺寸	小且灵活可变	大、重
改善时间	短	长
维护/重新配置	简单	困难
设计/制造	内部员工	通常转包
反馈给操作者的信息	良好	较差
同步工程水平	良好	较差
设计专利技术	公司内部持有	属于转包商
使用能源的类型	操作依靠原始动力；能耗低	相对浪费的自动化，能耗高
结构	简单	复杂

7.3 内部物流设计

7.3.1 内部物流系统

7.3.1.1 内部物流系统模型

正如前文所说，在内部物流中超市、水蜘蛛是物流的载体，同步化、平准化和拉式生产计划三个方面是通过看板与物流箱、平衡箱、批量管理器、顺序器等信息流载体结合达成的生产组织效果。看板之外的其他信息流载体是看板的集结点，水蜘蛛通过看板和其他信息流载体实现物料的流动和信息的流动。

如图 7-6 所示，内部物流系统模型包括信息流流程和物流流程。信息流流程从最初的客户订单一直到产线顺序器，通过看板和信息流装置完成；物流流程从原材料一直到成品完成交付给客户。物流流程和信息流流程全部通过水蜘蛛来完成，三者相互关联，形成完整的内部物流系统。

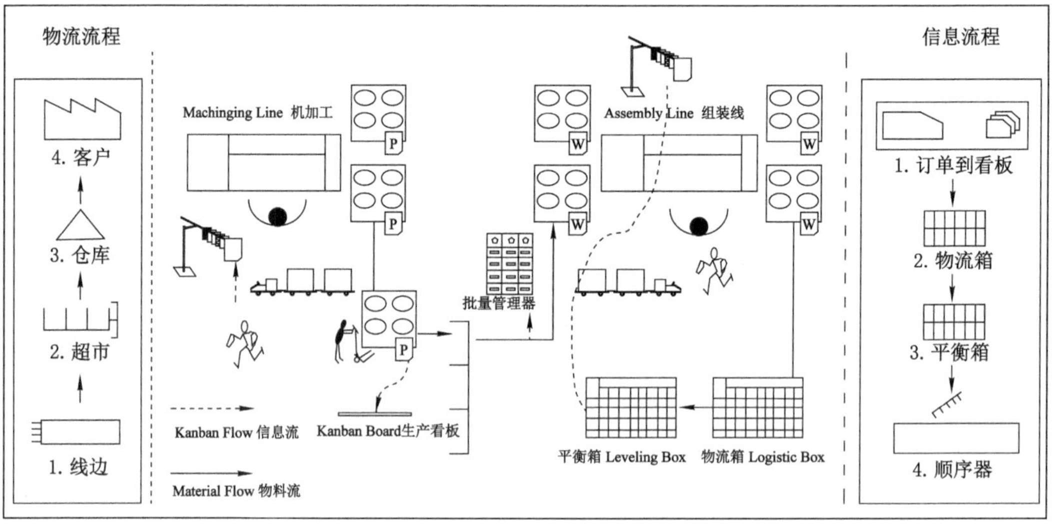

图 7-6 内部物流系统模型

在这个系统中，最初的客户订单被转换成生产看板，经过物流箱、平衡箱、顺序器等信息流装置，来指导产线进行生产；产线在消耗零件的同时，引起超市补充，在超市形成物料生产看板，又通过批量管理器和顺序器，拉动上游工序进行生产。

这是最简单的拉动生产形式，客户拉动上一级的生产。将这种形式在供应链上往上或往下延伸，同样可以利用，当整个供应链上都进行改善时，库存是最少的，是真正的按需生产，这个时候物料和信息才能真正地顺畅流动起来。

7.3.1.2 内部物流系统分解

从功能的角度对内部物流系统进行分解，可将其概括地分为：3 个角色、1 条物流、4 种活动、2 种看板回路和 1 个异常反馈机制。

(1) 3 个角色

内部物流中的 3 个角色，分别是：客户、水蜘蛛和供应商。

① 客户：泛指下游工序。由客户需求开始，引起一系列拉动操作。客户角色包括或涉及的物流工具有：容器、线边、取货看板、顺序器等。

② 水蜘蛛：工厂内部物流转运人员，负责所有物料与信息的传递，包括原材料、在制品、成品等。水蜘蛛角色几乎涉及所有的物流和信息流工具。

③ 供应商：泛指上游工序。根据客户需求进行生产，满足需求；供应商角色包括或涉及的物流工具有：超市、生产看板、批量管理器、顺序器等。

(2) 1 条物流

内部物流中的 1 条物流，是指物料从供应商处生产后，经过超市，由水蜘蛛取料然后配送到客户线边，并进行生产的这条物流路线。

① 物流路线中，物料以容器、工装车为单位进行运转。

② 水蜘蛛为核心物料搬运人员，不断在物流路线中循环，将物料从超市配送到生产线边，返程将线边空容器带回超市。

③ 与物流逆向的即为信息流，信息流引起物流。

(3) 4 种活动

内部物流中的 4 种活动分别为：客户消耗、水蜘蛛供货、水蜘蛛取货和供应商生产。

① 客户消耗：指下游客户根据顺序器中的生产看板，使用线边容器中的物料，用完后将空容器和取货看板返回线边料架上的空容器滑道。

② 水蜘蛛取货：根据取货看板到超市中补充物料，将满容器中的生产看板取出，放置到批量管理器或顺序器中，将取货看板放到满容器内，一起放到牵引串车上。将空容器返回超市空容器区域。

③ 水蜘蛛供货：水蜘蛛将从超市中领取的满容器物料和取货看板一起放入线边。

④ 供应商生产：上游供应商根据顺序器中的生产看板进行生产，完成后，将生产看板放入满容器，再补充到超市中。

(4) 2 种看板回路

2 种看板回路代表两种类型看板的使用循环，分别是取货看板回路和生产看板回路。这 2 种看板回路各自发挥作用，并相互影响，在超市有交换过程，但不交叉，不会也不能混乱。

① 取货看板回路：是在线边和超市间循环的一种看板回路，其主要看板为取货看板。线边物料消耗后，产生空容器和取货看板，水蜘蛛根据取货看板到超市中领取物料，再配送到线边使用。

② 生产看板回路：是在超市和供应商生产线之间循环的一种看板回路，其主要看板为生产看板。水蜘蛛在超市取料时，将其中原有生产看板取出，放到批量管理器中，当达到一定批量后，转移到供应商的顺序器中，生产员工根据顺序器中看板信息进行生产，完成后，生产看板随容器一起返回超市。

(5) 1 个异常反馈机制

内部物流异常反馈机制，是指在物流各环节，如线边、超市、路途等发生物料或信息相关问题后，能够快速识别、上报，并得到快速解决的一种快速响应机制。包括安灯系统、异常响应计划、每日例会等内容。

7.3.2 超市设计

工厂中超市的构想与实践起源于日本丰田公司。TPS 创始人之一的大野耐一从生活中超市获得灵感，将其应用于工厂准时化生产方式的实施中。在最精益的工厂，供应商提供的物料直接送到线边，不在工厂的其他位置停留，这样在最大程度上减少了库存及其带来的系列问题，是最有效的物流方式。但在许多企业，供应商或上游工序并不能在需求时间内，将物料直接配送到线边，这就需要建立一个缓冲库存，汇总由各供应商或上游工序生产的物料，然后由水蜘蛛以多品种、小批量、高频次的方式配送到线边，以降低线边库存量和解决供应不及时的问题。精益生产将这一缓冲库存称为“超市”。

线边、超市及仓库都是放置物料的地方。某种意义上来说，超市是线边的延伸，仓库是超市的延伸。很多企业三者都会存在,但有些企业没有仓库,只有超市和线边;处于更好供应链环境的企业,则只有线边。三者的库存均是一种浪费,但良好的超市设计能够减少库存、减少物流人员的浪费、保证物料质量、满足线边多品种小批量的需求。

7.3.2.1 超市分类与特点

超市按其存储物料的性质,可分为原材料超市、在制品超市和产成品超市;按其呈现形式,可分为货架式超市和工装车式超市。

因为超市具备一些显著特征,这就使其区别于传统的仓库,类似于传统仓库中的前置拣选区。超市的主要特点有:

(1) 强调目视化。包括浅层次的目视化和深层次的目视化。浅层次的目视化为货架、货位、地面、安全、作业区域、停车区域等的标识,其传递基本信息,使物流人员可以快速地找到需要的物料;深层次目视化助力超市管理,包括物流人员工作量分配、异常管控等。

(2) 便于拿取和放置物料。超市中的货架高度一般在 1.6 m 以下;每个物料一个位置;避免使用叉车,最好使用小容器或周转车。

(3) 更易实施物料先进先出。先进先出是物料管理的基本要求,也是较难实现的要求。在超市中,由于货架高度和容器较小,相对于传统仓库,其先进先出更容易实现。流利式货架和轨道是保证先进先出的常用方式。

(4) 物料数量可控。超市中物料的种类和数量需要经过设计。种类上主要放置 MTS (Make to Stock)物料,数量上根据每一种物料的交期和消耗情况计算其库存量。不管是型号还是数量,每隔一定周期(通常 1~3 个月),都需要进行评估调整,以适应变化。

价值流中的不同阶段,如原材料、不同工序间的在制品、成品,都适用 MTO(Make to Order)和 MTS 概念。超市中存放的是常备物料,即 MTS 物料,对应的是看板物料。MTO 对应的是按需生产的顺序物料,其对系统快速换型、内部物流、柔性和成本管控能力要求更高。

7.3.2.2 超市设计原则

超市在拉动系统中,是物流与信息流的交汇点,向内与线边相联系,向外与上游工序、企业仓库或外部供应商直接相联系,起到承前启后的作用。其设计与运行的好坏将直接影响到企业内部物流的质量与效率。为此设计时应参考一些经验性原则。

(1) 不要轻易进行超市设计。

如果上游供应商和下游客户在生产批量、换型时间、容器容量、配送时间上稳定性较差,将直接影响超市的运行,造成客户的缺料。因此在上游工序与下游工序建立基本稳定性之前,不要轻易进行超市设计。

(2) 确保下游客户的供应安全

建立超市的首要目标是确保下游客户的物料供应,不使下游客户因缺料而停产。但影响供应的因素有很多,特别是精益内部物流的运行初期,各个要素(线边、换型、物料质量、看板信息、设备、水蜘蛛、工艺等)都会影响超市的运行,因此在设计超市时,设置一定的安全库存是有必要的,稳定一段时间后,再逐步减少安全库存数量。

(3) 超市库存数量最少

从消除浪费角度来说,要减少超市的库存量,将库存控制在合理的范围之内,不能多(产生库存浪费),也不能少(影响下游工序生产)。合理的库存控制是超市设计的核心内容和重要原则。但其设计也不是一劳永逸的，随着供应链上的持续改进。逐步减少超市中物料的数量，实现 JIT 式的物料流动。当超市中数量足够少时，甚至可以取消超市，直接将物料配送到线边，这也是超市设计的终极目标。

(4) 取货、补货、管理方便

超市设计时要考虑水蜘蛛、补料员及管理者的操作与管理方便，避免寻找、确认、借助叉车等大型设备等。因此，超市设计中要注意以下几个方面的考虑：① 小容器，便于水蜘蛛搬运；② 一个物料一个位置，便于水蜘蛛记忆；③ 低成本自动化、先进先出的应用；④ 根据生产使用顺序布置超市区域，方便记忆；⑤ 良好的可视化。

(5) 安全第一

安全与人机工程是超市设计首先要考虑的问题，是超市设计的第一原则。超市安全包括人身安全、物料安全、设施设备安全等。在超市设计时，应注意以下事项：① 超市内避免使用叉车(使用小容器、牵引小串车)；② 拿取与补充不交叉(后面补充，前面拿取)；③ 高度合适，最高层或最底层放置空容器；④ 通道畅通无障碍。

7.3.2.3 超市常备物料数量计算

在拉动生产方式中，上游工序(供应商)根据超市中物料的补充信息(生产看板)进行生产，因此在超市中要保持一定数量的物料，以使上游工序在生产物料时，下游工序仍有物料可以使用。这一数量包括生产批量，补充水平及为应对异常的安全库存。常备物料数量的计算公式：

$$N_{\mathrm{m}}=N_{\mathrm{batch}}+N_{\mathrm{restock}}+N_{\mathrm{safe}} \tag{7-3}$$

式中：N_{m}为超市物料数量，指的是超市中某一型号物料的最大放置量，其单位为容器与工装车数量，不是单个物料的数量。

N_{safe}为安全库存，不管是上游工序还是下游工序还是水蜘蛛都可能出现异常的情况，为了保证后道工序的正常使用，通常增加一定的安全库存量。安全库存一般没有计算公式，根据上游工序、下游工序、水蜘蛛等稳定性进行预估设定。

N_{batch}为批量，其值取决于上游工序的柔性程度，如果上游可频繁换型，甚至批量可以减少到 1 个工装容器(1 张看板)。其计算公式为：

$$N_{\mathrm{batch}}=N_{\mathrm{need}}/F_{\mathrm{exchange}}=N_{\mathrm{need}}/(T_{t-\mathrm{exchange}}/T_{\mathrm{exchange}}) \tag{7-4}$$

其中：N_{need}为客户需求量，通常为不变量；F_{exchange}为可换型次数；$T_{t-\mathrm{exchange}}$为总可换型时间；T_{exchange}为单次换型时间。

N_{restock}为补充水平，指从发出信息(生产看板)始，到物料送到线边为止，这一段时间所需要的物料数量。其计算公式为：

$$N_{\mathrm{restock}}=\frac{W_{t1}+T_{\mathrm{exchange}}+T_{\mathrm{first}}+T_{\mathrm{full}}+W_{t2}}{T_{\mathrm{useup}}} \tag{7-5}$$

其中：W_{t1}为第 1 个水蜘蛛循环时间，指在拉动生产环境中，信息传递由水蜘蛛完成，从超市到上工序顺序器，需要的最长时间为一个水蜘蛛的循环时间。

T_{exchange}为换型时间，指在这个信息之前，还有多少物料需要生产无法预料，因此无法计算需要等待的时间，以直接生产为提前。直接生产需要换型，因此加上换型的时间。

T_{first}为第一个产品生产时间，指从第一个工序到最后一个工序完成一个产品所需要的时间。

T_{full}为满一个容器时间，指水蜘蛛以容器为最小单位进行物料转移，而不是单个零件。满一个容器时间为生产完一个容器物料所需要的时间。

W_{t2}为第 2 个水蜘蛛循环时间，指生产完成后，再由水蜘蛛将物料从超市送到线边，最长为一个循环的时间。两个水蜘蛛循环时间可能不一致，这取决于水蜘蛛设计。

T_{useup}为一个满容器物料消耗掉的循环时间。

理论上，根据公式(7-3)计算得出的数据可作为超市中的数量而准备，但内部物流涉及方面较多，任何一个因素都可能导致超市缺料而影响正常的生产，因此在实际的准备过程中，会将这一数据乘以一定的系数，如 1.2 或 1.5，以保证在拉式生产中物料的正常供应。同时监控超市物料的情况，在稳定后，逐步减少库存数量到计算的数值。

7.3.2.4　超市物料数量与批量、补充水平和安全库存的关系

超市物料数量中的三个参数关系如图 7-7 模拟推演所示。图中假设：批量＝2 个容器，补充水平＝3 个容器，安全库存＝1 个容器，则超市物料数量＝2＋3＋1＝6 个容器。

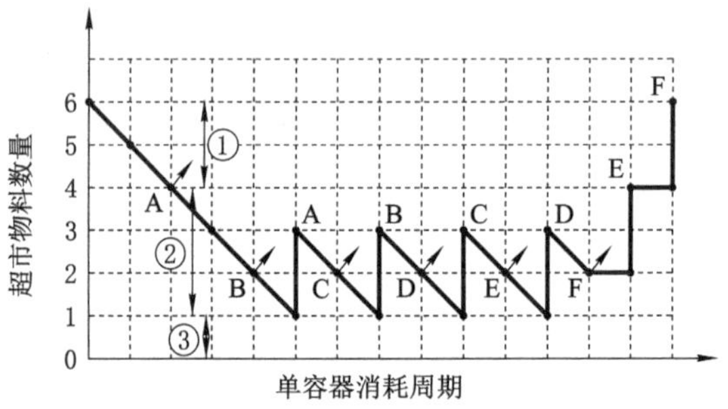

图 7-7　超市物料数量与批量、补充水平及安全库存的关系

假设初始批量管理器中没有生产看板，随着生产需求，第一个容器取走，将这个容器中的生产看板放入批量管理器中，接着下一个单容器消耗周期第二个容器被取走，将其生产看板放入批量管理器中，达到了生产批量，触发生产订单 A 发出；同样继续取走 2 个容器后，触发生产订单 B 发出。由于没有产品补充，超市中数量一直下降。再一个单容器消耗循环后，超市物料数量达到 1，触碰到了安全库存。但此时，A 订单发出已经 3 个容器时间，其已经生产完毕，补充回了超市，补充数量为 2；继续使用 1 个容器后，触发生产订单 C 发生；再继续使用 1 个容器后，超市达到安全库存 1，同时 B 订单返回补充超市。

如果不换型，继续生产，则图形会持续保持锯齿状，超市中始终有最少 1 个容器安全库存。如果在生产订单 F 发出时，生产线换型，不再生产该型号产品，则在后面的环节中，前期发出的 E、F 订单会陆续补充到超市，超市又恢复到最大库存状态，6 个容器物料。假如在生成某个订单后，又使用了 1 个容器，这时生成线换型，不再使用该型号，则这张生产看板将一直放置在批量管理器中，因没有达到生产批量；只有当下次再使用该型号物料时，提取 1 个容器后，才会形成一个新的订单。

由上述分析可知，超市具体型号的物料数量并不一直处于最大值状态，而是随着消耗和补充发生变化。同时，由公式(7-3)及其与式(7-4)、式(7-5)的综合关系来看，超市某一物料的数量与换型时间、水蜘蛛循环时间、容器容量、第一个产品生产时间(即产品流程时间)及

安全库存等均有关系，这也指出了降低超市库存的方向。

7.3.2.5 超市设计步骤

(1) 准备基础数据。

涉及的基础数据有：

① 上下游工序的基础数据，如需求量、各工位循环时间、换型时间、各种可能损失时间等；

② 物料相关信息——PFEP 表，经容器设计及线边设计后，其内容基本完备；

③ 成套相关信息，容器设计及线边设计后，会有成套设计的初步成果，需进一步确认；

④ 水蜘蛛相关数据：循环时间、车厢数量、牵引方式、工装车转弯半径、路线等，其中除循环时间在线边设计时使用了暂定时间值外，其他可以用常规的经验数据，待后续水蜘蛛设计完成后，再修正超市设计。

(2) 确定物料的 MTS 与 MTO 分类，并计算 MTS 物料容器数量

① 根据 PQ 分析，确定物料的 MTS 和 MTO 分类。具体操作上，根据未来 1～2 年的预测和规划，对物料型号与数量进行分析，根据 80/20 原则，确定物料的分类。

② 根据各种基础数据，计算每一种 MTS 物料所需的容器数量。

(3) 设计超市货架

根据容器数量与容器的大小，确定货架的尺寸。同时注意以下几点经验：

① 通常货架放置 3～6 层容器，应基于容器特点和人机工程学进行具体设计；

② 通常货架的最上层或最下层为空容器层，也可建立专门的货架放置空容器；

③ 若容器为工装车形式，则初步考虑排列形式和面积需求。

(4) 超市区域面积估算

① MTS 区域面积：基于 MTS 物料的数量及超市货架的设计，确定每一种物料的位置，整合确定 MTS 区域的平面积。

② MTO 区域面积：MTO 物料在超市中不常备。有订单时，上游工序按计划进行生产，生产完成后，先放到超市 MTO 区域，再配送到生产线。因 MTO 物料按订单生产，其不使用时是空着的，故多种 MTO 物料可以共用一个区域。其面积结合 MTO 物料同时出现的最大数量确定。

③ 成套区域及成套放置区面积。超市将成套物料放置在一起布局，便于成套配备；成套好的物料应放置在成套放置区。两者统一考虑，紧邻布置。面积需求参考 6.1.7 节相关知识确定。

④ 其他区域面积。包括空车区、不良区及应对特殊情况的缓冲区域。应结合经验及实际考虑初步确定其相应面积。

(5) 选择超市可布置区域

根据超市总面积需求，确定工厂内可供选择的场地。场地选择的几点经验：

① 接近线边的区域，便于配送和快速响应；

② 接近主通道出入口，便于进出；

③ 可以在仓库旁边选择一个区域，作为超市区，以区别于仓库；

④ 超市与仓库结合。立体仓库的一层作为超市，该形式应用较为普遍。

(6) 整体布局设计

首先考虑超市出入口，根据各区域特点与面积，确定作业动线，进行整体布局设计，输出超市整体布局图。可参考以下布置经验：

① 按水蜘蛛作业方便性进行布置，使其在超市以最短的距离完成备料；

② 流量大的物料接近出入口，减少物流距离；

③ 成套布置，减少走动和寻找；

④ 按发货单元布置，集中取放，也便于成套管理；

⑤ 功能区完备、清晰与明确；

⑥ 通道满足水蜘蛛搬运车辆的需求，能拐弯且100%安全；

⑦ 有叉车设备运行时，前补后取，减少交叉，确保安全；

⑧ 确保所有物料先进先出；

⑨ 利用原有仓储空间，减少场地占用与投资；

⑩ 考虑水、电、气、消防等安全因素。

整体布局时，有可能根据实际情况对货架尺寸、容器数量、容器放置方向等进行调整，以满足区域需求。

(7) 其他设计

其他设计包括目视化、防错（如取料信号灯）和异常快速响应设计（如安灯系统）。

7.3.3 水蜘蛛设计

水蜘蛛是内部物流的核心，与线边、超市等实体不同，水蜘蛛是一个工作岗位。水蜘蛛负责内部物流中所有物料和信息的传递，并把物料配送到使用点（POU 原则），是离散型行业内部物流的典型配置。水蜘蛛的小批量、多频次、多品种的配送方式，是实现 JIT 的基本保证，也是 JIT 物流的直接体现。其装备不是传统的叉车，往往是牵引串车。通常由牵引车和几节车厢组成，车厢内放置的是多品种、小批量的物料。水蜘蛛有自己的循环时间、循环路线和停靠点；循环时间通常较短，目的是以更频繁的周期循环加速物料的流动；循环路线基于工厂布局和配送点来设计，目的是用最短的距离实现更多物料的配送；在停靠点，水蜘蛛下车将需要的物料放置到线边使用点，同时将空容器、包装物等收回，进行所有物料相关的工作，使生产员工只进行与生产有关的增值操作。

7.3.3.1 水蜘蛛的典型配置

在精益内部物流设计中，水蜘蛛模式的典型配置是牵引串车，这种模式形象地称为“地铁/公交车模式”。相对于叉车，其在保持大容量（多个容器、多节车厢）的同时，实现多品种、小批量配送。可以在较短的循环周期内，一次配送多种型号的物料，并且容易操作、成本低、安全性好。在设计牵引串车时主要考虑三个方面，分别是牵引车、车厢和连接牵引。

(1) 牵引车

通常根据内部物流的特点，进行牵引车采购。其根据牵引力不同分为大、中、小型；根据驾驶方式的不同分为站立式、坐立式和走动式；根据不同工况有不同形式的轮胎、遮雨棚等不同配置。

(2) 车厢

车厢一般根据物料的特点自行设计并制作，大致可分为多层容器型和直接卸车型两类。在容器设计中，物料以标准物料箱为容器的通常设计成多层容器型车厢；零件以工装车为容器的通常直接以工装车作为车厢,不再进行容器搬运,而是直接装车和卸车。实际工厂中的水蜘蛛车厢往往是两种形式的结合,总数量通常为 3～5 节。为了便于装车与卸车,通常后部拖挂工装车,前部拖挂多层容器型车厢。

(3) 连接牵引

设计连接牵引时要考虑连接与卸下时的方便性、可靠性以及转弯半径。连接牵引的长度要超过车厢宽度的一半,以确保 90°拐弯。

车厢、连接牵引及车轮的设计可参考图 7-8 经验数据,以确保牵引串车的转弯半径最小。

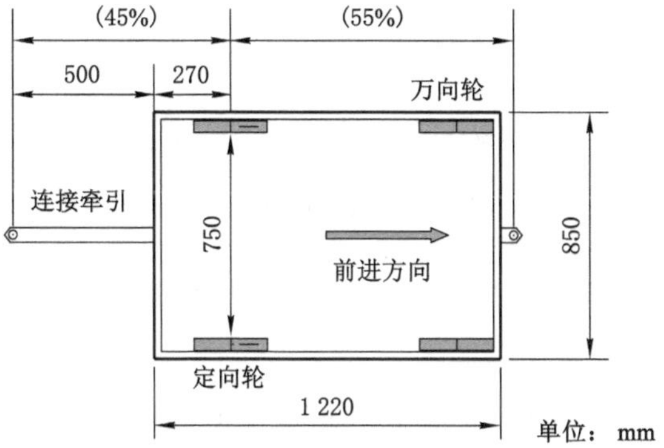

图 7-8　车厢经验数据参考

7.3.3.2　水蜘蛛人员选择与人数确定

在精益内部物流中,水蜘蛛通常由生产线上综合能力较强的员工来担当,往往作为一线管理者的后备人才。因为水蜘蛛岗位循环时间长,工作内容多;接触物料种类多,数量多;信息传递相对复杂而且重要;需要主动识别工作过程中的浪费,进行持续改善,提高流动效果。

水蜘蛛人员数量与工作量呈正比例关系,根据工作量和循环时间可得出初步的人员数量需求,具体过程可以为:

(1) 设定一个水蜘蛛循环时间,注意与前面线边与超市设计的一致性。

(2) 计算搬运工作量:根据水蜘蛛循环时间,计算每个线边、每种物料在这一循环周期内消耗的容器或工装车数量。这个数量是水蜘蛛在线边搬运和超市领取的数量。

(3) 汇总所有工作内容:在布局图上规划路线和停靠点,列出水蜘蛛的所有工作内容,包括路途、上下车、送满容器、取空容器、处理逆向物流等。

(4) 估算工作时间:根据路线上的所有工作内容,估算所需时间。

(5) 人数计算与调整:用总的工作时间除以设定的水蜘蛛循环时间,即为水蜘蛛人数需求。水蜘蛛的实际循环操作时间在定义循环时间的 80%左右比较适宜,符合人员 80%负荷原则。

7.3.3.3　水蜘蛛标准作业

同企业中其他岗位一样,水蜘蛛也有自己的标准作业。循环时间、工作内容,路线和停靠点组成了水蜘蛛的标准作业。可通过执行和不断改进标准作业,逐步减少物流、信息流过程中的浪费。

（1）水蜘蛛的循环时间

通常水蜘蛛的循环时间为 20 min、30 min、60 min 等，其设定是基于以下几个方面的考虑：

① 从减少库存考虑。根据线边和超市计算公式可知，水蜘蛛循环时间短则线边和超市中对应的库存会少。

② 从便于水蜘蛛记忆考虑。整点、半点易于记忆出发和返回时间点，管理者、生产线操作工也能大概判断补料的时间。

③ 从改善角度。循环时间超过 2 h，线边库存则至少会是 4 h（根据线边计算公式），这样的库存使得改善没有太多实际意义。

④ 从设计角度。循环时间与工作量、运行路线、容器容量、消耗速度、线边库存、车厢容量等都有关系，需要平衡选择。

⑤ 从实践角度。对于不同的物料类型、不同的水蜘蛛，循环时间可以不同，如某个水蜘蛛的循环时间为 30 min，另一个水蜘蛛的循环时间为 60 min。

⑥ 从职业健康角度。在最终确定循环时间后，尽量符合 80％负荷原则，必要时需调整水蜘蛛的工作内容和工作量。

（2）水蜘蛛工作内容

水蜘蛛的工作内容简单说就是按照一定的路线和速度，在超市根据取货看板或顺序看板拿取生产线所需的物料及完成信息的传递，然后将物料配送到线边使用点，然后收回线边空容器及其他逆向物料，进行相应的信息流操作，返回到超市，再从超市取料的循环过程。

（3）水蜘蛛工作路线和停靠点

水蜘蛛有固定的行走路线，不能随意走动。工作路线要结合工作内容和工厂布局，设计适合水蜘蛛牵引车行走、能完成所有工作且距离最短的运行路线。同时设计路线上的停靠点时，要确保停靠点位置既有利于水蜘蛛向线边供料时走动的距离最短，同时也能更好地落实 POU 原则，如图 7-9 所示。

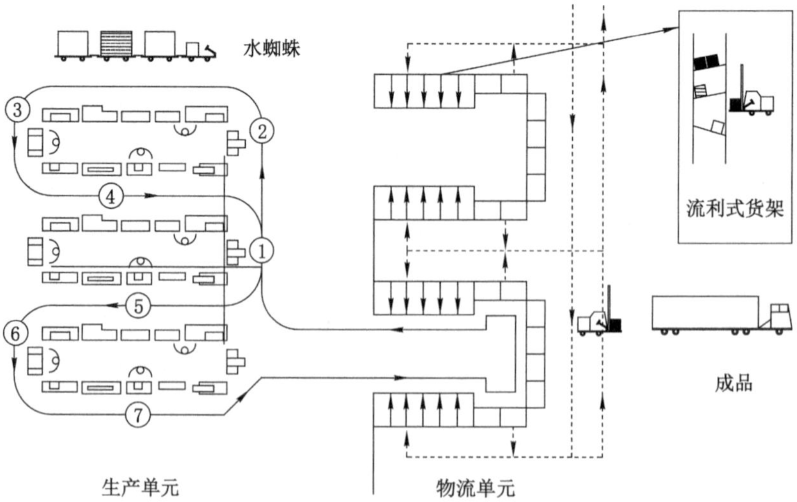

图 7-9　水蜘蛛路线与停靠点

在确定了水蜘蛛循环时间、工作内容、路线和停靠点之后，管理人员、水蜘蛛和生产操作人员就可以预知其到达某一线边停靠点的大概时间。水蜘蛛作业指导书示例见表 7-7。

表 7-7 水蜘蛛作业指导书示例(节选)

水蜘蛛标准作业指导书(路线 1)							
名称	水蜘蛛标准作业表	操作人员	张三	总时长/h	0.75	联系方式	
劳保用品	安全帽、绝缘鞋、工作服、手套	工种	牵引车工	技能等级	中级	操作资格	牵引车操作证
使用设备	电动牵引车	制定时间	2023 年 6 月 10 日	修改时间	2024 年 1 月 10 日	送料频次	1 h/循环

班前：

1. 按规定穿戴劳保用品；
2. 对牵引车进行点检：含电解液是否需要加注纯水、电量是否充足、车轮是否完好、车辆表面是否符合 5S 要求；
3. 检查今日第一次水蜘蛛循环的物料是否齐套

序号	作业步骤	作业分解	时间		操作要点
			s	min	
1	从 ZX01 取料配送至北 NL002 到北 NL010 工位	1. 将牵引车开入库区南棚库 ZX01 油门踏板摆区	12	9.8	按序连接
		2. 装载油门踏板、玻璃升降器、车速灯、门把手、操作器工装、电器中心支架，并连接在牵引车后方	220		
		3. 上车行驶至北 NL002 位置	84		车辆停靠时注意防止通道堵塞
		4. 下车取出生产线 4 个空工装，并摆放整齐，整理垃圾	46		
		5. 卸车将 4 个满载的物料工装摆放到生产线指定位置	100		
		6. 上车驾驶至 NL010 工位	27		
		7. 下车取出 1 个空工装，并摆放整齐	40		
		8. 卸车将 1 个满载工装摆放到生产线指定位置	60		
…	…	…	…	…	…
6	回运空工装并返回库区	1. 牵引车掉头，将 4 个空工装连接到牵引车后方	200	9.7	注意规避叉车
		2. 上车行驶至空工装摆放区	90		
		3. 下车卸掉门限器、示廓灯、操纵器，摆放到凯马物流公司位置	190		
		4. 卸掉地毯空工装摆放到凯马物流公司位置	50		
		5. 上车由工装摆放区行驶至仓库 ZX04 区域，等待下一个循环	50		

班后：

1. 检查线边货架是否满载；
2. 检查线边工装是否摆放整齐，是否有需取回的空工装；
3. 领取次日生产计划单并核对物料；
4. 检查牵引车电量，如需充电，摆放在指定位置充电

7.3.3.4　水蜘蛛的设计步骤

水蜘蛛要将线边和超市连接起来，通过信息的传递，带动物料的流动。因此，水蜘蛛的设计需要与线边、超市等进行反复平衡，不断优化。具体设计步骤如下：

(1) 设计前准备工作

确认相关内容是否齐备，主要包括：更加完善和准确的 PFEP 信息、容器设计、线边设计及超市设计的成果等。

(2) 水蜘蛛标准作业内容设计

标准作业内容又可分为六个子步骤，分别是：

① 循环时间设定与确定。利用线边设计和超市设计中设定的循环时间，进行水蜘蛛人员的计算和复核，这一步与第五步会反复进行，并最终确定这一时间。然后基于新的循环时间，修正之前的线边和超市设计。

② 工作内容确定。按照工作顺序，逐步确定并列出水蜘蛛在各个环节的所有工作内容，包括每个线边操作、超市操作和信息流操作等。

③ 搬运数量计算。根据循环时间计算水蜘蛛每次循环需要搬运的容器数量。首先计算一个循环周期内，各线边所能消耗的容器数量。在容器容量较大，线边在一个循环时间内消耗不了一个容器时，通常超过 0.5 的，则向上取整，低于 0.5 的，多个进行累加后超过0.5，再向上取整。这样会导致实际的工作量会小于设计工作量，但有助于水蜘蛛的工作均衡。水蜘蛛在线边的搬运数量，也是在超市的取料数量，水蜘蛛每循环搬运容器总数为线边和超市搬运数量之和。

④ 时间预估或测量。预估或测量每项工作所需要的时间，包括路途时间、上下车时间、配送满容器时间、返回空容器时间、超市取件时间和返还时间等所有工作内容的所需时间。最后累计这些时间，则得到水蜘蛛一个循环实际需要的时间。

⑤ 水蜘蛛人数分析。进行水蜘蛛人员配备时，如果一个循环实际需要的时间在设定时间的 80%左右，则一个水蜘蛛就可以完成所有工作；如果超出之前的设定时间，则需要进行调整。采用的优先方案是增加一个水蜘蛛，从而保持最小的线边库存，但会增加人力和牵引设备；次之是适当延长设定的水蜘蛛循环时间，该方案不会增加人力和设备，但增加了线边和超市的库存量。因此，确定水蜘蛛人数时，需要进行平衡以确定最佳方案。

⑥ 路线与停靠点规划。在工厂布置图上设计水蜘蛛循环路线和停靠点，路线和停靠点的选择要满足五个条件，分别是：A. 符合工厂布置条件，水蜘蛛能安全通过，特别注意坡道、地面轨道和坑槽等。B. 对于路线，车辆行驶距离、上下车走动距离要短，便于物料的供应。C. 对于停靠点，其设置要使配送相关物料走动距离最短，且过程安全。D. 确保全程安全，包括工装车、物料、设施设备及人员等。E. 当多个水蜘蛛运行时，应避免交叉或相向而行。

在完成上述内容后，形成初版的水蜘蛛标准作业，然后随着其他设计的完成再不断完善。

(3) 工装车车厢及牵引车设计

设计主要内容包括：① 对于工装车类，增加牵引装置，直接以工装车作为车厢。② 对于盒子类，车厢设计成多层的工装车，尽量做到对不同物料容器装载的通用性。通常工装车的尺寸要小于 800 mm×1 000 mm；基于要放置的容器数量与尺寸设计层数与层高，通常层数为 3～4 层；根据实际需求确定车厢数量，通常每个牵引车拖挂 3～5 节车厢。③ 涉及逆向物料时可设计专用车厢（可为嵌入式垃圾桶）。

（4）目视化设计

目视化设计包括对车厢整体及各层、行走路线、停靠点、标准作业等内容的目视化，以及限速、拐弯、上下坡道、凹槽等安全方面的目视化。

7.3.3.5　AGV 形式水蜘蛛的优势与弊端

在工业企业中，以 AGV 作为水蜘蛛已经比较成熟，目前来看，它既有优势也有其弊端，具体见表 7-8。

表 7-8　AGV 形式水蜘蛛优势与弊端

优　势	弊　端
自动导航，不需人员一直操作；	难满足多品种、多容器配送需求，擅长整车配送，POU 效果欠佳；
环境要求低、占用面积少；	定位要求高，否则需要人员来协助定位；
不受时间限制，可连续工作，效率高	主要发挥配送功能，其他异常响应能力弱

在物料较多、容器形式较多、使用线边料架需要搬运的情况下，人员水蜘蛛较 AGV 更有优势；当物料种类较少、较重、需求波动较小、定位要求不高时，采用 AGV 形式更合适。具体设计时，应根据实际情况判断使用哪种方式，通常也有两种方式的结合，即部分物料用人员形式水蜘蛛，部分物料使用 AGV 形式。

7.3.3.6　全自动化配送

传统的仓库为固定立体货架，由人操作叉车进行物料的放置与拿取。目前自动化程度高的企业开始建立自动化立体仓库系统。这个系统能够按照指令自动完成物料的存取，并能对库存物料进行自动管理，完全实现自动化作业。

将自化的 AGV 搬运，加上自动化仓库的物料配备，进行系统整合可以形成全自动的物料配送系统。当线边需要物料时，发出需求信号，自动化仓库中的存取料设备从储位上取出对应的物料，自动分配给 AGV，然后由 AGV 配送到线边。

这种方式打破了传统的看板信息传递方式和水蜘蛛循环配送方式，以电子形式传递信息，以自动化方式进行配送，能够实现更及时、更准确的 JIT 式物料配送。该种类型的物料配送系统目前已经在很多企业开始实践。具体设计中，要根据不同的物料特点和生产特点，设计适合企业运营需求的内部物流系统。

7.3.4　看板设计

看板是信息的载体，各种物料和生产信息通过看板进行传递。在精益内部物流中，看板有两种基本类型：取货看板和生产看板，两种看板有其各自的循环，各自发挥作用。

看板设计是指要设计与制作不同类型的看板，指导生产的同时形成物料需求，拉动上游工序生产，完成信息的完整传递。

7.3.4.1　看板的基本形态和内容

看板的形态不受限制，只要能包括必要信息，各种形态均可以。可以是实物，也可以是电子形式；可以是各种颜色纸打印的、覆膜的，也可以是标签纸或金属材质，只要适合工厂特点，流转方便即可。

看板的基本信息有物料名称、型号、数量，这是任何形式或类型看板都应包括的内容，也可以扩展加入如超市地址、线边地址、订单号、图纸、照片、条形码等更多信息。

需要特别说明的是，一张看板代表的是一个容器的物料信息，如一个标准塑料容器或一辆工装车内物料的信息，而不是具体某个物料的信息。因为在企业内部物流中，物料存储与传递的最小单位是容器。

7.3.4.2 看板类型与看板循环

看板有两种主要类型：生产看板和取货看板，分别用于指导生产和指导取货。生产看板又分为两种：装配生产看板和零件生产看板。取货看板也分为两种：循环取货看板和顺序看板。其各自含义与循环如下。

装配生产看板：其显示要生产的产品名称、型号和数量。先由计划人员放置在平衡箱中，水蜘蛛将其最终放置到装配线的顺序器中。与其他看板如零件生产看板或取货看板相比，装配生产看板对应的是产品，而其他看板对应的是零件。

零件生产看板：零件生产看板放置在超市物料容器中，显示零件的名称、型号、数量等信息，水蜘蛛在超市取货时，要从满物料的容器中取出，先放到批量管理器中，待达到一定批量后，再放置到生产线的顺序器中，生产完成后，再将零件生产看板放到对应满物料的容器中，再次返回到超市中，重复循环使用。

循环取货看板：循环取货看板对应看板补充方式和看板物料，其从线边出发到超市，水蜘蛛根据循环取货看板上的信息拿取对应的满物料容器，将循环取货看板放进容器中，再返回线边，循环取货看板在线边和超市间一直循环使用。

顺序看板：是一种特殊的取货看板。顺序看板对应顺序补充方式和顺序物料，其从平衡箱出发到超市，同样水蜘蛛根据顺序看板上的信息拿取物料并送到对应的线边，顺序看板由水蜘蛛进行回收，最终返还到平衡箱，重复利用。

7.3.4.3 取货看板设计

取货看板的设计步骤如下。

（1）确定取货看板形式

取货看板分为循环取货看板和顺序看板，其对应看板物料和顺序物料。由于在线边设计中已经确定哪些是看板物料、哪些是顺序物料，因此在确定看板形式时，可直接利用之前的结果。

（2）确定取货看板内容并设计样式

两种取货看板均包括基本信息和扩展信息，一般根据企业实际的需求来确定。出于目视化管理的需求，关键信息要突出，以便相关人员快速识别。

两种取货看板形态不限，只要能包括必需内容，注意可重复利用的需求，各种形式都可以。另外，顺序看板要在平衡箱、顺序器等信息流装置中使用，应适应这些装置使用时的特点。

不同形式的看板尽可能用不同颜色、形状或大小来区别，以便快速辨识。同类型的看板也可考虑用大小、颜色或形状等进行区分。

（3）取货看板与容器的结合方式

循环取货看板与容器一对一配对使用，一张看板代表一个容器的零件。看板可以放在容器内部，可以卡在容器外侧，可以粘贴在容器外侧。有时把看板与容器可以分开的称为分离式，把容器与看板粘在一起的称为结合式。分离式看板易更新，容器可通用，但看板易丢失；结合式则恰恰相反。

顺序看板由于其不是一直在容器中，而是要在不同信息流装置间流转，因此顺序看板通常采用分离式，看板直接放在容器内或夹在容器一侧。

(4) 看板数量的计算与制作

看板的数量即是线边零件容器的数量，两者应对应一致，其计算公式见 7.2.2 节式(7-1)和式(7-2)。制作时，循环取货看板数量即为计算数量，对于顺序看板，由于其不是一直在线边和超市循环，而是由生产计划人员放置在平衡箱中，由水蜘蛛人员进行周期性回收，因此制作时数量要大于计算数量，至少应满足平衡箱的数量需求。

在上述四个步骤之后就可以制作具体取货看板。

7.3.4.4 生产看板设计

生产看板的设计与取货看板类似，具体步骤如下。

(1) 确定生产看板形式

确定是装配生产看板，还是零件生产看板。

(2) 确定生产看板内容与设计样式

不同于取货看板，生产看板要基于使用过程循环来设计其样式。装配生产看板的起点是平衡箱，终点是装配线顺序器；零件生产看板起点是超市，经过批量管理器，到达零件生产线顺序器，生产完成后再跟随零件返回超市。因此，设计时应注意看板样式与容器、批量管理器和顺序器的结合。

(3) 生产看板与容器的结合方式

装配生产看板和零件生产看板由于要经过多个流程，需要不断进行流转，因此不适合固定在容器上；两种类型生产看板要有明显区分，零件生产看板之间也要有所不同，便于识别，防止误用。

(4) 生产看板数量确定与制作

① 装配生产看板：根据水蜘蛛的循环时间和换型的频次，确定每种产品的生产看板数量，每种装配生产看板最大数量为每日工作时间除以水蜘蛛循环时间(即一天不换型)，在实际制作时，以最大数量为准。

② 零件生产看板：其看板数量为该种零件在超市中的容器数量，见 7.3.2 节式(7-3)。在超市常备物料中，每个容器内都有一张零件生产看板。

相关说明：在整体看板数量上，由于零件生产看板对应的是各种零件，装配生产看板对应的是产品，因此通常零件生产看板的数量要远大于装配生产看板的数量。

在上述四个步骤之后就可以制作具体生产看板。

7.3.4.5 看板设计与使用要点

看板用于传递信息，但若根据理论、全面铺开使用的话，每种型号物料都需要使用看板，每个容器中都有看板，会造成看板型号多且数量巨大。在日复一日的使用过程中不可避免地会产生损坏、丢失和误操作等问题，而一旦丢失，就意味着信息的丢失。因此，看板本身要注意以下几点。

(1) 减少看板的使用。途径：根据计算公式中的参数，基于改善的可能性，设计时就减少线边和超市中的物料数量；对于顺序零件，可以用一张类似物料清单的顺序物料清单来代替多张顺序看板；将看板方式改为顺序方式进行配送；采用成套的方式，将多种物料看作一种物料来看待；使用电子看板。

(2) 通过目视化设计，增强看板的辨识度。

(3) 在看板上增加数量编号，对看板进行定期和不定期的盘点、更新。

7.3.4.6 电子看板系统

实体看板在许多工厂已经成功应用。但随着外部需求多样化的加速，实体看板需要不断更新、需要大量的时间来维护，同时，人员流动特别是水蜘蛛的流动也会影响实体看板系统的运行，不可避免会出现一些操作失误。因此，近年来，电子看板系统凭借着其高效、快捷、成本不高、可以减少甚至消除实体看板运行中的一些问题的优势，开始逐步发展并得以运用。

(1) 电子看板系统定义

电子看板系统是以电子形式替代实体看板，通过网络实现看板信息的快速、准确、及时传递。同时，也能扩大看板的功能范围，使物料在整个制造周期都可以进行追溯。

(2) 电子看板系统优势

主要优势体现为：减少实体看板的复杂性、错误概率和转移工作量；信息更快速、准确、易于分析利用及目视化管理；可全过程跟踪；有助于优化供应链流程，减少牛鞭效应。

(3) 电子看板系统设计内容

电子看板系统可局部开展，也可全面开展，亦可借助企业 MES 系统升级，开发新的系统。其设计内容包括但不限于：容器与工装设计、线边设计、超市设计、水蜘蛛设计、仓库设计、看板设计、循环取货设计及出入库设计等。

7.3.5 信息流装置设计

看板是信息的载体，而物流箱、平衡箱、批量管理器和顺序器则是看板的载体，它们通过水蜘蛛将客户、超市和供应商联系在一起，使物流和信息流顺畅运行。由于这四个看板载体通常为可见的实体装置，因此也把它们称为信息流装置。本小节主要介绍这四个信息流装置的设计，以及这些装置与看板组成的信息流系统。

7.3.5.1 物流箱设计

物流箱是信息系统中第一个信息流装置，是月度生产计划的实体体现，是用来平衡每日的产能和需求、数量和型号的一个工具，以使产线产能负荷平稳，确保产线以最佳的人数、最佳的平衡率进行标准的操作。这也是均衡化生产的体现。

典型的物流箱是一个实体的箱子(如图 7-10 所示)，生产计划人员将客户订单转换成生产看板，根据产能的大小来平衡每日的需求。当实际需求大于产能时，用库存来满足；当实际需求小于产能时，多余的产出作为库存。另外，它还要对产品型号进行均衡，以减少牛鞭效应。

(1) 物流箱内容

上部：在图 7-10 所示的物流箱平面示意图中，上部内容为日期，一列为一天，最多一个月，由于时间越长订单变化越大，越不准确，因此总时间有时也可以是两周或三周。

左侧：为线别或产品别，代表不同的生产线或产品。

中间：放置的是装配生产看板。对于线别的物流箱，中间一格即放置该生产线一日所需

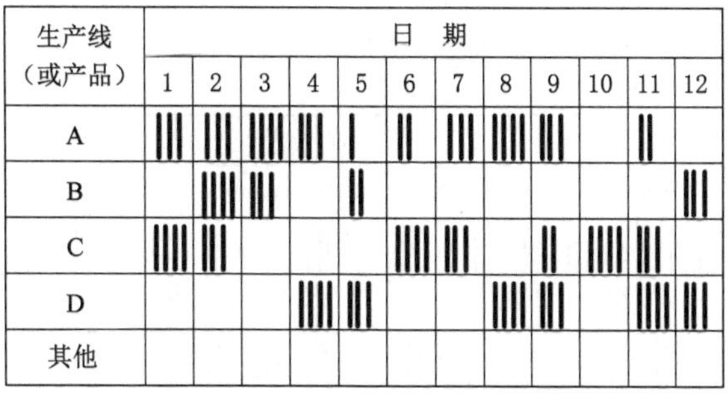

图 7-10　物流箱平面示意图

生产的看板；对于产品别物流箱，中间一格即为该日所需生产的该产品的看板，全列相加，即为该日生产线所需生产的所有看板。不管是哪种形式，看板的总体生产量不能越过约定的产能数量。

下部：由于装配生产看板是重复使用的，因此通常在物流箱的下部，设置看板存储区域，放置重复使用的生产看板。

（2）物流箱使用流程

① 当需求更新时，将订单转化成生产看板，根据交期放入没有排满的日期内，若某日的物流箱已经排满，不能再放入看板，特殊订单除外。

② 平衡每日的产量、型号和数量，使之更均衡。

③ 生产当日，生产计划人员将对应物流箱中的生产看板取出，按照一定规则将看板放置到生产线平衡箱中；若当日未完成生产计划，则需根据规则进行调整。

④ 返回的生产看板集中放置在物流箱底部，循环使用。

（3）物流箱使用要点

① 订单顺序：物流箱中每日的看板是没有先后顺序的，只需符合产能约定即可。在放入平衡箱时，由产线生产计划人员排列具体顺序。

② 负责人员：物流箱的负责人员是生产计划人员，需要根据产能、交期、库存量、优先性、均衡化等方面，确定看板放置位置。

③ 预留产能：物流箱中一般会预留一定产能，如 5%～10%作为应急产能，来应对插单情况或生产异常情况。

④ 变列评审：如需改动已经放满的某日看板，特别是已经锁定的计划，需相关方如计划、销售、生产、采购等进行评审确认。

⑤ 电子形式：由于需求的不确定性，物流箱中的看板可能会经常进行调整。因此，物流箱也可采用电子化的形式，更便于频繁调整。

7.3.5.2　平衡箱设计

平衡箱通常是一个实体的信息流装置，是用来放置水蜘蛛循环时间别生产计划的地方，用来控制一天内，每个水蜘蛛循环要生产的产品型号和数量，实现产线的均衡化生产。物流箱为第一步均衡，平衡箱为第二步均衡，也是最终的均衡，以使产线产能负荷平稳，确保产线以最佳的人数、最佳的平衡率进行标准化操作。

如图 7-11 所示，平衡箱每列的时间即为一个水蜘蛛循环时间。水蜘蛛每个循环开始，从平衡箱中拿取看板，开始内部物流运行，结束一个循环后，返回平衡箱。

<table>
<tr><th rowspan="2">生产线
（或产品）</th><th colspan="18">时　间</th></tr>
<tr><th>7:50</th><th>8:20</th><th>8:50</th><th>9:20</th><th>9:50</th><th>10:20</th><th>10:50</th><th>11:20</th><th>11:50</th><th>13:50</th><th>14:20</th><th>14:50</th><th>15:20</th><th>15:50</th><th>16:20</th><th>16:50</th><th>17:20</th><th>17:50</th></tr>
<tr><td>A</td><td>|||</td><td>|||</td><td>||||</td><td>|||</td><td>|</td><td>||</td><td>|||</td><td>||||</td><td>|||</td><td></td><td>||</td><td></td><td>|||</td><td>|</td><td>||</td><td>|||</td><td>||||</td><td>|||</td></tr>
<tr><td>B</td><td></td><td>||||</td><td>|||</td><td></td><td>||</td><td></td><td></td><td></td><td></td><td></td><td></td><td>|||</td><td></td><td>||</td><td></td><td></td><td></td><td></td></tr>
<tr><td>C</td><td>||||</td><td>|||</td><td></td><td></td><td></td><td>||||</td><td>|||</td><td></td><td>||</td><td>||||</td><td>|||</td><td></td><td></td><td></td><td>||||</td><td>|||</td><td></td><td>||</td></tr>
<tr><td>D</td><td></td><td></td><td></td><td>||||</td><td>|||</td><td></td><td></td><td>||||</td><td>|||</td><td></td><td>||||</td><td>|||</td><td>||||</td><td>|||</td><td></td><td></td><td>||||</td><td>|||</td></tr>
<tr><td>其他</td><td></td><td></td><td></td><td></td><td></td><td></td><td></td><td></td><td></td><td></td><td></td><td></td><td></td><td></td><td></td><td></td><td></td><td></td></tr>
</table>

图 7-11　平衡箱平面示意图

（1）平衡箱内容

上部：如图 7-11 所示，平衡箱的上部内容为时间，显示从上班到结束的时间，每个时间间隔为水蜘蛛的循环时间。

左侧：为线别或产品别，代表不同的生产线或产品。

中间：为装配生产看板和顺序看板。装配生产看板为在这一个水蜘蛛循环时间间隔内，所要生产的产品名称、型号和数量；顺序看板则显示生产这种产品所要准备的顺序零件信息。

下部：由于装配生产看板和顺序看板都是重复使用的，因此通常在平衡箱的下部，设置存储区域，存储装配生产看板、顺序看板及其他相关信息。

（2）平衡箱使用流程

平衡箱的使用涉及两个岗位，生产计划人员和水蜘蛛人员。生产计划人员负责排布平衡箱中装配生产看板和顺序看板；水蜘蛛则从平衡箱中拿取两种看板，开始物料流和信息流操作。具体流程为：

① 生产计划人员在开班前，结合产线的人、机、料、法、环等情况，将日生产计划对应的装配生产看板及顺序看板按对应时间顺序放到平衡箱内；放置前，特别要确保顺序零件已经在超市里实际存在，若缺料，则不能安排平衡箱。

② 水蜘蛛从平衡箱处拿取装配生产看板和顺序看板，根据顺序看板上的信息，到超市领取顺序物料，配送到线边，将装配生产看板放到生产线的顺序器内。

③ 水蜘蛛回到平衡箱处，重复循环。

④ 装配生产看板最终由产线员工或成品超市返回，顺序看板由水蜘蛛集中返回。

（3）平衡箱使用要点

① 起点和终点：平衡箱是水蜘蛛的起点和终点。水蜘蛛人员从平衡箱拿取装配生产看板和顺序看板，开始物料流和信息流流程，完成一个操作循环后，返回平衡箱。

② 放置位置：通常平衡箱放置在生产线附近，而不是超市附近，便于生产管理人员及生产线人员参考，这也是目视化的一种体现。

③ 异常情况：若因生产线异常，上一个循环时间的装配生产看板和顺序物料没有补充

到生产线，则水蜘蛛下一个循环不再拿取新的装配生产看板和顺序看板，继续配送上一个循环的看板及顺序物料。

④ 目视化作用：平衡箱也可以起到目视化作用，体现在生产员工可以清楚地知道今天的生产计划；放入平衡箱中的生产计划，必须是物料已经实际齐备的；生产线的异常与否通过时间与看板的对应就能有所了解。

⑤ 建立时机：当线边、超市、水蜘蛛、看板基本设计完成后，便可进行平衡箱的设计。平衡箱一定要配合水蜘蛛和看板使用才能发挥作用，单独建立平衡箱的意义不大。

7.3.5.3 批量管理器设计

批量管理器用来放置超市零件被取走后产生的零件生产看板，以形成一定的批量，控制上游工序的生产。

(1) 批量管理器作用

在企业内部物流系统中，水蜘蛛利用看板进行上下游工序的信息传递，一张生产看板代表一个生产指令。但在很多情况下，由于上游工序换型能力或换型成本等原因，并不能完全按照看板一张一张地生产，需要将同型号看板进行累积，达到一定数量后，才批量进行生产，以减少换型次数，满足产量要求，这一累积数量有时也称为经济换型批量。

批量管理器的作用就是累积生产看板到一定数量，即达到经济批量时，水蜘蛛才将看板转移到生产线的顺序器中进行生产。故批量管理器就是控制这个经济批量的实体装置。

(2) 批量管理器设计与体现形式

批理管理器设计主要有以下两步：① 计算零件的批量。批量数值在超市计算时已经给出，在此可以直接使用相应结果。② 建立实体装置并目视化。批量管理器通常放置在超市附近，便于水蜘蛛的操作，拿取生产看板后，可以直接进行操作，避免遗忘或走动。

批量管理器的形式不限，但要满足两个要求：① 满足控制批量的要求；② 水蜘蛛操作方便，尽量简单，避免思考、判断等，以减少差错。

批量管理器常见的形式为插槽式，如图 7-12 所示。示意图中，如果批量是 4，则保留 3 个插看板位置，当水蜘蛛拿着第 4 张看板想插时，已经没有地方，表示已经达到批量值，可以进行下一步操作，即把所有看板放入上游工序对应的顺序器中。这是利用防错方法减少需要水蜘蛛判断的方式。当然，也可以通过看板堆叠高度设计批量管理器。

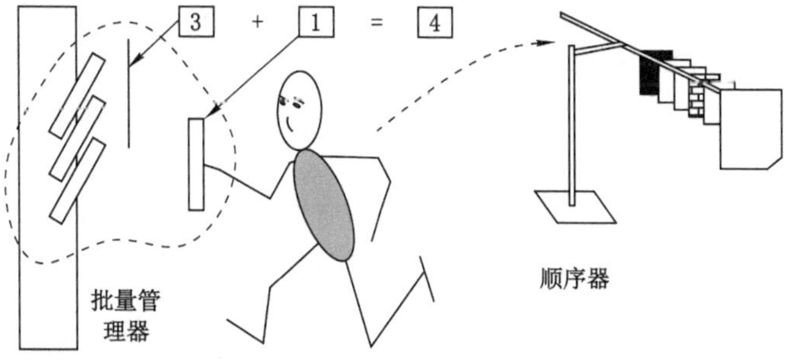

图 7-12　插槽式批量管理器示意图

(3) 批量管理器使用流程

① 水蜘蛛在超市中取料时，产生零件生产看板。

② 将零件生产看板放在对应型号的批量管理器中。

③ 达到批量后，将批量管理器中的所有零件生产看板取出，放到上游工序的顺序器中；若未到批量，则不进行操作，水蜘蛛继续其他工作。

④ 重复上述循环。

在批量≥2时的情况下才使用批量管理器。根据公式(7-4)可知，批量的大小主要取决于可以用来换型的次数，可以通过减少各种损失和减少单次换型时间等方法，减少批量的大小。当批量减少到1时，就可以取消批量管理器的使用，也就意味着生产的柔性很高，可以根据客户需求频率换型生产。

7.3.5.4 顺序器设计

顺序器是用来放置生产看板的装置，其目的是控制生产线按照先进先出的要求进行生产。

(1) 顺序器组成

典型的顺序器由倾斜交叉的滑道与看板组成(图7-13)，倾斜是便于看板的先进先出，交叉是为了将空挂钩或空看板盒返回；顺序器中放置的看板为零件生产看板或装配生产看板，对应来自批量管理器或平衡箱，都由水蜘蛛放入。

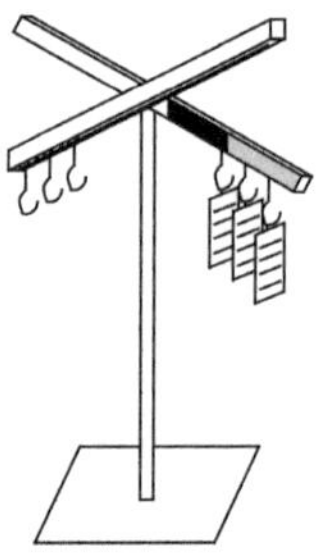

图7-13 顺序器示意图

(2) 顺序器使用流程

① 水蜘蛛在外侧将生产看板放入倾斜方向第一个空着的挂钩上，确保先进先出；

② 生产人员在内侧，拿取第一个挂钩上的生产看板，将挂钩返回；

③ 生产人员根据看板内容进行生产，若没有看板则不生产；

④ 生产看板最终放入生产完的产品容器中，与容器一起放入超市。

(3) 顺序器使用要点

① 放置位置：顺序器通常放置在生产线的起始处，便于生产员工拿取。与线边的POU原则类似，生产看板应接近生产员工处。空挂钩或空看板盒则反向，便于水蜘蛛拿取。

② 顺序使用：看板的顺序反映的是超市需求的顺序，因此无论是水蜘蛛还是生产员工，都应该按照顺序放置和使用看板。

③ 防错对策：为确保先进先出，设计顺序器时，可以采用一些防错措施，减少疏忽造成的非顺序使用。

④ 目视化：如在斜杆上顺序涂上红、绿、红两种颜色。若生产看板处于前端的红色区，说明本道工序即将完成所有订单，可能会待工，能推断出下游客户消耗异常，没有生成订单；若生产看板处于中间绿色区域，说明本工序及下游客户生产正常，订单正常；若生产看板处于后端红色区域，说明本工序看板消耗变慢，生产异常，需要关注本工序的生产问题。

⑤ 其他形式：顺序器的目的是确保生产能够按照一定的顺序，先进先出生产，具体表现形式没有限制。在有些情况下，也可以不建立实体的顺序器，而直接将生产看板放在较大的零部件上，如结构框架等，以此作为顺序器。

7.3.6 均衡化生产的系统性需求

在精益生产中，有三大浪费，分别是：不增加价值的活动（亦称 Muda）、员工或设施负荷过载（亦称 Muri）、生产不均衡（亦称 Mura）。通常认为，不均衡 Mura 是 Muda、Muri 的结果，是由于内部流程不稳定和计划排程不合理而导致的各种波动。

不均衡实际上是更大的浪费，其会导致过量生产、库存、等待与过载的浪费，以及设备投资大、各环节产能差异大、难快速满足客户需求等问题。解决过载 Muri 的有效方式就是均衡化生产。

7.3.6.1 均衡化生产定义

均衡化生产是指定拍工序如装配线，在向前工序领取物料时，应均衡地使用各种物料，混合生产不同产品。其是实现“在正确的时间，生产正确数量的正确产品”（即 JIT 生产）的必要条件。

均衡化生产包括数量均衡和品种均衡。

（1）数量均衡，即生产线上每日生产的产品数量是基本一致的。在看板管理的环境下，如果下游工序在时间上和数量上毫无规律地领取物料，那么上游工序就势必要在加工能力、人员、设备等方面保持最大，才能配合负荷高峰时的需求，但在生产负荷下降时，就会被闲置，从而造成资源浪费。

（2）种类均衡，仅有产品数量方面的均衡还不够，市场需求是多样的、变化的，所以生产必须满足多样性的需求。也就是说，要在单位时间内尽可能生产出多种产品，即混流生产，以最大限度地减少库存和客户等待。

7.3.6.2 均衡化生产的益处

通过定拍工序的均衡化，也有助于前工序逐步地均衡化，在整个供应上减少牛鞭效应。数量与品种的均衡化生产能最大限度地减少浪费，减少库存，更好地满足客户要求，体现在：

（1）物料型号和数量消耗平衡，生产稳定；

（2）设备和人力等资源负荷稳定，减少波动；

（3）在制品、成产品库存量减少，数量可控；

（4）更快适应市场变化，满足客户需求；

（5）生产线更加平衡，标准作业易于实施。

7.3.6.3 均衡化生产实现

均衡化生产是一种目标状态。其达成需要开展很多工作，既要在计划排程上体现，也要在生产线操作和物料配备等实体上实现。

（1）生产计划排程实现

图 7-14 为标准的均衡化生产模式，是均衡化在生产计划上的体现。从最初的客户订单开始，将订单转换成看板，经过物流箱和平衡箱两次的数量和品种均衡，进入产线顺序器进行生产。

① 定拍工序：通常将离客户最近的连续生产工序称为定拍工序，如最后的装配线。确定定拍工序后，生产计划会下达到此处，从这里拉动上游工序进行生产。

② 订单转换成看板：将客户的需求订单根据数量、交期等，转换成具体的装配生产看

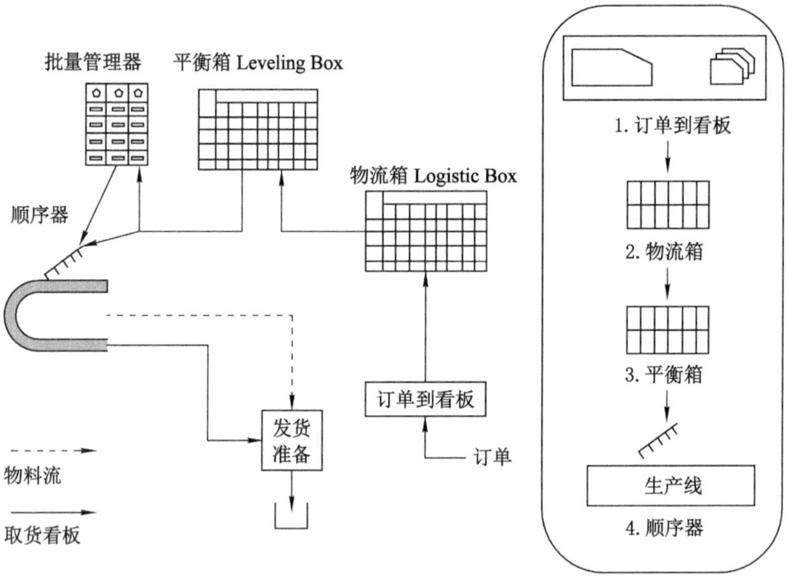

图 7-14　标准均衡化生产模式

板，开始信息流流程。

③ 物流箱均衡：根据产线约定，平衡每日订单数量。生产计划在物流箱进行第一次均衡，一般侧重数量，但也考虑品种。

④ 平衡箱均衡：根据人机料法等因素，安排每日具体生产顺序。生产计划在平衡箱处进行第二次的均衡，其间更侧重品种均衡。

⑤ 顺序器生产：水蜘蛛将生产看板传递到顺序器上，生产员工根据顺序器上的生产看板进行生产操作。

(2) 生产和物流的具体实现

计划排程上可以很好地做到数量和品种的均衡，但最终还需要生产和物流将其具体实现。实现均衡化生产，需要物流和生产进行如下工作：

① 生产流动改善：特别是快速换型和标准作业改善。

② 建立超市：确定哪些需要常备库存、备多少，哪些不备库存，如何进行库存的调整。

③ 建立线边：根据生产型号、数量等信息，确定哪些是看板物料，哪些是顺序物料，并确定分别放置多少量。

④ 建立水蜘蛛模式：利用水蜘蛛实现小批量、多品种、高频次的物料配送，满足混线生产的物料需求。

根据均衡化生产的要求，生产线不能大批量地集中生产单一种类产品，而是每天同时生产多种产品。这种"小批量、多品种"的生产方式，能在最少的库存下，适应市场需求。因此，均衡化生产既是准时化生产的条件，也是准时化生产的目标。

前述内部物流的各个组成部分都有助于生产的均衡化。信息流装置(看板、物流箱、平衡箱、顺序器等)可实现产品数量与品种在计划排程上的均衡；物流工具(超市、线边、水蜘蛛)则在物料实体上实现均衡化的排程。因此，内部物流体系是实现均衡化生产的必然要求，换句话说，没有精益内部物流，就不可能实现均衡化生产。

8 仓库设计

8.1 仓库设计基础

8.1.1 仓库概念与分类

仓库是保管、储存物品的建筑物和场所的总称，通常由贮存物品的库房（和/或货棚、堆场）、存储设备、出入库搬运设备、消防设施、管理用房及各类管线等组成。

在目前的供应链管理理念下，许多仓库逐渐向物流中心和配送中心发展方向转移，但这并不意味着所有的仓库都要成为物流中心和配送中心，仍然存在以储存为主要功能的仓库。

按不同标准，仓库可分为不同的类型，目前常见的分类标准有 14 种，见表 8-1。

表 8-1 仓库分类

分类标准	分类名称	简要说明
存储物品火灾危险性	甲、乙、丙、丁、戊类仓库	主要基于闪（火）点、爆炸性、分解性、氧化性、辐射性等指标进行的分类。其火灾危险性最高级别为甲类，最低为戊类
仓库管理体制	自有仓库	企业建造的供自己使用的仓库
	公用仓库	一种专业从事仓储经营管理的，面向社会的，独立于其他企业的仓库
在商品流通过程中所起作用	采购供应仓库	集中储存从生产部门收购的和供国际进出口的商品
	批发仓库	用于储存从采购供应库场调进或在当地收购的商品
	零售仓库	用于为商业零售业短期储货
	储备仓库	一般由国家设置，以保管国家应急的储备物资和战备物资
	中转仓库	货物运输系统的中间环节，存放等待转运的货物，其在此仅做临时停放
	加工仓库	具有产品加工能力的仓库
	保税仓库	指为国际贸易需要，设置在一国国土之上，但在海关关境以外的仓库
保管物品特性	原料仓库、产品仓库、冷藏仓库、恒温仓库、危险品仓库、水面仓库（存储圆木、竹排等能够在水面上漂浮的物品）	
仓库构造	单层仓库	最常见、使用最广泛的一种仓库类型，只有一层
	多层仓库	一般需使用垂直输送设备搬运储存的货物
	立体仓库	用高层货架来储存物品的单层仓库
	简仓	用于存放散装的小颗粒或粉末状物品的封闭式仓库，一般被置于高架上
	露天堆场	用于在露天堆放货物的场所

表 8-1(续)

分类标准	分类名称	简要说明
使用的建筑材料	钢筋混凝土仓库、钢质仓库、砖石仓库	
所处位置	码头仓库、内陆仓库等,其根据仓库地理位置赋予仓库的特性来进行分类	
保管物品种类	综合库	用于存放多种不同属性货物的仓库
	专业库	用于存放一种或某一大类货物的仓库
保管条件	普通仓库、保温仓库、冷藏仓库、恒湿恒温仓库、特种仓库、气调仓库。其中特种仓库指用于存放易燃、易爆、有毒、有腐蚀性或有辐射性货物的仓库;气调仓库指存放要求控制库内氧气和二氧化碳等浓度的仓库	
封闭性	封闭式仓库(亦称库房)、半封闭式仓库(亦称货棚)、露天式仓库(亦称货场、堆场)	
建筑结构	平房仓库、楼房仓库、高层货架仓库、罐式仓库、简易仓库(货棚)	
库内形态	地面型仓库(地面堆码)、货架型仓库、自动化立体仓库	
自动化程度	普通仓库、自动化仓库、智能化仓库	
仓库功能	集货中心	将零星货物集中成批量货物
	分货中心	将大批量运到的货物分成小批量货物,是主要从事分货工作的物流节点
	转运中心	承担货物在不同运输方式间的转运
	加工中心	对存储货物进行必要的流通加工
	储调中心	以储备为主要工作内容,其功能与传统仓库基本一致
	配送中心	从事配送业务的物流场所或组织,以配送为主,储存为辅
	物流中心	从事物流活动的场所或组织,少品种、大批量,主要面向社会服务

8.1.2 仓库主要功能活动与区域规划需求

工业企业仓库的功能大同小异。设施规划人员要基于空间需求的角度了解其主要功能及其配套区域的空间需求,这样有助于开发出更加合理的设计方案。一般来说,工业企业仓库的主要功能包括:收货、存货、取货和发货。

(1) 收货功能与区域规划需求

工业企业仓库的收货功能通常包括接收供应商送来的物料、委外商送来的物料(含退料)、生产部门的入库物料(含退料)以及客户退货等。通常,收货时需要站台或场地供运输车辆停靠,需要升降平台作为站台和载货车辆之间的过桥,需要装卸机械完成卸货作业。收货后需要检查货物的品名和数量以及完好性,审核无误后方能入库存放。图 8-1 为某企业收货作业流程示例。

基于收货功能活动可知,进行仓库设计时一般应设置收货暂存区,也叫质检入库区或收货理货区,用于所收货物的清点和验收。考虑到业务量,该区域可能涉及多个收货站台的设置。收货区面积和收货站台数量与收货频率和单位时间收货量有关。同时,如果收到的货物需要进行入库前的预处理(更换包装、贴标签或预加工等),则可考虑把相关活动安排在收货暂存区内进行,以减少货物的二次搬运,当处理业务复杂时,可能需要设置单独的区域。

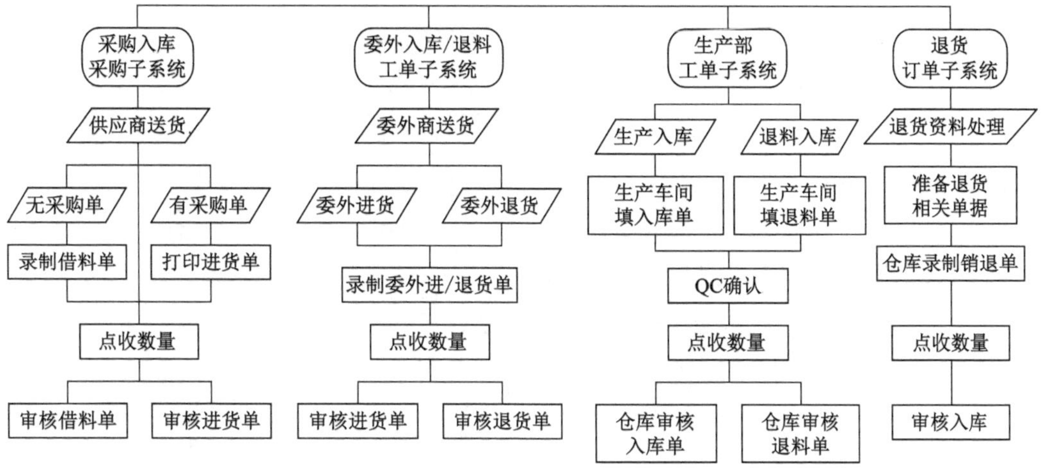

图 8-1 某企业收货作业流程示例

(2) 存货功能与区域规划需求

存货功能就是将收到的货物移动到存储区适当的位置上进行存放。不同来源及不同作业特性的货物在存储区的储位安排上应有统筹的规划,如供应商供应的原材料、等待报销的废品、客户退货、供应商提供后发现的次品等,再如具有不同出入库频率和收发比的货物等。同时,物料在库期间出于管理的需要(控制库存、分类组织、空间利用、提高效率等)有时需要进行必要的移库作业。合理的存储区和储位规划有助于提高仓库存储区的空间利用率、存取货效率和日常管理效率。

(3) 取货功能与区域规划需求

取货功能指根据需求从存储区中取出所需的货物。可以有不同的取货规则,通常采用的是先入先出式,即在出库时,先存入的货物先被取出。这就要求存储区进行货物储位安排时应考虑这样的需求。另外,仓库通常在同一时间段内需要具备服务于不同取货需求的能力,如面向生产车间的原材料库及面向终端用户的零售仓库。这时,往往仓库会设置分拣区,以满足多品种、小批量的取货需求。在拉式生产系统中,将物料超市与仓库结合也是一种常见的形式。按客户要求分拣备货后的货物有可能需要再包装或出货前的其他预处理作业,因此在具体区域规划时可以将分拣、包装、预加工等备货作业区域综合起来进行考虑。

(4) 发货功能与区域规划需求

发货功能是指将取出的货物按照要求发送给用户。工业企业的发货功能通常涉及生产领料、委外领料、生产超额领料及成品出库等作业活动。图 8-2 为某企业发货作业流程示例。

基于发货功能活动及作业流程可知,进行仓库设计时一般应设置拼装区、发货暂存区(装货区)和发货站台,这些区域的设置可以与取货作业综合起来考虑,其面积与出库频率、出库量有关。

仓库除了以上 4 项主要功能活动区域外,还可能涉及管理办公区(存放甲乙类货物的仓库除外)、工具区(库内搬运设备、消防设施等的存放)、空容器暂存区、工作便利设施区(更衣室、休息区和卫生间,存放甲乙类货物的仓库除外)等。各功能区的规划和布局是否合理,将

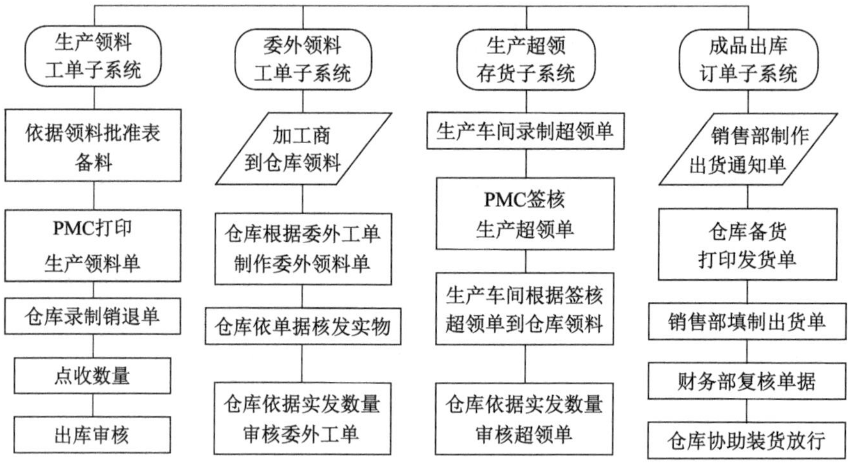

图 8-2　某企业发货作业流程示例

对仓库作业的效率、质量和成本产生很大的影响。以下各节将针对收发站台、存储区及分拣区等主要功能区域的规划设计进行介绍。

8.2　收发站台规划

收发站台有时也称为码头、月台，如进货码头和出货码头。收发站台的基本作用是：提供车辆的停靠、货物的装卸暂存，利用站台能方便地将货物装进或卸出车厢。仓库作为一个动态系统，出入库频繁，需要专门考虑系统出入库两端，即收发站台的设计。通过收发站台的设置，可以使货物装卸作业高效、有序、省力，这是仓库作业环节的重要一环。

收发站台的规划设计主要包括站台的布置形式，站台的布置方向，收发站台是否分开设置，站台的宽度、深度和高度，站台门的类型、大小和数量等。

8.2.1　收发站台位置关系设计

收发站台设计可根据仓库的作业特点、位置（尤其外部道路情况）及企业内的整体流动模式规划来决定其形式。为使仓库物料进出及内部作业动线顺畅，进货站台与出货站台的相对位置是很重要的。

收发站台的位置关系决定了物流方向，是否布置合理将直接影响出入库效率、作业的差错率。两者相对位置关系有如下几种（图 8-3）。

(1) 收发共用，如图 8-3(a)所示。这种形式可提高空间和设备利用率，但管理困难。在出入库频繁的情况下，容易造成拥挤、阻滞等相互影响的不良后果。仅适用于进出库时间错开，或进出库作业不频繁的仓库。

(2) 收发同侧分开，如图 8-3(b)所示。两者相邻管理；进出作业分开，不相互影响，但空间利用率低。这种设计适用于空间较大、出入库较频繁的仓库。

(3) 收发不同侧，如图 8-3(c)所示。两者不相邻，空间分开且设备独立。优点是出入库物流清晰，装卸作业互不干扰，适于出入库作业均频繁的需求，但设备利用率低。

(4) 收发多侧分散,如图 8-3(d)所示。适用于进出货频率高,且有足够空间的仓库。

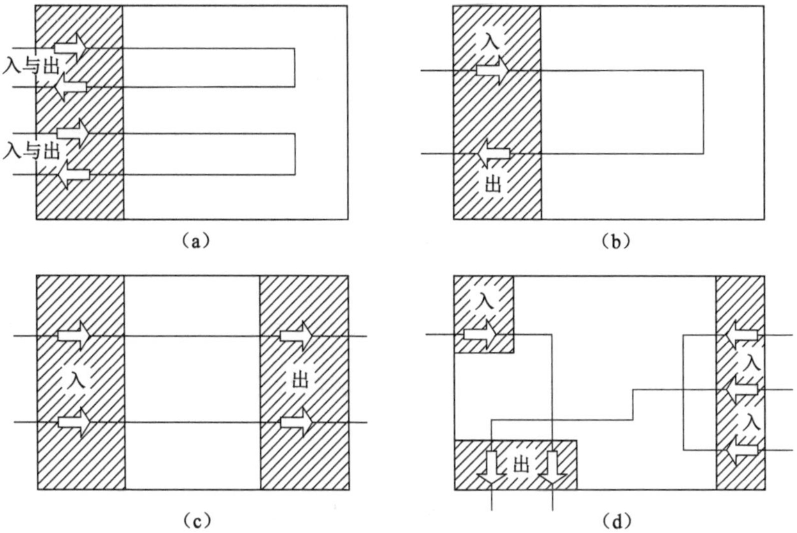

图 8-3　收发站台配置形式参考

8.2.2　站台布置形式与设计参数

(1) 收发站台布置形式

站台布置常见形式有三种,即直进直出式、全封闭围栏式和锯齿式,如图 8-4 所示。直进直出式是最常见的形式。货车后部只要靠住站台,即可装卸货。如货车车厢底面与站台高度有差异,可使用登车桥,或借助货车液压尾板配合叉车进行装卸货。直接式也有货车侧面停靠站台的情况,这时货车车厢侧面开门装卸货。全封闭围栏式不受风雨雪等恶劣天气影响。锯齿式的优点是车辆旋转纵深较浅,缺点是影响仓库内部空间利用。

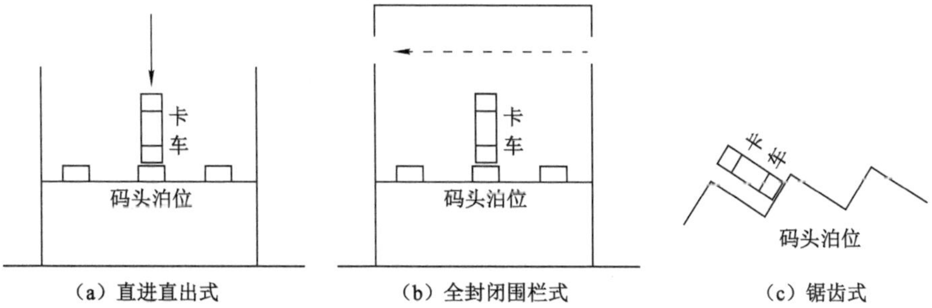

图 8-4　站台布置形式示例

究竟选用哪种形式的站台布置,可根据土地和建筑物的价格、仓库外的空间环境来确定。为方便车辆作业,在收发区外有时需要考虑布置停车场。

(2) 收发站台设计主要参数

收发站台设计的主要参数见表 8-2。

表 8-2　站台设计主要参数

项目	汽车站台	铁路站台
一般站台宽度/m	2.0～2.5	～3.5
小型叉车作业站台宽度/m	3.4～4.0	≥4.0
站台高度/m	高出地面 0.9～1.2	高出轨顶 1.1
站台上雨篷高度/m	高出地面 4.5	高出轨顶 5.0
站台边距铁路中心距离/m		1.75
站台端头下降坡度	≤10%	≤10%

收发站台设计还有一个重要参数就是站台设置的数量。下面通过一个例子介绍站台数量确定的一般过程。

例 8-1　某仓库存放 A、B、C、D、E、F、G、H 八种货物，每年处理 8 种货物进出库数量分别为 600 万箱，其中 70%的进货由卡车运输，90%的出货由卡车运输。仓库年工作 52 周，每周工作 5 d，每天 2 班，每班 8 h。对于卡车，收货时卸货速度是 200 箱/h，出货时上货速度是 175 箱/h。进出货卡车满载都是 500 箱。考虑日常进出货并不均匀，设计上考虑 25%的安全系数。试确定仓库收发货(共用型)站台的数量。

(1) 确定进货需求

年卡车进货量为卡车进货百分比乘以总进货量，即 70%×6 000 000=4 200 000 箱/a

则年进货卡车次数(满载)为 4 200 000/500=8 400 车/a

每一卡车货的卸货作业时间为 500/200=2.5 h/车

年总进货卡车次数所需作业时间为 2.5×8 400=21 000 h/a

(2) 确定出货需求

年卡车出货量为卡车出货百分比乘以总出货量，即 90%×6 000 000=5 400 000 箱/a

年出货卡车次数(满载)为 5 400 000/500=10 800 车/a

每一卡车货上货作业时间为 500/175≈2.86 h/车

年总出货卡车次数所需作业时间为 2.86×10 800=30 888 h/a

(3) 计算总共作业时间

年进、出货合计作业时间为 21 000+30 888=51 888 h/a

加上 25%安全系数为 51 888×(1+25%)=64 860 h/a

(4) 每年工作时数

52 周乘以每周工作天数，再乘以每天工作时数，即 52×5×8×2=4 160 h/a

(5) 确定站台数量

需要站台数量为年总作业时间除以年工作时数，即 64 860/4 160≈15.59≈16 个。

在确定收发站台的数量时，实际上还需要考虑其他影响因素，包括：每天的进货次数；每天运货车的平均值与峰值；每一宗订单的物料平均数和高峰数；运送货物的类型、尺寸与外形、集装化容器；季节及气候对进出库运输量及货物的影响等。

8.3 存储区规划

存储区通常是仓库面积最大的区域，是仓库的核心功能和关键，主要用于存储货物，也称保管区。其规划合理与否将直接影响到仓库的作业效率和存储能力。存储区通常会分为不同的货架区、货位区，用于分类存放不同种类、规格的货物。

8.3.1 存储区布置形式

存储区布置形式包括两个方面，分别是空间布局和平面布置。

8.3.1.1 空间布局

空间布局是指货物在存储区立体空间垂直方向的布置，其目的在于充分有效地利用仓库竖向空间，扩大存储能力。

空间布局中的货位一般以托盘、料箱、纸箱为单位，主要形式包括就地堆码、上架存放、架上平台、空中悬挂等，其中前两种最为常见。

(1) 就地堆码

就地堆码是指货物在地面上进行堆存，一般以货垛为单位，主要分为托盘平置堆存或货箱就地堆存。

托盘平置堆存适用于周转频次高的仓库，此形式为保证单位面积利用率最高，需注意托盘组托问题。托盘组托形式多样，需根据货箱尺寸选择利用率最高的形式，常见的组托形式有正反交错、中部留空、旋转交错等，如图 8-5 所示。

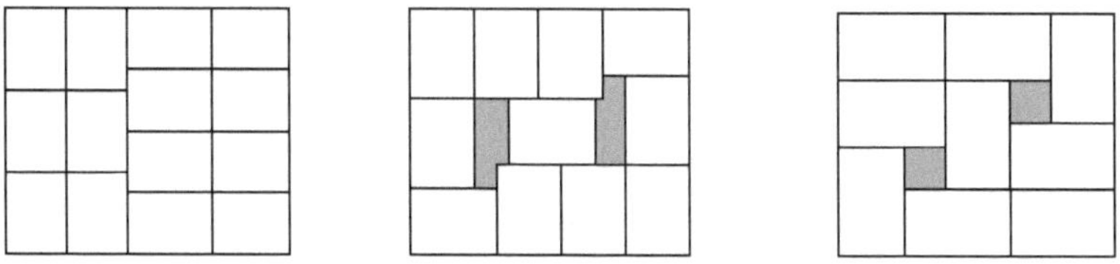

(a) 正反交错　　(b) 中部留空　　(c) 旋转交错

图 8-5　常见货物组托形式

货箱就地堆码一般以货箱长边垂直于货垛长边的方式进行堆码，可有效保证货垛的稳定性。这种布置形式保证了货物快进快出，适用于库内流转速度快、频次高的货物。

就地堆码的优点：① 适于形状不规则的货物的储存；② 适合大量可堆叠货物的储存；③ 只需简单的建筑即可；④ 堆叠尺寸能根据储存量适当调整；⑤ 通道的需求较小，且容易改变。

就地堆码的缺点：① 不能兼顾先进先出。若要先进先出，则必须增加翻堆作业，造成工作负荷增大并易损坏货物。② 堆叠边缘无法被保护，容易被搬运设备损坏。③ 地面堆码不容易整齐，不适合小单位量的拣取作业。④ 不适于储存某些特殊货物。如易燃物，须置于一定高度。⑤ 堆码高度受限，难充分利用库内竖向存储空间，空间利用率较低。

(2) 上架存放

上架存放指货物使用货架存储。由于货架种类多，适用范围广，上架存放是目前最常用的空间布局形式。

上架存放的优点：① 便于充分利用仓库空间，扩大存储能力；② 货物在货架里互不挤压，有利于保证货物和其包装的完整性；③ 货架各层中的货物，可随时自由存取，便于做到先进先出；④ 货物存入货架，可防潮、防尘，某些专用货架还能起到防损伤、防盗、防破坏的作用。

上架存放的主要缺点是投资成本高，货架配置不当有可能降低出入库速度。

(3) 架上平台

架上平台是在已有空间上加装一层平台装置，此类存储形式较为传统，阁楼式货架便是此类形式的延伸。

(4) 空中悬挂

空中悬挂是一种特殊的存储形式，适用于机械产品的特殊构件、肉类加工厂的禽畜肉等特殊货物存储。空中悬挂可以使禽畜肉在存储中均匀地接触冷气循环。

8.3.1.2 平面布置

平面布置是指货垛(货架)、通道等在存储区立体空间水平方向的布置。其形式可以概括为垂直式和倾斜式两大类。

(1) 垂直式布置。是指货垛(货架)的排列与仓库的侧墙互相垂直或平行，具体包括横列式、纵列式和纵横式三种形式，如图 8-6 所示。

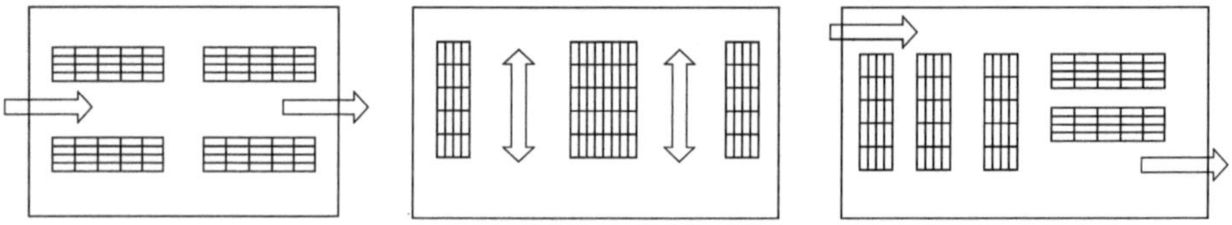

(a) 横列式　　(b) 纵列式　　(c) 纵横式

图 8-6　垂直式平面布置

① 横列式是指货垛(货架)的长度方向与库房的侧墙互相垂直。这种布置的主要优点是：主通道长且宽，副通道短，整齐美观，便于货物的存取和盘查。

② 纵列式是指货垛或货架的长度方向与库房的侧墙平行。这种布置的优点主要是：可以根据库存货物在库时间的不同和进出频繁程度安排货位，在库时间短、进出频繁的物品放置在主通道两侧；在库时间长、进库不频繁的物品放置在里侧。

③ 纵横式是指在同一保管场所内，横列式布局和纵列式布局兼而有之，可以综合利用两种布置的优点。

(2) 倾斜式布置。是指货垛(货架)与库房侧墙或主通道成 60°、45°或 30°夹角。具体包括货垛倾斜式和通道倾斜式两种，如图 8-7 所示。

① 货垛倾斜式是横列式的变形，是为了便于叉车作业、缩小叉车的回转角度、提高作业效率而采用的布置形式。

② 通道倾斜式是指通道斜穿存储区，把存储区划分为具有不同作业特点的子区域，如大量存储和少量存储的区域等，以便进行综合利用。这种布置形式的特点是：存储区内形式复杂，货位和进出库路径较多。

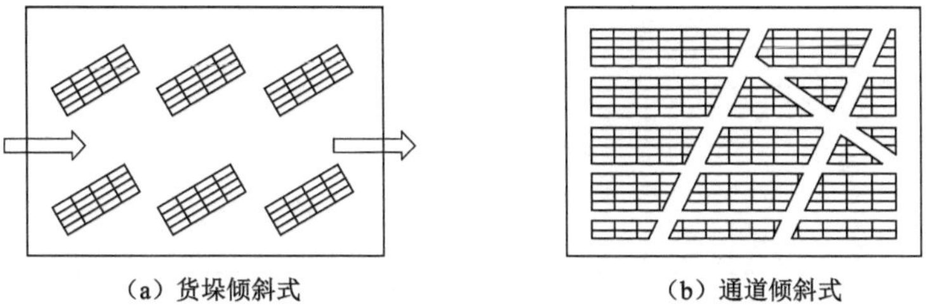

图 8-7 倾斜式平面布置

仓库存储区布置形式多种多样，最基本的原则是要遵照仓库防火安全管理规定，通常有五个距离标准，分别指顶距、灯距、墙距、柱距、堆距，如图 8-8 所示。另外要求主通道宽度不低于 2.0 m，每个堆垛占地面积不大于 100 m^2。

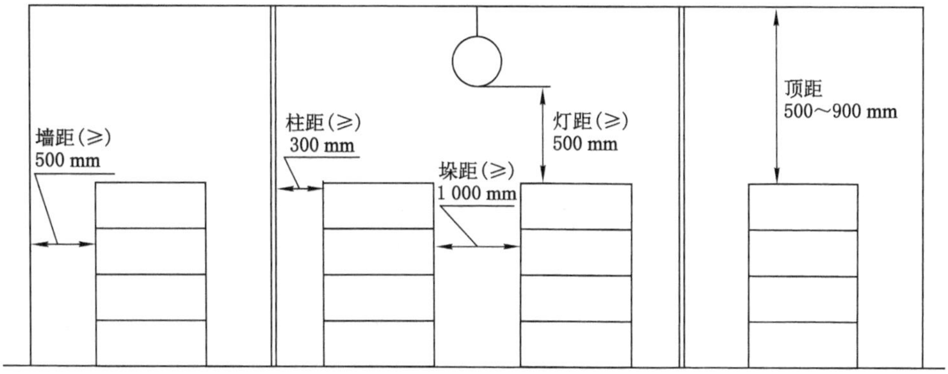

图 8-8 仓库布局五距

8.3.2 货架相关术语与常见类型

上架存放是最主要的存储区空间布局形式，作为设施规划人员有必要熟悉相关的基本术语和常见货架类型。以下内容均来源于物流行业相关标准。

(1) 货架相关术语(WB/T 1042—2021)

① 货架(rack)：由立柱、横梁等结构组装而成的钢结构储物设施。按立柱、横梁等承载构件的结合方式，又分为焊接式货架(welded rack)和组装式货架(可重复拆装，assembled rack)。

② 巷道(aisle)：相邻货架结构之间用于叉车及其他搬运设备存储作业的通道。

③ 排(row)与列(file)：排指垂直于货架巷道方向的货架计数单位；列指沿货架巷道方向的货架计数单位，如图 8-9 所示。

④ 层(level)：沿货架高度方向的货格计数单位。

⑤ 货格(stock-keeping unit)：由相邻两个立柱片和上下托梁或横梁围成的存储货物的单位空间。

⑥ 单元货架(unit shelf)：由数层自下而上的同组货格组成的存储空间，如图 8-10 所示。

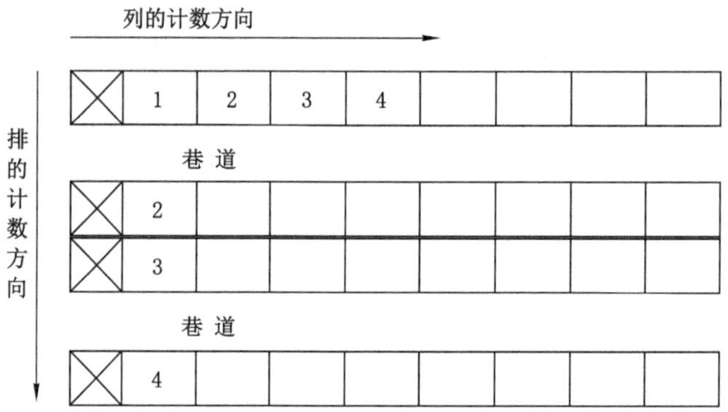

图 8-9　排、列、巷道概念示意图

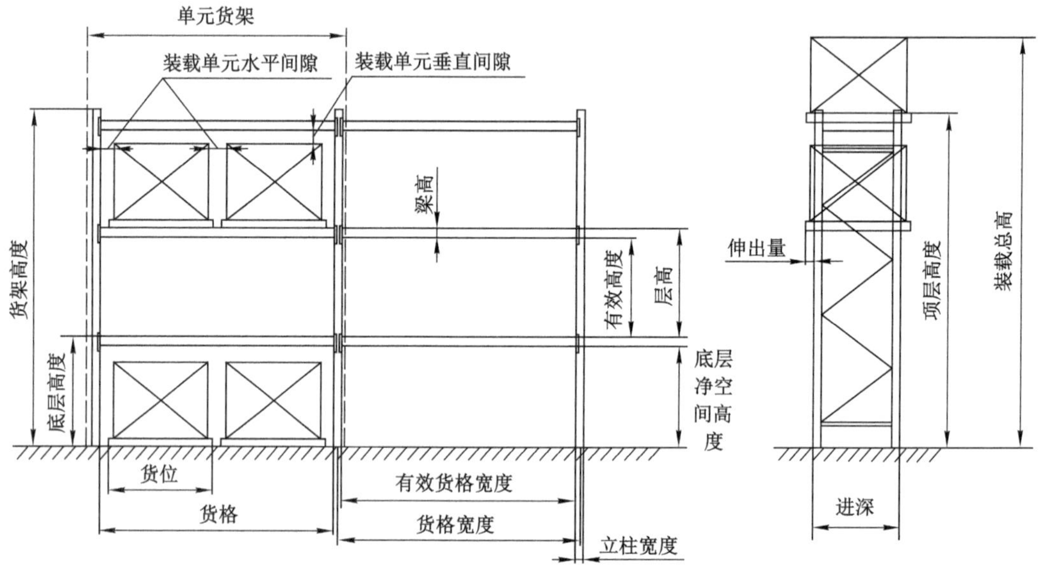

图 8-10　单元货架状与尺寸概念示意图

⑦ 货位(storage unit):货格内存放一个单元货物的位置。

⑧ 货格货位数(number of storage unit in stock-keeping unit):每个货格所能容纳的货位数目。

⑨ 进深货位数(number of storage unit in depth):在单元货格货位排放中,每个货位深度方向可以存放的货位数。

⑩ 进深(depth):亦称深度,在柱片深度方向上的货架尺寸。

(2) 货架类型与表示方法

由于存储的货物在形状、重量、体积和包装形式上千差万别,因而货架和其他存储设备也有多种类型。货架的种类有许多种,以满足各种不同的货物、存储单元、承载容器及存取方式的需求。

按出入库作业方式的不同,货架的主要分类见表 8-3。

表 8-3 货架分类及代号

序号	类别	名称	代号	序号	类别	名称	代号
1	托盘式货架	托盘	HTP	8	移动式货架	移动	HYD
2	搁板式货架	搁板	HGB	9	阁楼式货架	阁楼	HGL
3	驶入式货架	驶入	HSR	10	抽屉式货架	抽屉	HCT
4	悬臂式货架	悬臂	HXB	11	旋转式货架	旋转	HXZ
5	重力式货架	重力	HZL	12	穿梭式货架	穿梭	HCS
6	流利式货架	流利	HLL	13	自动化立体仓库货架	立库	HLK
7	压入式货架	压入	HYR				

货架表示方法的原则是:分类—跨度×进深×高度—层数—承载/层能力—使用环境,如图 8-11 所示。如 HGB—18×6×25—5—3—N 表示搁板式货架,跨度为 1 800 mm,进深为 600 mm,高度为 2 500 mm,层数为 5 层,每层承载为 300 kg,常温库使用。

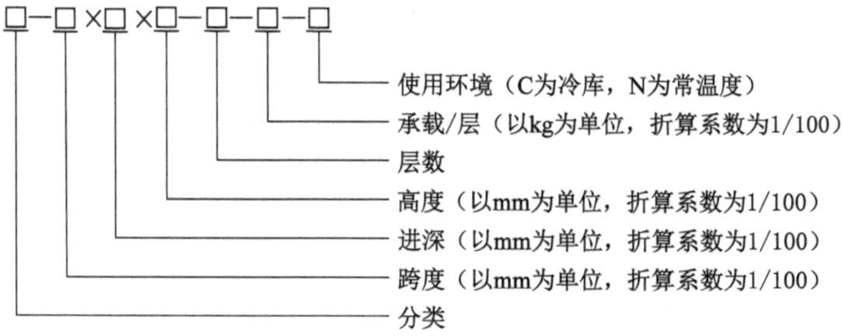

图 8-11 货架的表示方法

下面对工业企业中常见的货架类型进行简单介绍。

(1) 托盘式货架

此处所说托盘式货架指以叉车为主、保管托盘单元货物的组装式货架,并不适用于以有轨堆垛机为主、保管托盘单元货物的自动化仓库用货架。如图 8-12 所示,为两个单排形托盘式货架通过立柱和隔撑连接而形成的双排形托盘式货架。该类托盘式货架,基于单层横梁上额定载荷的考虑,每个货格可存放托盘数量通常为 2～3 托。货架高度受限,一般在 6 m 以下,货架撑脚需加装叉车防撞装置。

(2) 搁板式货架

此处所说搁板式货架通常指用于人工存取货物、用型钢制成的,由立柱、横梁或托梁和层板等构件组成的货架,而不是库架合一式货架及移动式货架,人员不能攀爬。在生活超市中常能见到该类货架。

(3) 驶入式货架

驶入式货架(见图 8-13)取消了位于各排货架之间的通道,将货架合并在一起,使同一层同一列的货物互相贯通,故又称贯通式货架或通廊式货架。托盘或货箱搁置于由货架立柱伸出的托梁上,叉车或堆垛机可直接进入货架每个流道内,每个流道既能储存货物,又可作为叉车通道。因而这种货架能够大大提高仓库的空间利用率。

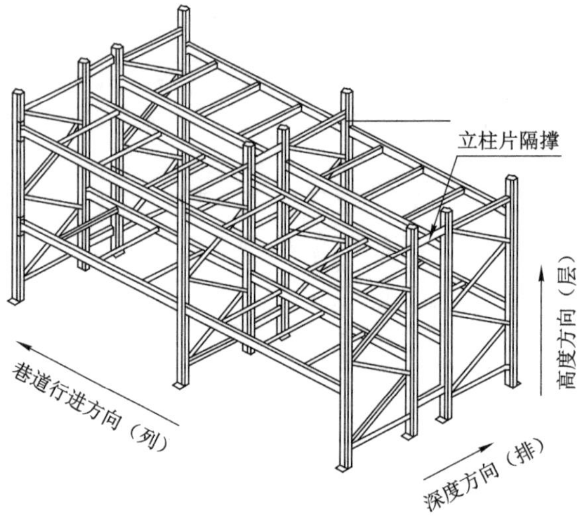

图 8-12　双排形托盘式货架

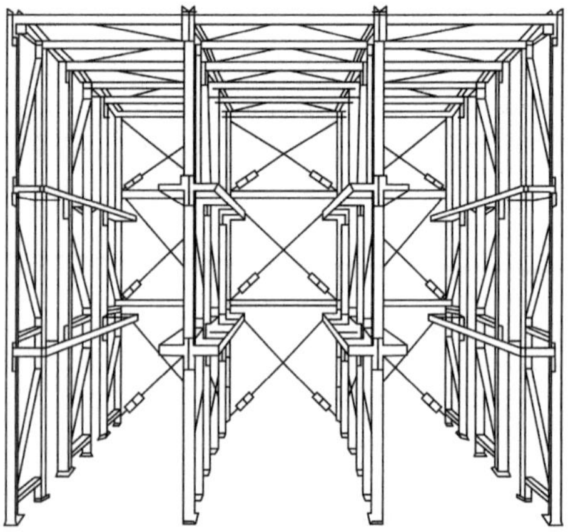

图 8-13　驶入式货架

与托盘式货架相比，驶入式货架的特点是：储存密度高；高度可达 10 m；适于存储多量少样货物；出入库存取货物受先后顺序的限制；不适合太长或太重货物。

（4）悬臂式货架

悬臂式货架（见图 8-14）是在立柱上装设悬臂来构成的。悬臂可以是固定的，也可以是移动的。由于其形状像树枝，故又形象地称之为树枝形货架。该货架适合存放钢管、型钢等线形货物。若要放置圆形物品时，需在其臂端装设挡块以防止货物滑落。

悬臂式货架的特点是：只适用于条状或卷状货物存放；需配有叉距较宽的搬运设备；高度受限，一般在 6 m 以下；空间利用率低，约为 35%～50%。

（5）阁楼式货架

阁楼式货架是为了充分利用仓库的空间，将空间作双层设计。简单来说，就是利用钢梁和金属板将原有存储区做楼层间隔，每个楼层可放置不同种类的货架，而下方货架结构具有

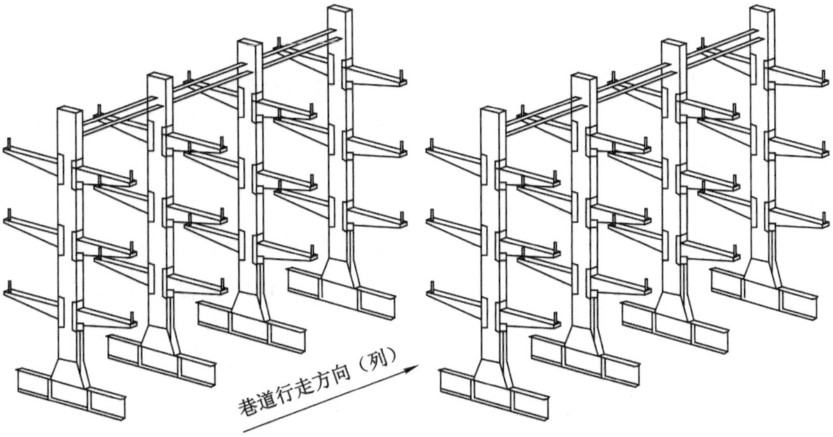

图 8-14 悬臂式货架

支撑上层楼板的作用。这种货架可以减少承重梁的跨距，降低建筑费用，提高仓库的空间利用率。

阁楼式货架的特点：提高仓储高度，增加空间使用率；上层仅限轻货物储存，不适合重型搬运设备行走；上层货物的搬运必须加装垂直输送设备；适合各类型货物存放；满足人工分拣和提高空间利用率的双重目标；储物形态可以是托盘、纸箱、包、散品等。

(6) 重力式货架

重力式货架(见图 8-15)是指货架本身固定不动，但货物单元可在货架上流动或移动的货架。货物从货架的高端放入某一流道内，货物在重力或动力驱动的作用下滑动到流道的另一端(低端)等待出库。即一端入库，另一端出库。这种货架可实现先进先出的作业原则。

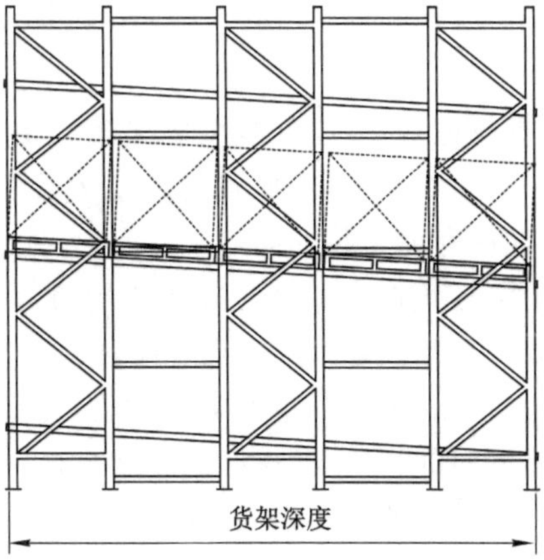

图 8-15 重力式货架

重力式货架的特点是：采用密集式流道储存货物，空间利用率可达 85%；适用于大量存放且需短时间出货的货物；适用于一般叉车存取；高度受限，一般在 6 m 以下；每一流道只能存放一种货物，适合品种少、批量大的货物存放；建造费用较高、施工较慢；货物可先进先出;储物形态可以为托盘或储存箱。

(7) 移动式货架

移动式货架是将货架本身放置在轨道上,在货架底部设有驱动装置。靠电动或机械装置使货架沿轨道横向移动。当不需要出入库作业时,各货架之间没有通路相隔,紧密排列;当需要存取货物时,使货架移动,在相应的货架前开启出作业通道。这种货架可充分利用空间,其空间利用率比一般货架布置要提高 2～3 倍。

移动式货架的特点是:节省场地面积,地面利用率达 80%;可直接存取每一项货物,不受先进先出的限制;使用高度可达 12 m,单位面积的储存量比托盘式货架提升 2 倍左右。

(8) 旋转式货架

传统的仓库是由人或机械到货格前取货(人至货方式),而旋转式货架是将货格里的货物移动到人或拣选机旁,再由人或拣选机取出所需的货物(货至人方式)。操作者可按指令旋转货架运动,达到存取货物的目的。

旋转式货架适用于电子零件、精密机件等少量、多品种、小物品的储存及管理。其货架移动迅速,速度可达 30 m/min,存取货物的效率很高,又能按需自动存取货物,且受高度限制少,可采用多层,故能有效利用空间。旋转式货架按其旋转方式可分为垂直旋转货架和水平旋转货架。

旋转式货架的特点是:减少了人力使用,增加了空间利用;存取出入口固定,货物不易失窃;可利用计算机快速检索、寻找指定的储位,适合拣货;需要使用电源,维修费用较高。

8.3.3 存储区空间规划

在进行存储空间布置时,可能面临两种情况,分别是:一是空间没有确定,需要预估存储区的空间需求,然后进行布置设计;二是布置设计的空间范围已经给定,需要在受限范围内进行布置规划。但不管哪种情况,规划布置前,首先需要明确的是存储区空间(设计空间)的组成。

(1) 存储区空间组成

存储区作为仓库货物的保管区域,其空间的主要部分应该是货物占据的空间,这个空间的大小是指除去必要的通道和间隙后所能存放货物的最大数量,其反映了仓库存储货物的能力,常称其为库容量,是存储区存储货物的净需求空间;另外,由于要对货物进行方便地存取操作,这种可达性方面的需求导致在存储区要有适合的通道布置,其将占用存储区空间,故常称其为通道损失;此外,出于管理、运作的需要和条件的限制,货物存储位置的部分空间即使空闲也不能被用于货物的存储,这部分空间常被称为"蜂窝损失";再者,有时受建筑物梁柱、采光、防潮、消防安全等方面的影响,存储区的立体空间无法全部被使用,这部分空间统称为其他损失。综上所述,存储区的空间组成如图 8-16 所示。

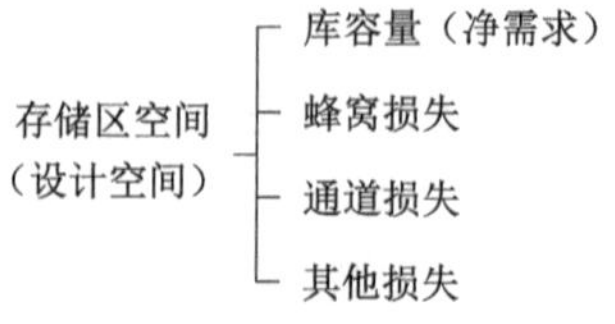

图 8-16 存储区空间组成

(2) 库容量(净需求)确定

存储区的库容量主要取决于拟存货物的库存量。每个货物的库存量是一个随货物收发经常发生变化的动态指标,故常基于拟存货物的平均库存量及最大库存量来确定存储区的库容量,从而满足未来存储货物需求。作为流通领域的经营性仓库,其库存量难以计算,但可以确定一个最大吞吐量指标;作为制造企业内仓库,可根据历史资料和生产的发展需求,大体估算出平均库存量和最大库存量,一般应考虑5～10年后预计达到的数量。

在库存量大体确定后,考虑货物空间需求的差异性,还要根据拟存货物的品种、体积、单位重量、形状和包装等确定每一种货物的存货储备单元(Stock Keeping Unit,SKU),亦称存储单元、存货单元。存货的单元载荷类型(集装容器)一般为托盘或货箱,通常采用的是标准尺寸托盘。基于确定的平均库存量和最大库存量,确定以托盘(货箱)尺寸和数量来表示的库容量,然后结合拟采用的存储方法和存储策略确定存储区的面积。此过程,可以基于存储空间分析表(见表8-4)来开展工作。

表8-4 存储空间分析表

物料名称	存储单元载荷				存储单元载荷数量			储存空间需求		
	类型	容量	尺寸	重量	最大	平均	计划	方法	空间标准	需要顶棚高度

在存储区规划时,需要结合存储单元类型、存储方法(就地堆码、上架存放等)划分相应的子区域,以满足不同类型货物存放的需求。如果由于存储空间的限制而无法满足储存要求时,就要改变存储方法、存储策略或供应链与库存管理策略来满足需求。

(3) 蜂窝损失

货物通过分类就地堆码或货架指定位置进行存储时,进行存储区面积计算时要考虑蜂窝损失。

以图8-17所示的分类就地堆码为例,图8-17(a)为一个通道两边各有一排货物的布置,每排货物有若干列,而每一列堆码4层。

如果在一列货垛上取走一层或几层,只要不被取尽,所产生的空缺不能被别的货物填补,留下的空位类似蜂窝,故名蜂窝损失,它影响了库容量的充分利用。

蜂窝损失空缺系数 H 的期望值为:

$$E(H) = \frac{1}{n}\sum_{i=0}^{n-1}\frac{i}{n} \tag{8-1}$$

式中:n 表示一列货位堆码货物的件数,$i = 0, 1, 2, \cdots, n-1$。

图8-17(a)中一列货物可能有四种状态:只堆1、2、3或4层,因此相应的空缺数分别为3/4、2/4、1/4和0。设4种状态出现的概率相等,都是1/4,则空缺系数 H 的期望值为:

$$E(H)=\frac{1}{4}\times\left(\frac{3}{4}+\frac{2}{4}+\frac{1}{4}+0\right)=0.375$$

同理对于图8-17(b),当深度为2个货位时,可算出期望值为0.437 5。

(4) 通道损失

通道损失则是由于通道占据了有效的堆放面积,无论分类堆码,还是货架储存,都存在

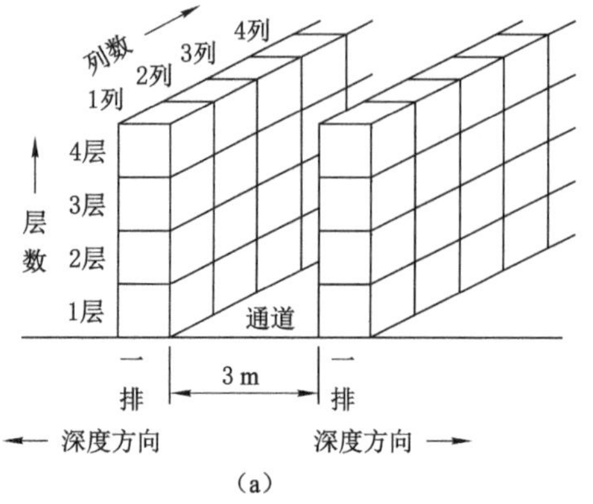

图 8-17　蜂窝空缺损失

通道损失。若不考虑通道深度方向的情况(即只考虑成对货垛或货架之间的通道),通道损失系数计算式为:

$$L_a = W_a/(W_a + 2d) \tag{8-2}$$

式中:W_a为通道宽度;d 为货垛(货架)深度。

如图 8-17(a)所示,当托盘深度为 1 m,叉车作业通道宽度为 3 m 时,则通道损失为 3/5,即 60%。可见通道损失之大。为降低此损失,可以增加货位深度,如图 8-17(b)堆两排(即深度为 2 个货位时),通道损失降到约 0.429,但此时蜂窝损失将增加。

(5) 蜂窝损失与通道损失的关系

对于常见的托盘式货架来说,堆垛深度常为两排,即双深式货架,此时可配备带伸缩叉的叉车进行货物存取。但出入库和装卸搬运等操作不太方便,需要全面考虑。

基于上述典型计算,在货物不同深度时的通道损失、蜂窝损失及总空间损失见表 8-5。

表 8-5　空间损失参考表

货物深度(货位数)	1	2	3	4	5
通道损失	0.6	0.429	0.333	0.273	0.23
蜂窝损失*	0.15	0.249	0.305	0.340	0.366
总空间损失	0.75	0.678	0.638	0.613	0.596

注:表中 * 处蜂窝损失是考虑通道损失之后的,即 $E(H)\times(1-L_a)$。

由表 8-5 可知,货垛(货架)越深,通道损失越小,蜂窝损失有所增大,总的库容量损失有所减少。由此可见,存储区的平面损失率很大,要提高空间利用率,只有往高度发展和降低通道宽度,这也是高层货架自动化立体仓库得以发展和应用的一个重要原因。

(6) 存储区面积估算示例

基于确定的库容量,结合通道损失、蜂窝损失、其他损失和未来发展需求就可以大致估算存储区面积。下面通过示例来介绍这一过程。

例 8-2　某存储区以木箱包装形式存储货物,尺寸(长×宽×高)为 1 000 mm×600 mm×

700 mm，箱底部平行宽度方向有两根垫木，可用叉车搬运，在仓库中堆垛放置，最高可堆4层。货物最少75种，每种最大库存量8件，要求前后相邻布置且作为一个储位分配单元，共计600件，设叉车货叉长达1 220 mm，请考虑通道损失（设叉车直角堆垛最小通道宽度为3.6 m）和蜂窝损失确定其需要的存储区面积。

解：货物堆垛4层，实际占地面积为 $1.0\times0.6\times(8/4)\times75=90\ \text{m}^2$。

因叉车货叉长达1 220 mm，因此堆码时一次可以叉两件货物。每种货物要求相邻布置，则通道分类堆垛方式为每通道两边有两排。

若按货堆深度两排计算，此时通道损失：

$$L_a=3.6/[3.6+2\times(0.6\times2)]=0.6$$

但取出货物时一般是一件一件取，则蜂窝损失为一列8件计，可算出蜂窝损失空缺系数：

$$E(H)=7/16=0.437\ 5$$

考虑通道损失后的蜂窝损失为：

$$0.437\ 5\times(1-0.6)=0.175$$

合计空间损失为：

$$0.6+0.175=0.775$$

故需要的存储区面积为：

$$90/(1-0.775)=400\ \text{m}^2。$$

例8-3 接上例，若同类货物两垛可沿通道成对布置，但每垛作为一个储位分配单元，货垛深度为一个存储单元，请考虑通道损失（设叉车直角堆垛最小通道宽度仍为3.6 m）和蜂窝损失确定其需要的存储区面积。

解：货物堆垛4层，实际占货物地面积为 $1.0\times0.6\times(8/4)\times75=90\ \text{m}^2$。

若货堆深度为1排，则 $L_a=3.6/(3.6+2\times0.6)=0.75$，蜂窝损失为一列4件计，蜂窝损失空缺系数 $E(H)=3/8=0.375$，合计损失为 $0.75+0.375\times(1-0.75)=0.843\ 75$，故需要的存储区面积为 $90/(1-0.843\ 75)=576\ \text{m}^2$。

若货物采用货架进行完全随机存储，且货架类型及搬运设备作业尺寸已知。在这种情况下，可以不考虑蜂窝损失，采用直接计算法估算存储区面积，参见以下示例。

例8-4 某仓库拟存储A、B两类货物，包装尺寸（长×宽×高）分别为500 mm×280 mm×180 mm和400 mm×300 mm×205 mm，在1 200 mm×1 000 mm×150 mm的标准托盘上堆垛，高度不超过900 mm，两类货物最高库存量分别是19 200和7 500件，采用横梁货架堆垛，货架的每一货格可存放两个托盘货物。作业叉车为电动堆垛叉车，提升高度为3 524 mm，直角堆垛最小通道宽度为2 235 mm。试确定货架长宽高、层数和排数（货架详细参数如图8-18所示），并计算货架区面积。

解：(1) 计算A、B两类货物所需的托盘存储单元数

对A类货物，1 200 mm×1 000 mm×150 mm托盘每层可放8件（不超出托盘尺寸），可堆层数为 $(900-150)/180=4.17$，取整即4层，故一托盘可堆垛32件。库存量折合SKU为 $19\ 200/32=600$ 托盘。

同理对B类货物，每托盘可堆垛3层27件，共需278托盘。A、B共需878托盘。

(2) 确定货格尺寸（图8-18）

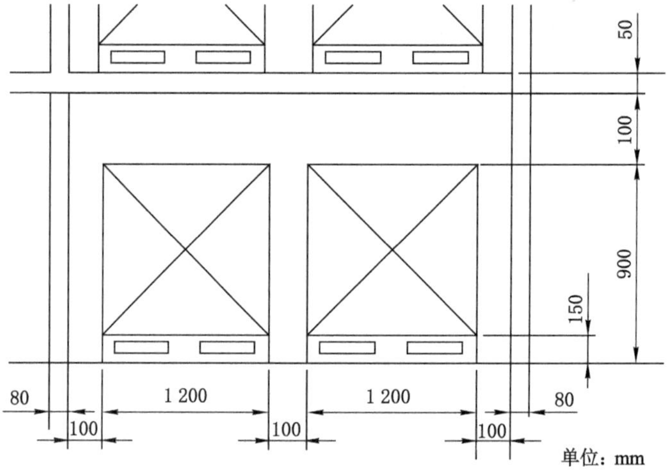

图 8-18　所用货架参数

因每货格放 2 托盘，按托盘货架尺寸要求，确定货格尺寸为 1 200×2+80×2+3×100=2 860 mm（含两个立柱宽度 80 mm，立柱不共用）长，1 000 mm 深，1 050 mm 高（含横梁高度 50 mm）。

（3）确定货架层数

由叉车的提升高度 3 524 mm，确定货架层数为 4 层，含地面一层。

（4）确定叉车货架作业单元

由于叉车两面作业，故可以确定叉车货架作业单元，如图 8-19 所示。该单元共有 16 个托盘，长度为 2.86 m，深度（D）为两排货架深度＋背靠背间隙 100 mm＋叉车直角堆垛最小通道宽度＋叉车作业安全间隙 200 mm。

即 $D=2\times1+0.1+2.235+0.2=4.535$ m，取 4.54 m。

则每个叉车货架作业单元面积 S_0 为：$S_0=2.86\times4.54=12.984\ 4\ \text{m}^2$，取 13 m^2。

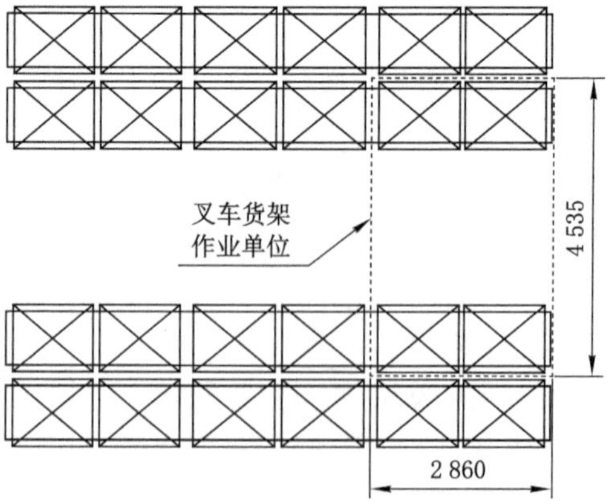

图 8-19　叉车货架单元

(5) 货架区面积估算

由总 SKU 数除以叉车货架作业单元托盘数得所需单元数，再乘以单元面积即可得货架区面积(包括作业通道面积)，即

叉车货架作业单元数＝878/16＝54.875，取 55 个。

故货架区面积 S 为：$S=55\times S_0=55\times 13=715\ \text{m}^2$。

(6) 确定货架排数

货架总长、排数与具体的面积形状有关。对新建仓库则可以此作为确定仓库大体形状的基础。本例 55 个货架叉车单元，按 5×11 布置，可得：

货架每排 11 个叉车货架作业单元长度，即货架区长度为 11×2.86＝31.46 m；

共 5 条巷道、10 排货架，则货架区深度为 5×4.54＝22.7 m。

货架区深度小于长度，符合货架沿长方向布置的原则。具体设计时可以取整为 32 m×23 m。

8.3.4 存储区储位分配规划

存储区空间确定之后，接下来应该为每种货物分配储位(也称库位)。为了减少出入库的移动距离、缩短作业时间、充分利用存储空间和方便管理，储位分配应选择适宜的存储策略、遵守必要的原则及进行合理的编码。

8.3.4.1 存储策略

储位分配的基本存储策略有固定货位存储和随机货位存储，在综合两种基本策略各自优点的基础上，结合后续的储位分配原则又衍生出分类随机存储策略，亦称混合存储策略。

(1) 固定货位存储策略。固定货位存储策略，简称定位存储或指定存储，是指每一储存货物都为固定储位，货物不能互用储位。

定位存储的优点为：

① 每种货物都有固定储存位置，人工取货容易熟悉货物储位，方便存取。

② 货物储位可按周转率或出货频率来安排，以缩短出入库搬运距离。

③ 可针对各种货物的特性安排储位，将不同货物特性间的相互影响减至最小，此种情况下也称为分类存储策略。

定位存储的缺点主要是储位必须按各项货物的最大库存量规划，因此蜂窝损失大，存储区空间利用率低。

定位存储适用的场合为：

① 货物本身特性对储存条件有特定要求，如对温度、湿度、兼容性等。

② 法规和行业标准对货物储存条件有要求，如易燃、易爆和危险性货物等。

③ 重要货物，需要特别保护时。

④ 多种少量货物的储存。

总之，定位存储容易管理，所需的总搬运距离可以缩短，但却需较多的存储空间。

(2) 随机货位存储策略。随机货位存储策略，简称随机存储，是指每一种货物被分配的存储位置是随机产生的。换言之，任何货物都可以存放在任何可利用的位置。

随机存储的主要优点是货物间可共用储位，从而使货架空间得到最有效的利用，没有蜂窝损失，储位需求数目少。

随机存储的缺点主要是：

① 货物的出入库及盘点工作难度较大。

② 周转率高的货物可能被储存在离出入口较远的位置，增加了出入库的搬运距离。

③ 具有相互影响特性的货物可能被相邻储存，造成货物的损害或发生危险。

④ 人工管理模式下，容易就近存取，导致非纯粹的“随机”作业，出现物料锁定现象。

⑤ 存储货物种类较多时，较指定存储需要更多的拣选时间及费用。

随机存储适用的场合为：

① 库房空间有限，需尽量利用储存空间。

② 种类少或体积较大的货物。

(3) 混合存储策略。混合存储策略，亦称分类随机存储，是指每一类货物有固定存放位置，但在各类货物的储区内，货物的储位分配是随机的，即“类间定位类内随机”。

采用分类随机存储时，货物通常是按其流动性、相似性、尺度、特性等进行分类。

分类随机存储的主要优点为：

① 每类货物存储位置固定，具有定位存储的各项优点。

② 类内货物存储位置随机，具有随机存储的各项优点。

分类随机存储的主要缺点为：储位分配过程复杂，管理难度变大，一定程度上兼有定位存储和随机存储的缺点。

分类随机存储主要适用场合为：货物在流动性、相似性、尺度、重量、特性等方面差异较大。

8.3.4.2 储位分配原则

储位分配应遵守以下原则：

(1) 流动性原则。

货物存储位置应当按行走距离与流动性成反比的规则来安排。当作业过程中出现某种货物物流量大，搬运距离又远的情况，说明存储区储位分配不当。

减少行走距离的方法有两个：

① 增加货物的存储深度(进深货位数)；如表 8-6 和图 8-20 所示，货物存储深度增加，则平均行走距离减小。

表 8-6 存储深度对行走距离的影响

从参考点起距离	进深货位数 3	进深货位数 2	进深货位数 1
到 A6 的距离	2	2	2
到 A1 的距离	5	5	7
到 B6 的距离	4	5	8
到 B1 的距离	7	8	13
平均行走距离	4.5	5	7.5

② 按流动性来安排货物的存储位置。如图 8-21 所示，物料进出仓库在同一点时，高频货物应当尽可能靠近该点；如表 8-7、表 8-8 和图 8-22 所示，不同点进出(收/发货量不等)，最小的收发比且高频物料应靠近发货点；最大收发比且高频物料应靠近收货点。

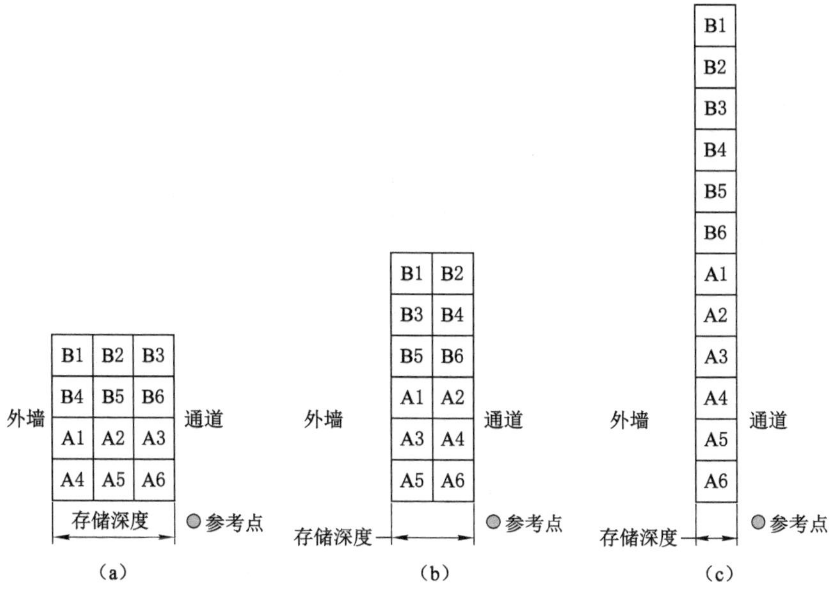

图 8-20 存储深度对行走距离的影响

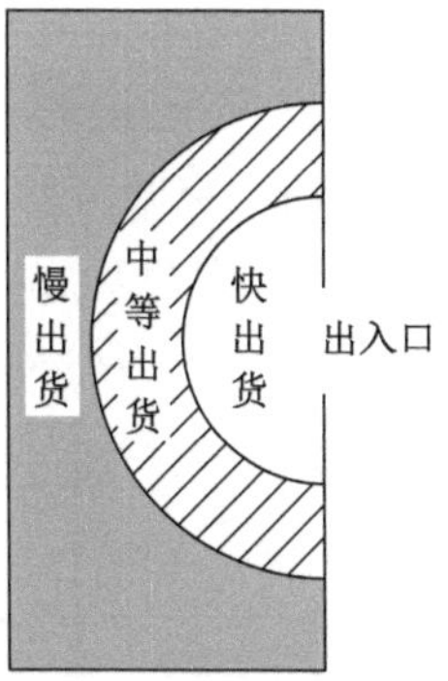

图 8-21 物料进出仓库同一点时对行走距离的影响

表 8-7 流动最频繁货物的收发货信息

物料	每次收发量	收货行走次数	客户订单数量	发货行走次数
A	40 托盘	40	1.0 托盘	40
B	100 托盘	100	0.4 托盘	250
C	800 箱	200	2.0 箱	400
D	30 托盘	30	0.7 箱	43
E	10 托盘	10	0.1 箱	100
F	200 箱	67	3.0 箱	67
G	1 000 箱	250	8.0 箱	125
H	1 000 箱	250	4.0 箱	250

表 8-8　各种物料的收发比

物料	A	B	C	D	E	F	G	H
收发比	1.0	0.4	0.5	0.7	0.1	1.0	2.0	1.0

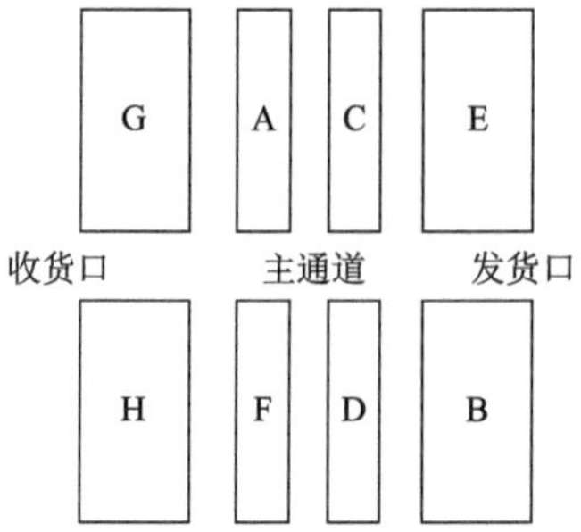

图 8-22　物料进出仓库不同点时对行走距离的影响

(2) 相似性原则。指的是收货和/或发货常在一起的货物应当放在一起;同时太相似的不要放在一起,以免人工拣选时发生作业失误。

(3) 尺度原则。指重的、散件或难于搬运的货物应当储存在靠近使用点的地方;重货应放在低处,轻货应放在高处;储位尺寸与待储货物的尺寸相匹配。

(4) 特征原则。当物料特征与前面的原则有相反要求时,按特征放置。主要考虑的特征有:易腐蚀性、不规则性、易碎性、危险性、安全性和兼容性。

(5) 空间利用原则。主要考虑的因素有:空间节约、空间限制、易存取性和有序。

存储区易存取性的说明:图 8-23(a)为正确布置,箭头指示存取方向;当多数货物不是沿着建筑物的长轴布置时为不当布置,如图 8-23(b)所示。

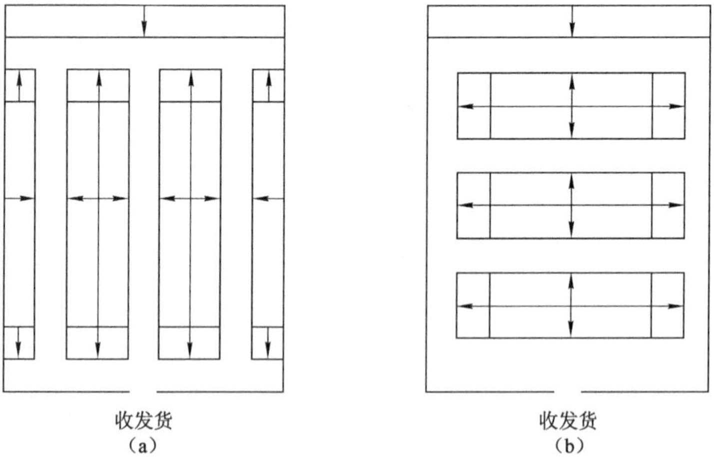

图 8-23　货架不同布置方向的易存取性

8.3.4.3　储位编码

(1) 储位编码作用

储位经过编码,在管理上具有以下作用:

① 确定储位资料的正确性。

② 提供电脑中相应的记录位置以供识别。

③ 为进出货、拣货、补货等人员提供存取货物的位置，以方便货物进出、上架及查询、节省重复寻找货物的时间，提高工作效率。

④ 提高调库、移库操作的工作效率。

⑤ 便于计算机处理分析。

⑥ 方便盘点。

⑦ 可让仓储及采购管理人员了解存储空间，以控制库存量。

⑧ 可避免货物因胡乱堆置导致过期而报废，并可有效掌握存货情况，降低库存量。

(2) 储位编码方法

一般储位编码的方法有下列四种，不同的编码方法，对于管理的难易也有影响。

① 区段方式。其是指把保管区域分割为几个区段，再对每个区段编码。这种编码方式是以区段为单位，每个号码所代表的储区较大，因此适用于单元化装载的货物，以及大量或保管周期短的货物。ABC 分类中的 A、B 类货物很适合这种编码方式。货物所占区段的大小根据物流量大小确定，以进出货物频率来决定其配置顺序。

② 货物类别方式。其是指把一些相关货物经过集合后，区分成几个货物大类，再对每类货物进行编码。这种编码方式适用于按货物类别保管或品牌差距大的货物，如服饰类、五金类、食品类。

③ 地址方式。其是指利用保管区域中的现成参考单位，例如建筑物第几栋、区段、排、列、层等，按相关顺序来进行编码。这是目前仓库使用较多的编码方式。

④ 坐标式。其是指利用空间坐标来对储位进行编码。这种方式直接对储位定位，其储位分割细，在管理上比较复杂，适用于周转率很小、存放时间较长的货物。

由于储存货物特性不同，采用的储位编码方式也不同。实践当中，应根据货物储存量、流动率、储存空间布置和储存设备来选择合适的储位编码方式。

8.3.4.4 储位分配方式

储位分配方式是指在存储空间、存储设备、存储策略、储位编码等一系列前期工作准备就绪之后，用什么方法把货物分配到最佳的货位上。储位分配的方式有人工分配、计算机辅助分配和计算机全自动分配等三种方式。

(1) 人工分配。人工分配货位，所凭借的是管理者的知识和经验，其效率会因人而异。人工分配货位方式的优点是投入费用少。但其缺点是分配效率低、出错率高、需要大量人力。

(2) 计算机辅助分配。该方法是利用图形监控系统，收集储位信息，并显示储位的使用情况，提供给储位分配者实时查询，为储位分配提供参考，最终还是由人工下达储位分配指标。

(3) 计算机全自动分配。其是利用图形监控储位管理系统和各种现代化信息技术(条形码扫描器、无线通信设备、网络技术、计算机系统等)，收集储位有关信息，经计算机分析后直接完成储位分配工作，整个作业过程不需要人工参与。这是现代化的储位分配方式。

8.4 分拣作业与区域规划

工业企业中，将配送中心（物流超市）与仓库结合是一种常见形式，而分拣作业是配送的前期工作，也是基础工作；其对应的作业区域一分拣作业区也是仓库常见的配置。分拣在配送中心的所有作业（入库、信息处理、装车、拣选、配送、退货处理及其他）中所占比例越来越大，是最耗费人力和时间的作业，也是评价仓库配送服务水平高低的重要因素。

8.4.1 拣货作业基础

（1）拣货作业流程

拣货作业流程通常为：① 根据客户需求生成拣货资料。其可能是拣货单或电子拣选信号。② 行走和搬运。具体包括三种方式：人至货、货至人及机械自动拣选。③ 拣取，即抓取与确认。④ 分类集中。批量拣选时，需要按订单进行分类并集中，然后经检验、包装后出货。

（2）拣货单位、存储单位与入库单位

拣货单位指拣货过程中物料的基本单元，通常有三种拣货单位，即单品、箱、托盘。拣货单位的决定因素是客户订单。入库单位也是供货商的发货单位。入库单位通常设定为最大的存储单位，可直接向供应商提出要求，使其以存储单位进行供货。拣货单位和存储单位是拣选设备配置的依据。拣货单位、存储单位及物流设备存在表 8-9 中的对应关系。

表 8-9 拣货单位、存储单位与物流设备配置

模式	存储单位	拣货单位	记录	设备配置
1	托盘	托盘	P→P	1. 立体自动仓库；2. 托盘重力货架；3. 托盘货架；4. 移动式托盘货架
2	托盘	托盘＋箱	P→P＋C	1. 单层拣货系统（把堆叠于托盘的货箱一层层自动卸下）；2. 托盘平置堆码；3. 驶入式货架；4. 附输送机货架
3	托盘	箱	P→C	1. 自动拣货设备（可能的方式：利用机械手拣货；托盘取出，拣货后，再把托盘送回货架上；坐在高架存取车上拣货）；2. 以人手来拣货时使用的设备（托盘货架、托盘重力货架）
4	箱	箱	C→C	1. 重力货架和输送机；2. 自动化移动货架；3. 自动化立体仓库；4. 旋转货架
5	箱	箱＋单品	C→C＋B	1. 轻型货架；2. 简单重力货架
6	箱	单品	C→B	多品种少批量拣选代表性模式：1. 带灯光显示装置的重力流利式货架；2. 旋转货架；3. 电脑辅助拣货台车；4. 自动分拣系统
7	单品	单品	B→B	1. 机器人拣货；2. 自动贩卖机型拣货机；3. 附显示装置的台车；4. 储物柜

8.4.2 拣选作业方式

（1）拣选作业基本方式

拣选方式按订单是否组合分成两种基本方式，分别是按订单拣选和批量拣选。

按订单拣选：一次拣选一张订单。拣选人员或拣选工具巡回于各个存储点，按一张订单所需物品，从存储点取出，完成分拣配货的方式。这种方式类似于人们在果园里摘果，所以形象地称为摘取式拣选，如图 8-24 所示。

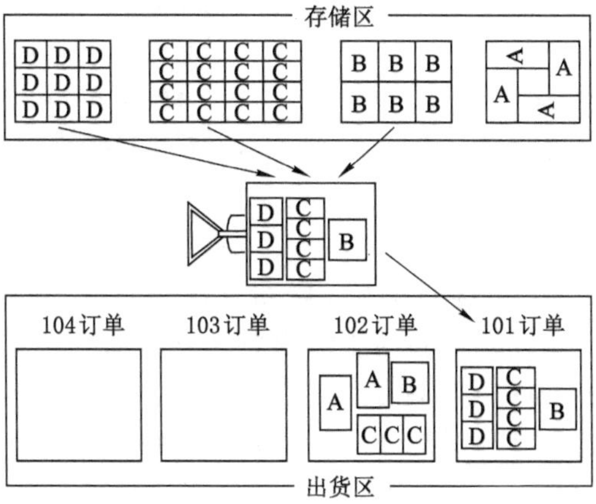

图 8-24　按订单拣选方式示意图

批量拣选：把多张订单集合成一批，按品种将数量汇总后进行拣选，然后按客户订单分类处理的拣选作业方式，如图 8-25 所示。因分类处理时类似播种，又称为播种式拣选。

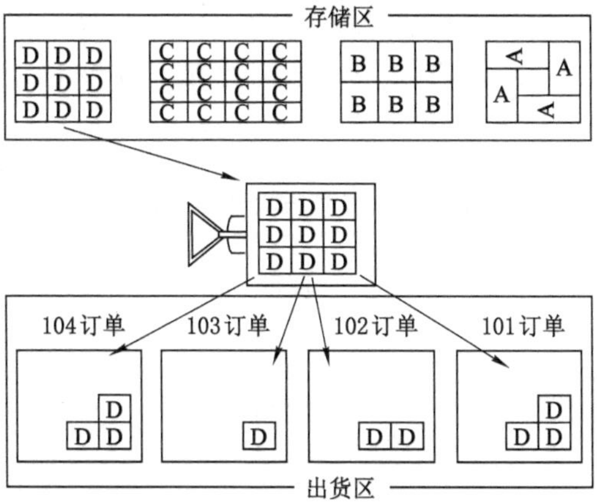

图 8-25　批量拣选方式示意图

两种基本方式各有优缺点和适用条件，见表 8-10。

表 8-10　按订单拣选与批量拣选优缺点及适用条件

拣选方式	按订单拣选——摘取方式	批量拣选——播种方式
优点	作业员责任明确，分工容易，不易出错。 无须分类理货，工序简化	可缩短拣选行走距离，作业重复少。 可增加单位时间拣货量
缺点	作业重复多，行走路径长。 订单多时，需串联等待	出货时间有间隔，对紧急订单难及时反应。 需要足够大的待验区

表 8-10(续)

拣选方式	按订单拣选——摘取方式	批量拣选——播种方式
适用条件	货物位置固定。 捡货区域较小。 每单货物类型多、数量少。 客户不稳定,波动较大。 用户要求时间不一	货物易于集中移动。 用户需求种类有限,对同一种货物需求量较大。 用户对配送时间无严格要求。 对效率、成本要求高的配送中心。 对专业性要求强的配送中心

(2) 拣选方式选择

拣选方式选择常采用的方法是订单品项数量分析,即 EIQ 分析。

EIQ 分析是物流中心或配送中心用于需求特性分析的方法。它基于三个关键要素所形成的四项指标进行分析,为物流及配送中心的布局规划、设备选择、拣货作业的人力安排提供规划依据。三个关键要素分别是:E——Entry,指的是客户订单;I——Item,指的是每张订单的订货品项数量;Q——Quantity,指的是每张订单的订货数量。四项指标的分析为:EN(每张订单的订货品项数量)分析、EQ(每张订单的订货数量)分析、IQ(每个品项的订货数量)分析和 IK(每个品项的订货次数)分析。

拣选方式选择时,通过计算每天的 EN 值和 IK 值,判断出货品项数的多少和货物周转率的高低,据此确定拣选作业方式。EN 值越大,表示一张订单的品项数越多,如果采取批量拣选,分类太复杂,所以采用订单拣选;IK 值越大,表示每个品项重复订购的频率高,货物的周转率高,批量拣选有利。表 8-11 为基于 EN 和 IK 值选择拣选方式的对照表。

表 8-11　拣选方式选择对照表

		货物重复订购频率(IK 值)		
		高	中	低
出货品项数(EN 值)	多	订单+批量	订单	订单
	中	批量	批量	订单
	少	批量	批量	订单+批量

(3) 拣选策略组合

实际拣选作业中,企业可能根据拣选货物的存储规模、业务量等具体情况,使用不同的基本拣选策略组合。基本拣选策略包括分区策略、订单分割策略、订单分批策略及分类策略。图 8-26 为拣选策略组合示意,企业可根据实际情况进行选择。

不同的拣选策略适用于不同的存储策略,见表 8-12。

8.4.3　拣选区规划模式

拣选区规划时通常有两种模式,分别是拣选区与存储区合一模式及拣选区与存储区分离模式。

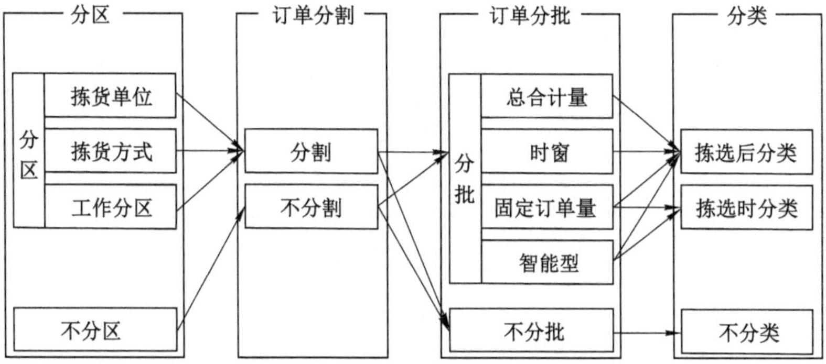

图 8-26 拣选策略组合示意图

表 8-12 拣选策略与存储策略配合情况

存储策略	拣货策略							
	订单拣选		批量拣选		分类式拣选		接力式拣选	订单分割拣选
	分区	不分区	分区	不分区	分区	不分区		
定位存储	○	○	○	○	○	○	○	○
随机存储	×	×	△	×	×	×	×	○
分类存储	○	○	○	○	○	○	○	○
分类随机存储	○	×	○	○	○	△	△	○

注:○:适合;△尚可;×不适合

(1) 拣选区与存储区合一模式

两区合一模式规划时常见两种形式,分别是两面开放式货架形式(图 8-27)和单面开放式货架形式(图 8-28)。

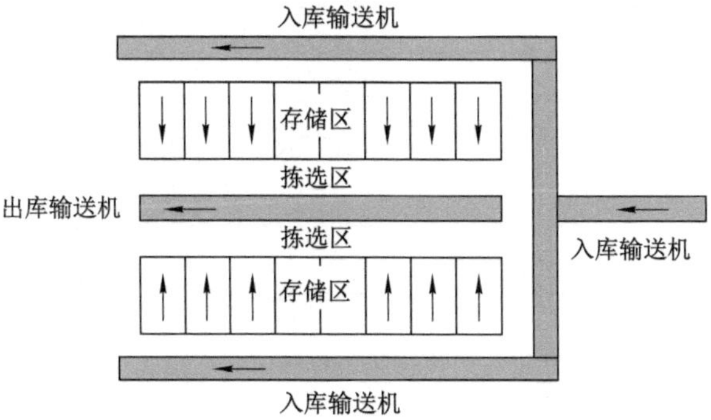

图 8-27 使用两面开放式货架的拣选模式示意图

使用两面开放式货架形式,其优点为:仅在拣货通道上行走即可拣货;如使用出库输送机,可减少行走路程;出入库输送机分开时,可同时进行出入库作业。使用单面开放式货架

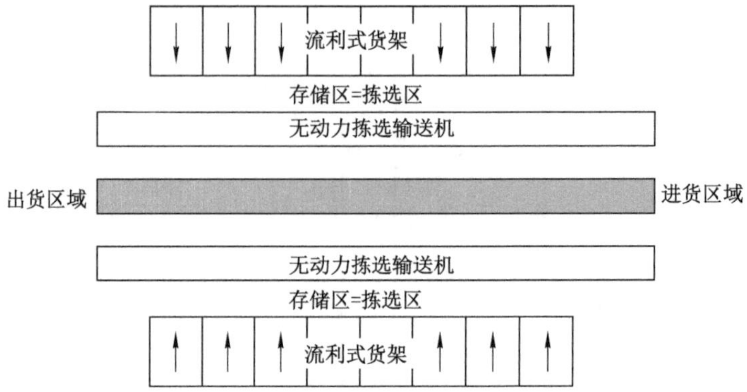

图 8-28　使用单面开放式货架的拣选模式示意图

形式时，只能从单面存取货物，出入库作业必须在货架的同一侧行走。进出库频率高或拆零作业比例大时不易采用。

(2) 拣选区与存储区分离模式

拣选区与存储区分离模式是指通过补货作业将物品从存储区补充到拣货架上，再从拣货架上拣取，如图 8-29 所示。该模式适合进出库数量大、频率高的情况。其优点是：有利于实行有效的库存管理，提高作业效率；减少拣选作业行走距离，提高拣选效率；有利于对储位进行分类，实现 ABC 管理。

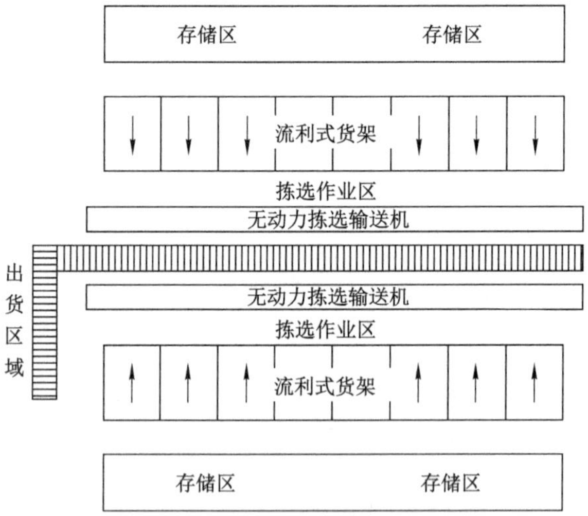

图 8-29　拣选区与存储区分离模式

8.4.4　拣选设备配置

根据存储和拣选单位，不同自动化程度下拣选设备的配置情况参见表 8-13。

表 8-13 不同自动化程度下拣选设备配置情况

自动化程度	保管→出货	设备模式
自动方式拣选	P→P	托盘式自动仓储系统＋输送机(穿梭车)
	P→C	自动仓储系统＋穿梭车＋机器人
	P→C	流利式货架＋拣货机＋输送机
	C→C	流利式货架＋机器人＋输送机
	C→B	流利式货架＋机器人＋输送机
	B→B	自动拣取机＋输送机
半自动方式	P→C	自动仓库＋输送机
	C→B	水平旋转自动仓库＋输送机
	B→B	垂直旋转自动仓库＋手推车
人工方式	P→P	托盘式货架＋叉车
	P→C	托盘式货架＋叉车(托盘车)
	P→C	托盘式货架＋笼车
	P→C	托盘式货架＋手推车
	P→C	托盘式货架＋输送机
	C→B	流动式货架＋笼车
	C→B	流动式货架＋手推车
	C→B	流动式货架＋输送机
	C→B	箱式平货架＋手推车
	B→B	箱式平货架＋手推车

8.5 自动化立体仓库及其设计

8.5.1 自动化立体仓库系统概述

自动化立体仓库系统是自动化存取系统(Automated Storage and Retrieval System，AS/RS)的一种具体形式，一般是指采用几层、十几层乃至几十层的高层货架储存单元货物，由计算机管理和控制若干设备协同运作，完成物料搬运及收、存、取、发作业的仓库系统。

(1) 自动化立体仓库构成

通常，自动化立体仓库的主要构成包括立体货架(高层货架)、巷道堆垛机、出入库单元输送设备总成、自动检测与控制系统(尺寸检测、物料识别、设备联动控制、通信)和仓储管理系统(Warehouse Management System，WMS)。

自动化立体仓库体现了集成化、标准化的现代化物流理念；采用先进的控制、总线、通信和信息技术，使各设施设备协调运作进行出入库作业；物料集装、储位分配、搬运设备承载均标准化和体系化。

(2) 立体货架分类

① 按建筑形式分类

整体式：是指货架除了存储货物以外，还作为建筑物的支撑结构，构成建筑物的一部分，即库房货架一体化结构，一般整体式高度在 12 m 以上。这种仓库结构重量轻，整体性好，抗震好，如图 8-30(a)所示。

分离式：分离式中存储货物的货架在建筑物内部独立存在。分离式高度通常在 12 m 以下，但也有 15～20 m 的。适用于利用原有建筑物作仓库，或在厂房和仓库内单建一个高层货架的场所，如图 8-30(b)所示。

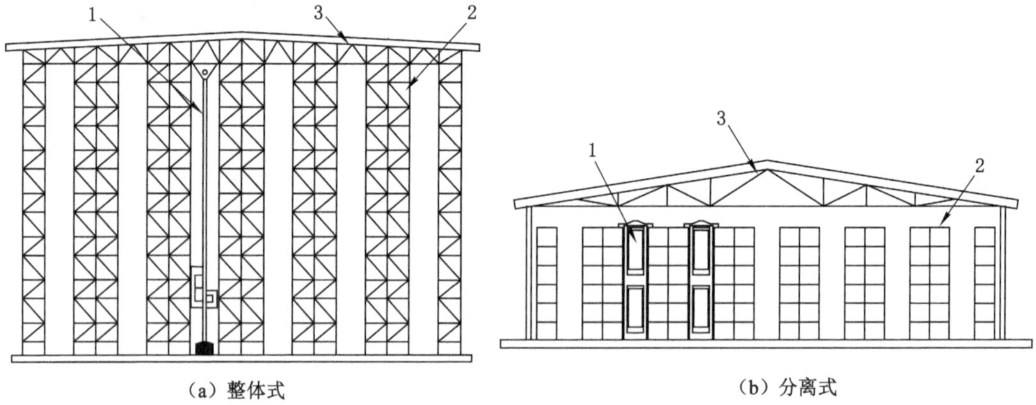

1—堆垛机；2—货架；3—仓库建筑物结构。

图 8-30 立体仓库结构示意图

② 按货架高度分类

按仓库货架高度不同，自动化立体仓库可以分为高层(＞12 m)、中层(5～12 m)和低层(＜5 m)自动化立体仓库。

③ 按货架形式分类

按货架形式可分为单元货格式、水平旋转式、垂直旋转式等自动化立体仓库。

④ 按照货物作业方式分类

单元式：单元式是常见的仓库形式。货物先放在托盘或集装箱内，再装入单元货架的货位上，存取均以集装单元形式。

拣选式：拣选式中的分拣机构是其核心部分，分为巷道内分拣和巷道外分拣两种方式。“人到货拣选”是拣选人员乘拣选式堆垛机到货位前，从货格中拣选所需数量的货物出库。“货到人拣选”是将存有所需货物的托盘或货箱由堆垛机运至拣选区，拣选人员按拣货单的要求拣出所需货物，再将剩余的货物送回原地。对整个仓库来说，如果只有拣选作业而不需要整单元出库，一般采用“人到货拣选”作业方式；如果仓库作业中仍有相当一部分货物需要整单元出库，或者拣选出来的各种货物还需要按用户的要求进行组配时，一般采用“货到人拣选”作业方式。

(3) 巷道堆垛机分类

巷道堆垛机一般由机架、运行机构、升降机构、货叉伸缩机构、电气控制设备等组成。有多种分类方式。

① 按用途分类，包括：单元型、拣选型、单元-拣选型。

② 按控制方式分类，包括：手动型、半自动型、全自动型。

③ 按应用巷道数量分类，包括：直道型、转弯型、转轨型。

④ 按金属结构形式分类，包括：单立柱型（图 8-31）、双立柱型。

巷道堆垛机运行时，一般有三个速度量值，分别是整个堆垛机水平方向的运行速度、载货台的起升速度及货叉的伸缩速度。

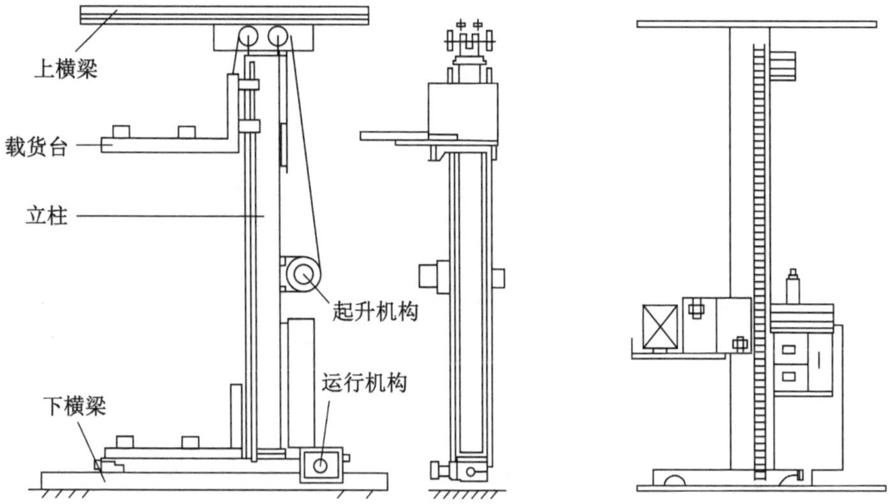

图 8-31　单立柱巷道堆垛机结构示意图

（4）自动化立体仓库特点

自动化立体仓库优缺点及适用条件，见表 8-14。

表 8-14　自动化立体仓库优缺点及适用条件

优点	缺点	适用条件
单位面积利用率高。 货物和信息处理效率高。 便于实现系统整体优化。 便于库存管控。 劳动生产率高，劳动强度低	基建和设备一次投资大。 施工周期长。 货架安装精度要求高。 货物包装要求严格。 系统更新改造困难	货物出入库作业频率较大，且货物流动比较稳定。 能有较好的资金保证。 能配备一支高素质的专业技术队伍

8.5.2　自动化立体仓库布置模式

（1）自动化立体仓库总体物流模式

从自动化立体仓库整体物流的流向上看，可以划分为同层同端出入式［U 形，图 8-32(a)］、贯通式［图 8-32(b)］、旁流式［L 形，图 8-32(c)］和多层同端出入式［图 8-32(d)］。

同端出入式是货物的入库和出库在巷道同一端的布置形式，包括同层同端出入式和多层同端出入式两种。这种布置的最大优点是能缩短出入库周期。特别是在仓库存货不满而且采用随机货位存储时，其优点更为明显。此时，可以挑选距离出入口较近的货位存放货物，缩短搬运路程，提高出入库效率。另外，入库作业区和出库作业区还可以合并在一起，便

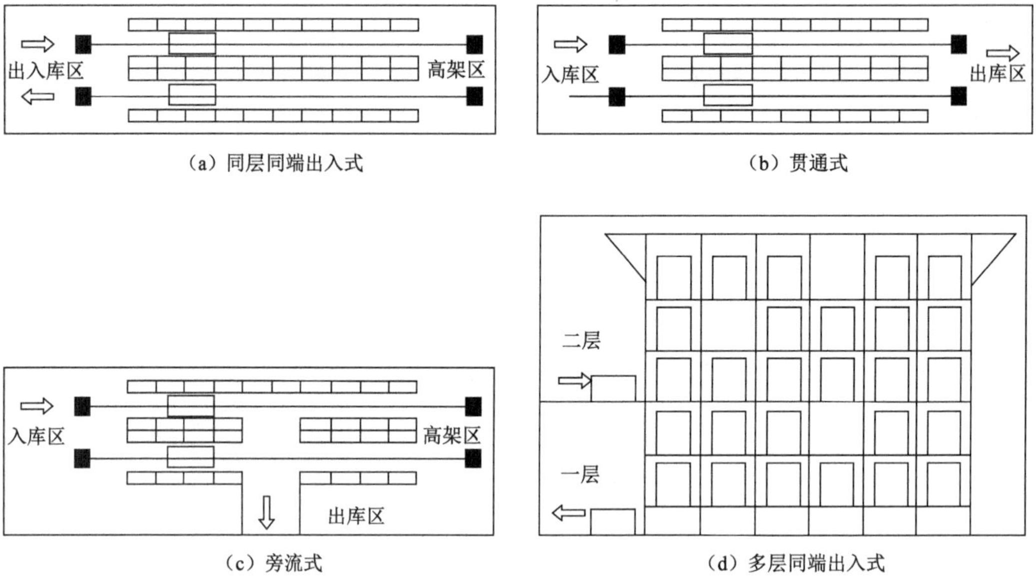

图 8-32　自动化立体仓库布置模式

于集中管理。

贯通式即货物从巷道的一端入库,从另一端出库。这种方式总体布置比较简单,便于管理操作和维护保养。但是,对于每一个货物单元而言,要完成它的入库和出库全过程,堆垛机需要穿过整个巷道。

旁流式即货物从仓库的一端(或侧面)入库,从侧面(或一端)出库。这种方式在货架中间分开,设立通道,同侧门相通,这样就减少了货格,即减少了库容量。由于可组织两条路线搬运,提高了搬运效率,方便了不同方向的出入库。

在实际设计自动化立体仓库时,究竟采用哪一种布置方式,应视仓库在整个企业物流中的位置而定。

(2) 高架区的布置模式

在单元货格式自动化立体仓库中,其主要作业设备是堆垛机。自动化立体仓库中堆垛机的布置有三种方式:① 直线式,每个巷道配备一台堆垛机[图 8-33(a)];② U 形轨道式,每台堆垛机可服务于多条巷道,通过 U 形轨道实现堆垛机的换巷道作业[图 8-33(b)];③ 转轨车式,堆垛机通过转轨车服务于多条巷道[图 8-33(c)]。通常以每条巷道配备一台堆垛机最为常见,但当库容量很大、巷道数多而出入库频率要求较低时,可以采用 U 形轨道式或转轨车式,以减少堆垛机的数量。

(3) 出入库区域布置模式

对于采用巷道式堆垛机的自动化立体仓库,巷道式堆垛机只能在高架区的巷道内运行,因此还需要与各种搬运设备配套衔接,使入库作业区、出库作业区(包括检验、理货、包装、发运等作业)与高层货架区连接起来,构成一个完整的物流系统。究竟采用哪种搬运设备与之配套,是总体设计中要解决的问题。一般而言,高层货架区与出入库作业区之间常见的有以下几种衔接方式:

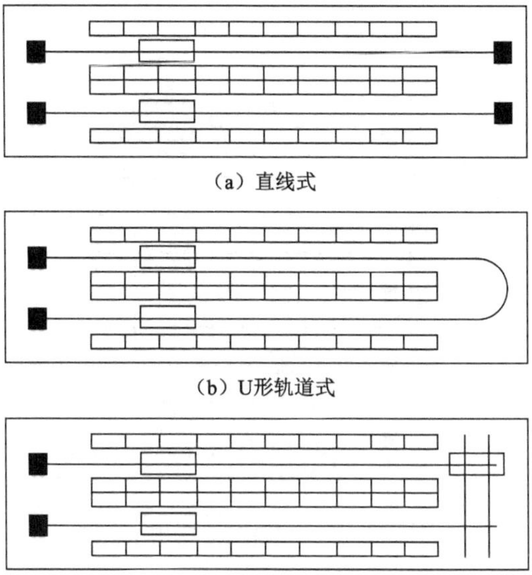

（a）直线式

（b）U形轨道式

（c）转轨车式

图 8-33　高架区布置模式

① 叉车-出入库台方式

如图 8-34 所示，这是最简单的一种配置方式，在货架的端部设立入库台和出库台。入库时，用搬运车辆（如叉车、有轨小车、无人搬运车等）将托盘从入库作业区运到入库台，由高架区内的堆垛机取走送入货位；出库时，由堆垛机从货位内取出货物单元，放到出库台上，由搬运车辆取走，送到出库作业区。

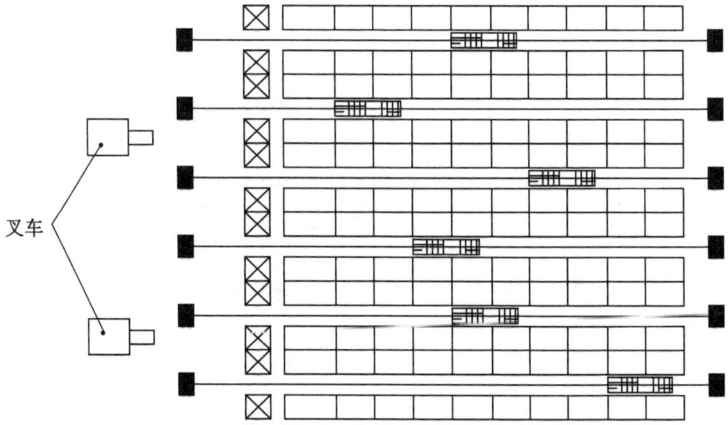

图 8-34　叉车-出入库台方式

② 连续输送机方式

如图 8-35 所示，连续输送机衔接方式是一些大型自动化立体仓库和流水线中自动化立体仓库最常采用的方式。整个出入库系统可根据需要设计成各种形式：其出入库运输系统可以分开设置，也可以合为一体，既可出库又可入库。通常还可配置一些升降台，称重、检测和分拣装置，以满足系统的需求。

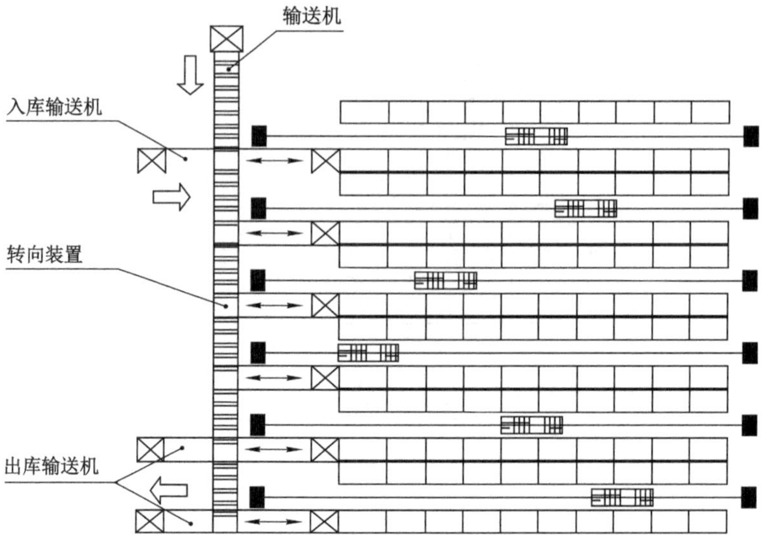

图 8-35　连续输送机方式

③ AGV+巷内输送机方式

如图 8-36 所示，这种衔接方式是由 AGV 和巷内输送机组成的出入库系统。在一些与自动化生产线相连接的自动化立体仓库中，如卷烟厂的原材料库等经常采用这种方式。这种出入库系统的最大优点是系统柔性好，可根据需要增加 AGV 的数量，也是一种全自动的输送系统。

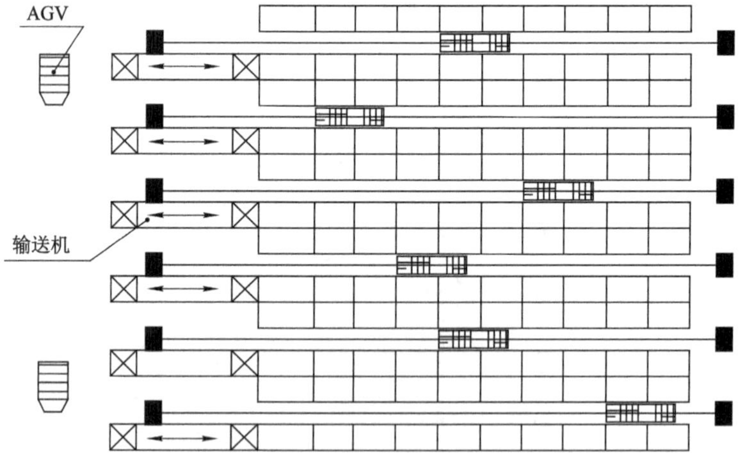

图 8-36　AGV+巷内输送机方式

④ 有轨小车(穿梭车)+输送机方式

如图 8-37 所示，这种衔接方式是由巷内输送机、有轨小车(穿梭车)和出入库输送机构成的出入库系统。由于穿梭车具有动作敏捷、容易更换的特点，它被广泛应用于自动化仓库系统中。有轨小车(穿梭车)+输送机方式的柔性介于连续输送机和 AGV 方式之间，是一种经济、高效的出入库输送系统。

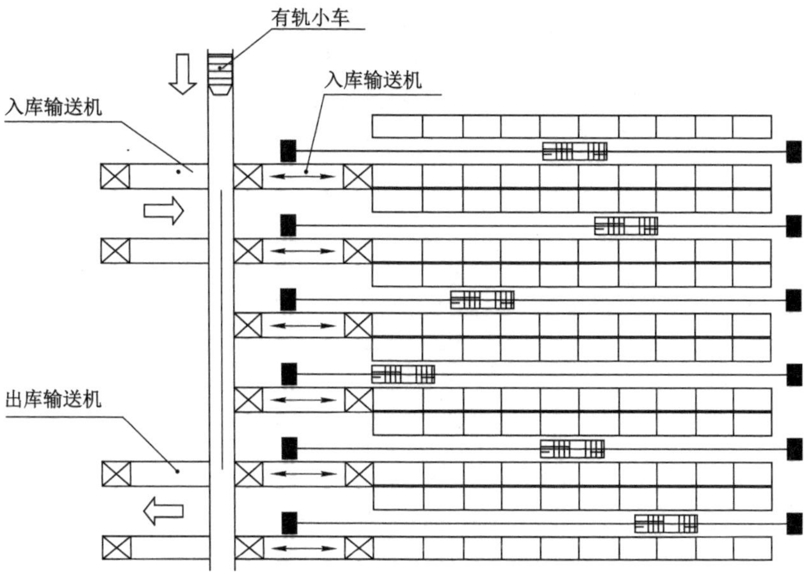

图 8-37 有轨小车+输送机方式

根据前面讨论的总体物流模式类型、高架区布置模式、出入库布置模式,可以组合成多种自动化立体仓库布置模式。

同层同端:(3×4)=12 种;贯通:(4×4)=16 种;旁流:(4×4)=16 种;多层同端(3×4×4)=48 种。总计:92 种,如图 8-38 所示。

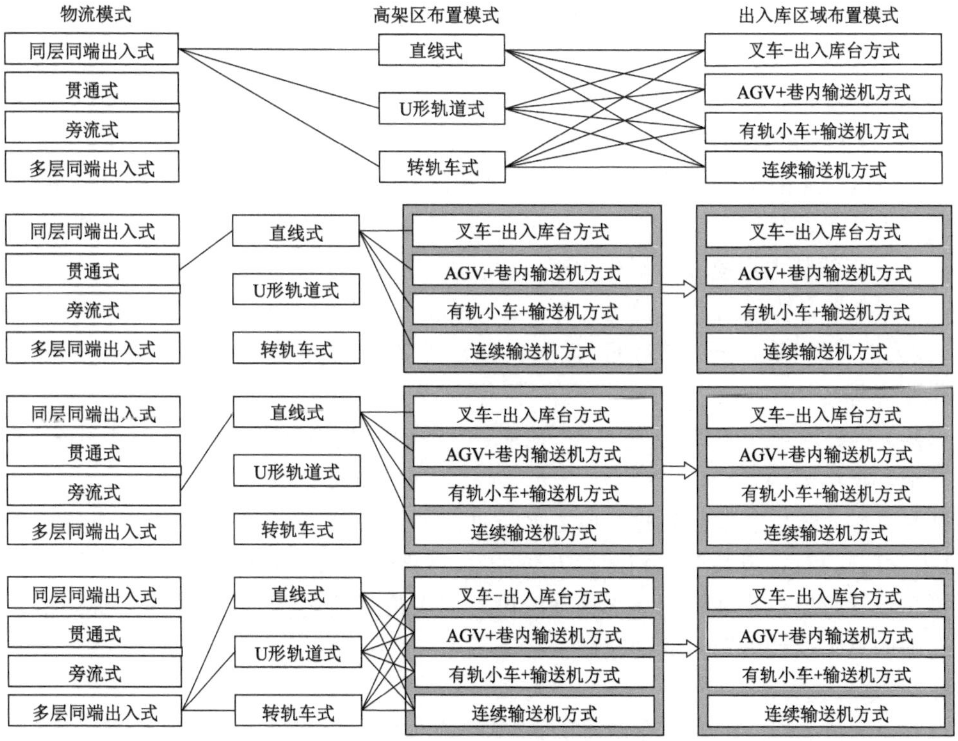

图 8-38 自动化立体仓库布置模式

(4) 基于标准布置模式集的自动化立体仓库规划流程

前述的总体物流模式、高架区布置模式和出入库区域布置模式及其分类合在一起,可以看作自动化立体仓库设计的标准布置模式集,工程设计人员根据具体的项目和实际需求,可逐步在标准布置模式集中选择适宜的模式组合,得到初始方案,然后再不断修正初始方案,直至获得最终需要的布置方案。基于标准布置模式集的自动化立体仓库规划流程如图 8-39 所示。

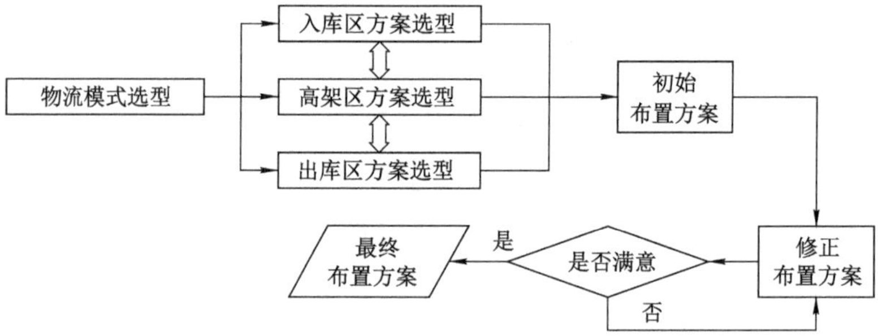

图 8-39 基于标准布置模式集的自动化立体仓库规划流程

8.5.3 自动化立体仓库规划与设计阶段步骤

自动化立体仓库的规划与设计一般包括概念设计、基本设计和详细设计三个阶段。

8.5.3.1 概念设计阶段

自动化立体仓库设计与建设是一项系统工程,需要大量投资。因此在建设前必须明确企业建设自动化立体仓库的必要性和可行性,并对建库的背景条件进行详细分析。一般要做以下几个方面的工作:

(1) 确认建设立体仓库的必要性。根据企业的生产经营方针、企业物流系统的总体布置和流程,分析确定自动化立体仓库在企业物流系统中的位置、功能和作用。

(2) 根据企业的生产规模和水平,以及自动化立体仓库在整个物流系统中的位置,分析企业物流和生产系统对自动化立体仓库的要求,并考虑企业的经营状况和经济实力,确定自动化立体仓库的基本规模和自动化水平。

(3) 调查拟存货物的品名、特征(如易碎、怕光、怕潮等)、外形及尺寸、单件重量、平均库存量、最大库存量、每日出入库数量、入库和出库频率等,以便确定仓库的类型、库容量和出入库作业安排等。

(4) 了解建库现场条件,包括气象、地形、地质条件、地面承载能力、风及雪载荷、地震情况及其他环境影响因素。

(5) 调查了解与仓库有关的其他方面条件。如,入库货物的来源及入库作业流程与方式、进出库门的数目、包装形式和搬运方法、出库货物的去向和运输工具等。

概念设计阶段也是项目的详细论证阶段。如果论证通过,本阶段的分析研究结果将为立体仓库的总体设计奠定可靠的基础。

8.5.3.2 基本设计阶段

(1) 确定仓库的结构类型和作业方式。

确定仓库的结构类型就是确定各组成部分的结构,包括以下内容。

① 建筑物的特征：原有改建，还是新建；高层还是低层等。

② 货架的结构和特征：库架整体式还是分离式，货架是横梁式或牛腿式，是焊接式还是组装式等。

③ 理货区的面积和功能：与高架区的位置关系、所需进行的作业、需配备的设施等。

④ 堆垛机械类型：有轨巷道式、无轨式、桥式或者叉车式等。

⑤ 配套设备的类型：配套设备主要是指那些完成货架外的出入库搬运作业、理货作业以及货车装卸作业等的机械设备，包括叉车、托盘搬运车、辊道输送机、链条输送机、升降台、有轨小车、无轨小车、转轨车以及称重、检测和识别装置等。对于一些分拣仓库，还配备有自动分拣和配货的装置。应根据立体仓库的规模和工艺流程要求确定配套设备的类型。

最后，根据工艺要求，决定是否采用拣选作业。如果以整单元出库为主，则采用单元出库作业方式；如果以零星货物出库为主，则可采用拣选作业方式。根据具体情况，确定是采用“人到货拣选”，还是“货到人拣选”。

(2) 确定货物单元的形式、尺寸和重量。货物单元是指进行出入库作业和储存的集装单元，由集装单元化容器和货物两部分组成。因为单元式自动化立体仓库是以单元化搬运为前提的，故确定货物单元的形式、尺寸及重量尤为重要。一般需要确定两个方面的内容：集装单元化容器类型，货物单元的外形、尺寸和重量。

自动化立体仓库常用的集装单元化容器是托盘和周转箱，其中又以托盘最为常见。托盘的类型有许多种，如平托盘、箱式托盘、柱式托盘和轮式托盘等，一般要根据所储存货物的特征来选择。当采用堆垛机作业时，不同结构的货架对托盘的支腿有不同的要求，在设计时应注意。

为了合理确定货物单元的尺寸和重量，需要对所有入库的货物进行 ABC 分析，以流通量大而且种类较少的 A 类货物为主，选择合适的货物单元的外形、尺寸和重量。对于少数形状和尺寸比较特殊以及重量很重的货物，可以单独进行储存。

8.5.3.3 详细设计阶段

(1) 确定堆垛机械和配套设备的主要参数。在总体设计时，要根据仓库的高度、自动化程度和货物的特征等合理选择堆垛机的规格结构，并确定其主要性能参数(包括外形尺寸、工作速度、起重量及工作级别等)

立体仓库配套设备的配备应根据系统的流程和工艺统筹考虑，并根据立体仓库的出入库频率、货物单元的尺寸和重量等确定各配套机械及设备的性能参数。如对于输送机，则根据货物单元的尺寸确定输送机的宽度，根据自动化立体仓库的频率要求确定输送机的速度。

(2) 确定仓库的总体尺寸。确定仓库的总体尺寸，关键是确定货架的长、宽、高等尺寸。自动化立体仓库的设计规模主要取决于其库容量，即同时间内储存在仓库内的货物单元数。如果已经给出库容量，就可以直接应用这个参数；如果没有给出，就要根据拟存入该仓库内的货物数量、出入库频率等，通过测算来确定库容量。根据库容量和所采用作业设备的性能参数以及其他空间限制条件，即可确定仓库的总体尺寸。

(3) 确定仓库的总体布置。确定了自动化立体仓库的总体尺寸以后，便可以进一步根据仓库作业的要求进行总体布置，主要包括自动化立体仓库的总体物流模式、高架区的布局方式和出入库输送系统的布置方式。

(4) 选定控制方式。自动化立体仓库的控制方式一般可分为手动控制和自动控制两种。

手动控制方式设备简单，投资小，对土建和货架的要求也较低。主要适用于规模较小、出入库频率较低的仓库，尤其适用于拣选式仓库。

自动控制是自动化立体仓库的主要控制方式。自动化立体仓库的自动控制系统根据其控制层次和结构不同，可分为三级控制系统和二级控制系统，一般由管理级、监控级和直接控制级组成(二级控制系统由管理级和控制级组成)，可完成自动化立体仓库的自动认址和自动存取作业。自动控制适用于出入库频率高、规模较大的自动化立体仓库，特别是一些暗库、冷库或生产线中的自动化立体仓库，可以减轻工人的劳动强度，提高系统的生产率。

(5) 选择管理方式。自动化立体仓库的管理方式一般可分为人工台账管理和计算机管理两种。人工台账管理仅适用于库存量较小、品种不多、出入库频率不高的仓库。在自动化立体仓库中，一般都采用计算机管理，与自动控制系统结合，实现自动管理和控制。这是自动化立体仓库管理的主要方式。在总体设计阶段，要根据仓库的规模、出入库频率、生产管理的要求、仓库自动化水平等方面的因素综合考虑，选定一种管理方式。

(6) 提出土建、公用设施的要求。在进行总体设计时，还要提出对自动化立体仓库的土建和其他公用设施的要求。包括：根据货架的工艺载荷，提出对货架的精度要求；提出地面需要承受的载荷及对基础均匀沉降的要求；确定对采暖、采光、通风、给排水、电力、照明、防火、防污等方面的要求。

(7) 投资估算。分别计算自动化立体仓库各组成部分的设备成本、制造成本、设计及软件成本、运输成本、安装及调试成本等，综合得到自动化立体仓库的总成本。

(8) 进度计划。在总体设计的最后，要提出自动化立体仓库设计、制造、安装、调试以及试运营的进度计划及监督和检验措施。

8.5.4 单元式自动化立体仓库设计

8.5.4.1 货格尺寸设计

在自动化立体仓库设计中，恰当地确定货格尺寸是一项很重要的设计内容。它直接关系到仓库面积和空间的利用率，也关系到作业设备能否顺利完成存取作业。

牛腿式货架的每个货格只能存放一个单元的货物，其货格载货情况如图 8-40 所示；横梁式货架的每个货格一般可以存放两个单元以上的货物，其货格载货情况如图 8-41 所示。货格与货位间的代号及名称见表 8-15。

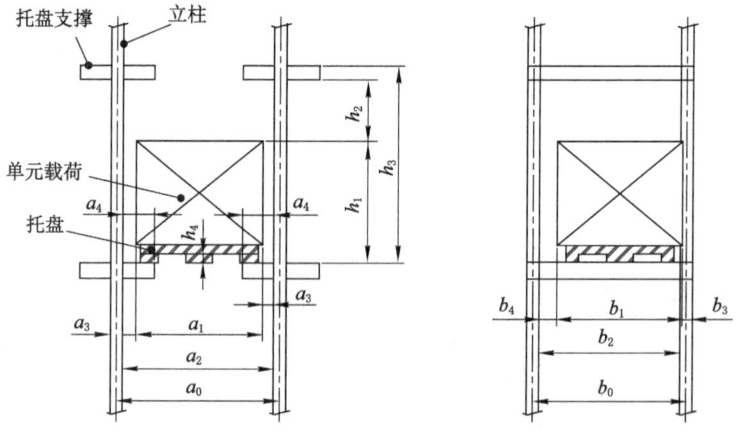

图 8-40 牛腿式货格载货示意图

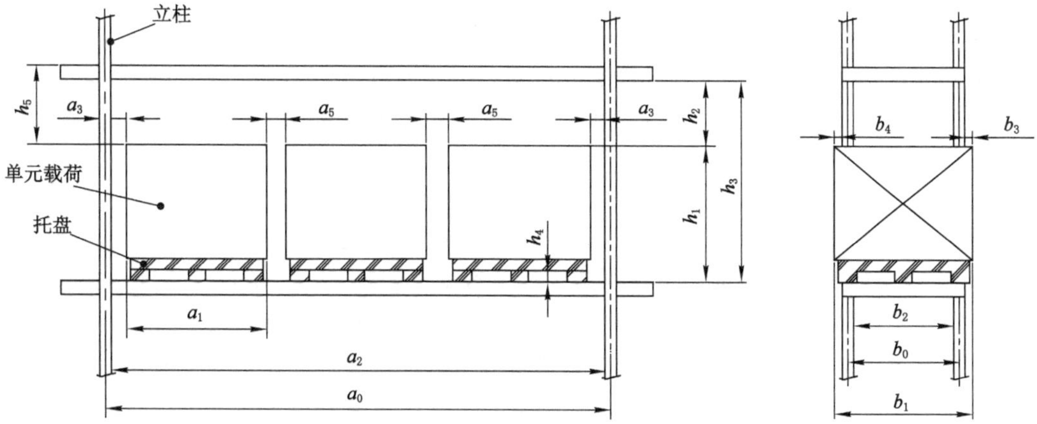

图 8-41 横梁式货格载货示意图

表 8-15 货格与货位间的代号及名称

代号	名 称	代号	名 称
a_0	货格长度	b_2	货格有效宽度
a_1	货物长度	b_3	前面间隙
a_2	货格有效长度	b_4	后面间隙
a_3	侧向间隙	h_1	货物高度
a_4	支承货物的宽度	h_2	单元货物上部垂直距离
a_5	货物之间的水平间隙	h_3	层高
b_0	货格宽度	h_4	单元货物下部垂直间隙
b_1	货物宽度		

当单元货物的尺寸确定后，货格尺寸的大小主要取决于各间隙尺寸的大小。各间隙尺寸的选取原则如下：

(1) 侧面间隙(a_3、a_5)。a_3与a_5的影响因素主要有货物原始位置的停放精度、堆垛机的停止精度以及堆垛机和货架的安装精度等。精度越高，取值越小。侧向间隙a_3一般为50～100 mm。对横梁式货架，一般为$a_5>a_3$；对牛腿式货架，要求$a_4\geqslant a_3$。

(2) 垂直间隙(h_2、h_4)。在确定垂直间隙时，上部垂直间隙h_2应保证货叉叉取货物过程中起升时不与上部构件发生干涉，一般$h_2\geqslant$(货叉上浮动行程＋各种误差)；下部垂直间隙h_4应保证货叉存货时顺利退出，一般$h_4\geqslant$(货叉厚度＋货叉下浮动行程＋各种误差)。影响h_2和h_4大小的各种误差包括：① 货叉升降时的认址定位误差、② 货物高度误差、③ 货架托梁(或横梁)的高度误差、④ 货叉伸出时及承载时的弹性挠曲变形等。

(3) 宽度方向间隙(b_3、b_4)。前面间隙b_3的大小应根据实际情况确定；对牛腿式货架，应使其尽量小；对横梁式货架，应使货物不致因各种误差而掉下横梁。后面间隙b_4的大小应以货叉作业时不与后面拉杆发生干涉为前提。

8.5.4.2 仓库总体尺寸确定

确定仓库总体尺寸的关键是确定货架的总体尺寸。货架的总体尺寸也就是货架的长、宽、高等。当货格尺寸确定后，只要知道货架的排数、列数、层数和巷道宽度，即可计算出其总体尺寸，即：

$$长度\ L=货格长度\times列数 \tag{8-3}$$

$$宽度\ B=(货格宽度\times2+巷道宽度)\times排数/2 \tag{8-4}$$

$$高度\ H=H_0+\sum_{i=1}^{n}H_i \tag{8-5}$$

式中，H_0为底层高度；$H_i(i=1,\ 2,\ \cdots,\ n)$为各层高度，共 n 层。

$$巷道宽度=堆垛机最大外形宽度+(150\sim200\ \text{mm}) \tag{8-6}$$

值得注意的是，总体尺寸的确定除取决于以上因素外，还受用地情况、空间制约、投资情况和自动化程度的影响。故需要根据具体情况和设计者的实际经验来综合考虑、统筹设计，而且在设计过程中需要不断地修改和完善。确定货架尺寸的基本方法如下。

(1) 静态法确定货架尺寸

所谓静态法，就是根据仓库的最大规划库容量确定货架的尺寸。由以下 4 个参数中的 3 个来确定货架尺寸：① 货架长度(或列数)；② 仓库宽度(或巷道数)；③ 仓库高度(或货架层数)；④ 仓库容量(即货位数)。以上参数的选取并非任意，如果仓库的空间尺寸(长、宽、高)受限制，则库容量是相关变量；若库容量确定，则长、宽、高三者中的一个成为相关变量。货架尺寸的计算是根据以上约束及货格尺寸、库顶间隙、库内设施与墙体的安全距离以及库前区尺寸确定的。一般分离式货架顶面至屋顶下弦的距离应满足安装要求，但不得小于 200 mm。

(2) 动态法确定货架尺寸。动态法确定货架尺寸，就是根据所要求的出入库频率和所选堆垛机的速度参数来确定货架的总体尺寸。

下面以每个巷道配备一台堆垛机为例，说明用动态法确定货架尺寸的过程。

已知库容量 Q、出入库频率 P_0、货架最大高度 H(或层数 N_H)、货格尺寸和堆垛机速度参数($V_{运}$、$V_{起}$、$V_{叉}$)，试确定货架的最佳布置和尺寸。

由于库容量 Q 和货架高度 H(或层数 N_H)已定，故最佳布置就是能满足出入库频率要求的最少巷道数。此时配备的堆垛机数量最少，相应投资也最小。由于解析法比较烦琐，这里介绍一种试算法，具体步骤为：

① 假定巷道数 $N_B=1$，则货架列数 $N_L=Q/(2N_B\times N_H)$。

② 根据层数 N_H 和列数 N_L 以及堆垛机的速度参数，计算每台堆垛机的平均作业周期 t_m。

③ 计算整个仓库的每小时出入库能力 $P=N_B\times3\ 600/t_m$。

④ 比较 P 和 P_0。若 $P<P_0$，则所设计的货架达不到出入库的频率要求，试算 $N_B=2$ 的情况。重复①～④的计算，直到 $P\geqslant P_0$ 为止，此时的巷道数为最佳巷道数。

货架的总体尺寸确定后，再考虑理货区的尺寸、库顶间隙、货架和建筑物的安全距离等，即可确定仓库的总体尺寸。

8.5.4.3 平均作业周期计算

货架总体尺寸确定后，即可计算堆垛机的平均作业周期。

(1) 自动化立体仓库的作业方式。在单元式自动化立体仓库中，货物的存取作业有两种基本方式，即单一作业方式和复合作业方式，如图 8-42 所示。

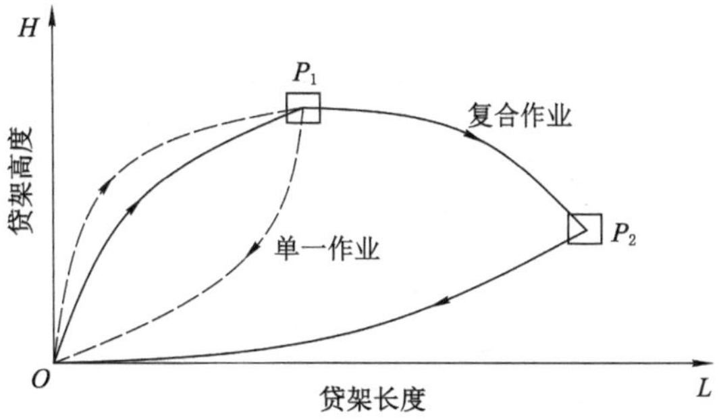

图 8-42 堆垛机作业方式

单一作业方式即堆垛机从入库台取一个货物单元送到选定的货位，然后返回巷道口的入库台(单入库)；或者从巷道口出发到某一个给定的货位，取出一个货物单元达到出库台(单出库)。复合作业方式即堆垛机从入库台取一个货物单元运到选定的货位，然后直接转移到另一个给定的货位，取出其中的货物单元，回到出库台出库。由此来看，为了提高作业效率，应尽量采用复合作业方式。

(2) 平均单一作业周期计算。单一作业周期是指堆垛机完成一次单入库或单出库作业所需要的时间。O 点为出入库台，P 点为作业货位，则完成此项作业的时间为：

$$t_s = 2t_{OP} + 2t_f + t_a \tag{8-7}$$

式中：t_{OP}表示从出入库台 O 到货位 P 的运行时间，且有 $t_{OP} = \max(t_l,\ t_k)$，其中 t_l为从 O 点到 P 点的水平运行时间，t_k为从 O 点到 P 点的垂直运行时间；t_f表示堆垛机货叉叉取(或存放)作业时间，且有 $t_f = t_{load} + t_{lift}$，$t_{load}$为货叉完全伸出或完全缩回的时间，$t_{lift}$为货叉微升或微降的时间，即货叉在货格内升起或卸下货物的时间；t_a表示堆垛机作业的附加时间，包括堆垛机的定位、操作、信息查询及传输等的时间。

为了综合评价一个仓库的作业效率，需要求出堆垛机的平均作业周期，即各个货位作业周期的平均值。当各货位作业概率相同时，平均单一作业周期为：

$$t_{ms} = \frac{2\sum_{j=1}^{m}\sum_{k=1}^{n} t_{jk}}{mn} + 2t_f + t_a \tag{8-8}$$

式中：t_{ms}表示平均单一作业周期；j 表示层数，$j=1,\ 2,\ \cdots,\ m$；k 表示列数，$k=1,\ 2,\ \cdots,\ n$；t_{jk}表示第 j 层第 k 列所对应的货位到出入库台的运行时间；t_f、t_a同前述。

当库容量很大时，按式(8-8)计算平均单一作业周期的计算量很大，故不常用，而常采用简单算法。下面介绍一种计算平均作业周期的经验方法。

当出入库台在货架的一侧 P_0点(见图 8-43)时，以 P_0为原点，在货架内取两个点 P_1和 P_2。其中：$P_{1x} = \frac{1}{5}L$，$P_{1y} = \frac{2}{3}H$，$P_{2x} = \frac{2}{3}L$，$P_{2y} = \frac{1}{5}H$，且 L 为货架全长，H 为货架全高。

分别计算从 P_0到 P_1、P_2两点的作业周期，将两者的平均值作为该巷道堆垛机的平均作业周期，即平均单一作业周期的经验公式为：

$$t_{ms} = \frac{1}{2}[t(P_1) + t(P_2)] \tag{8-9}$$

或

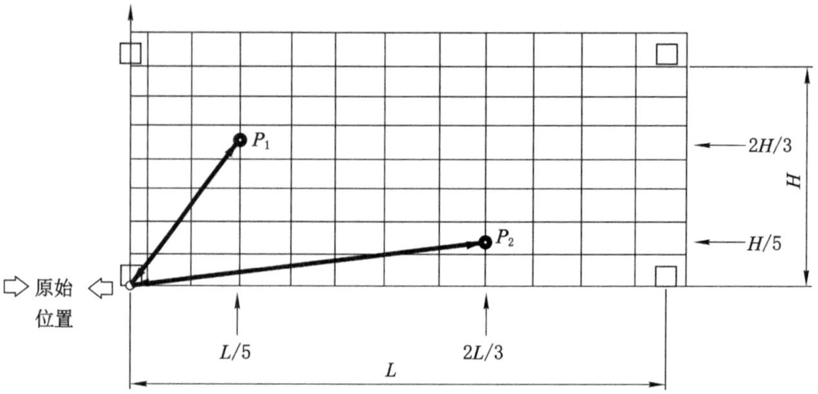

图 8-43　平均单一作业周期的计算

$$t_{ms}=t_{P_1}+t_{P_2}+2t_f+t_a \tag{8-10}$$

式中，$t(P_1)$表示堆垛机完成 P_1 货位的作业周期，$t(P_2)$表示堆垛机完成 P_2 货位的作业周期；t_{P1} 表示从 P_0 点到 P_1 点的运行时间；t_{P2} 表示从 P_0 点到 P_2 点的运行时间。

(3) 平均复合作业周期的计算。复合作业周期指从出入库台到指定的货位存货后，随即到另一个货位取货，再返回到出入库台的全过程。考虑到平均复合作业周期的计算量大，通常亦采用经验方法计算。如图 8-44 所示，平均复合作业周期按 $P_0\rightarrow P_1\rightarrow P_2\rightarrow P_0$ 的总时间进行计算。

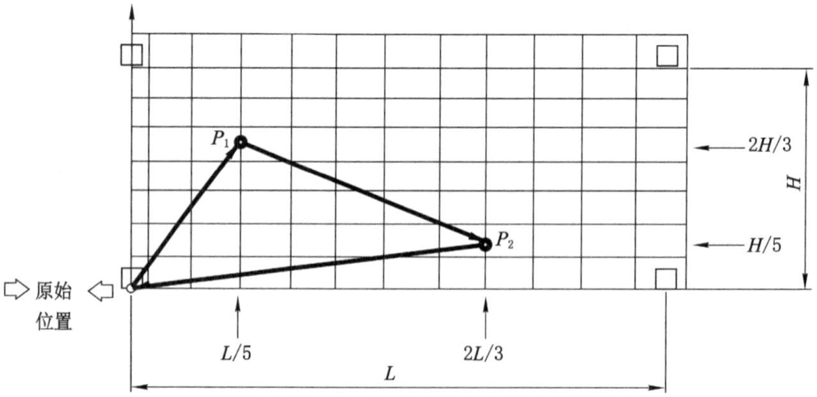

图 8-44　平均复合作业周期的计算

如果 P_1 点和 P_2 点的定义与平均单一作业周期的计算公式(8-10)中一样，则平均复合作业周期的经验计算式为：

$$t_{md}=t_{P_1}+t_{P_2}+t_{P_1P_2}+4t_f+2t_a \tag{8-11}$$

式中，$t_{P_1P_2}$ 表示堆垛式从 P_1 点到 P_2 点的运行时间；t_{md} 表示平均复合作业周期；t_{P1}、t_{P2}、t_f、t_a 同前述。

需要说明的是，平均作业周期的计算公式式(8-10)和式(8-11)均为经验公式，前提条件为各货位的存取概率相同。当库内各货位不均匀使用或者某些货位具有优先使用权时，使用这两个公式计算误差可能较大，这时可采用计算机模拟方法计算平均作业周期。使用模拟计算得到的平均作业周期更准、更符合实际。

8.5.4.4 自动化立体仓库出入库能力计算

自动化立体仓库的出入库能力用仓库每小时平均入库或出库的货物单元数来表示。堆垛机的出入库能力就是指每台堆垛机每小时的平均入库或出库的货物单元数。

采用单一作业方式时，堆垛机的出入库能力为：

$$P_s=\frac{3\ 600}{t_{ms}} \tag{8-12}$$

式中，P_s表示每小时出库或入库货物单元数；t_{ms}表示平均单一作业周期。

采用复合作业方式时，堆垛机的出入库能力为：

$$P_d=2\times\frac{3\ 600}{t_{md}} \tag{8-13}$$

式中，P_d表示每小时出库或入库货物单元数；t_{md}表示平均复合作业周期。

若库内有 n 台堆垛机（即巷道数为 n），则单一作业和复合作业仓库出入库能力分别为：

$$P=nP_s \tag{8-14}$$

$$P=nP_d \tag{8-15}$$

例 8-5 某自动化立体仓库有 4 条巷道，每条巷道配备一台堆垛机，若堆垛机的运行速度为 100 m/min，升降速度为 20 m/min，货叉存取货时间为 25 s，附加时间为 5 s，货架总长 $L=80$ m，高 $H=15$ m，假设各货位存取概率相同，试计算分别采用单作业方式和复合作业方式时本库的出入库能力（即满负荷时每小时出入库托盘数）。

（1）采用单一作业时的平均作业周期，用经验算法，取 P_1点和 P_2点，且使

$$P_{1x}=\frac{1}{5}L, P_{1y}=\frac{2}{3}H, P_{2x}=\frac{2}{3}L, P_{2y}=\frac{1}{5}H$$

则 $t_{ms}=t_{P_1}+t_{P_2}+2t_f+t_a$

由于：$t_{P_1}=\max[P_{1x}/V_x, P_{1y}/V_y]=0.5\ \text{min}=30\ \text{s}$

$t_{P_2}=\max[P_{2x}/V_x, P_{2y}/V_y]=0.54\ \text{min}=32\ \text{s}$

故：$t_{ms}=t_{P_1}+t_{P_2}+2t_f+t_a=30+32+2\times25+5=117\ \text{s}$

出入库能力 $P=4P_s=4\times3\ 600/117=123$ 盘/h。

（2）采用复合作业方式时的复合作业周期：

$$t_{md}=t_{P_2}+t_{P_2}+t_{P_1P_2}+4t_f+2t_a$$

由于：$t_{P_1P_2}=\max[(P_{2x}-P_{1x})/V_x, (P_{1y}-P_{2y})/V_y]=\max[0.373, 0.35]=0.373\ \text{min}=22.4\ \text{s}$

故：$t_{md}=30+32+22.4+4\times25+2\times5=194.4\ \text{s}$

出入库能力 $P=4P_d=8\times3\ 600/194.4=148$ 盘/h。

8.5.4.5 堆垛机布置方式

在单元货格式自动化立体仓库中，其主要作业设备是有轨巷道式堆垛机，简称堆垛机。自动化立体仓库中堆垛机的配备有两种方式：每个巷道配备一台堆垛机或者两个以上巷道配备一台堆垛机。后者一般通过 U 形轨道或转轨车实现堆垛机的巷道转换作业。通常以每巷道配备一台堆垛机最为常见，但当库容量很大、巷道数多而出入库频率低时，可以采用 U 形轨道或转轨车方式以减少堆垛机的数量。

参考文献

[1] 方庆琯，王转. 现代物流设施与规划[M]. 北京：机械工业出版社，2009.

[2] 戢守峰. 现代设施规划与物流分析[M]. 北京：机械工业出版社，2017.

[3] 孔繁森. 工厂规划与设计指南[M]. 北京：机械工业出版社，2022.

[4] 刘树华，鲁建厦，王家尧. 精益生产[M]. 北京：机械工业出版社，2010.

[5] 欧几里德 A 科英布拉. 物流与供应链改善[M]. 郑玉彬，宋殿辉，译. 北京：机械工业出版社，2016.

[6] 齐二石，赵道致. 物流工程[M]. 北京：中国科学技术出版社，2004.

[7] 邱伏生. 智能工厂物流构建：规划、运营与转型升级[M]. 北京：机械工业出版社，2023.

[8] 任海兵，李乃梁，董成亮，等. 生产计划与控制[M]. 徐州：中国矿业大学出版社，2021.

[9] 杨育，曾强，金淑芳，等. 设施规划[M]. 北京：科学出版社，2010.

[10] 詹姆斯·汤普金斯，约翰·怀特，亚乌兹·布泽. 设施规划[M]. 伊俊敏，袁海波，译. 北京：机械工业出版社，2007.

[11] 张力菠，庄长远. 设施规划与设计[M]. 北京：电子工业出版社，2016.

[12] 周彬彬，王奎. 精益工厂内部物流管理[M]. 北京：机械工业出版社，2021.

[13] 周宏明，蒋祖华，付培红. 设施规划[M]. 北京：机械工业出版社，2013.

[14] 朱耀祥，朱立强. 设施规划与物流[M]. 北京：机械工业出版社，2004.